❺ 三角関数

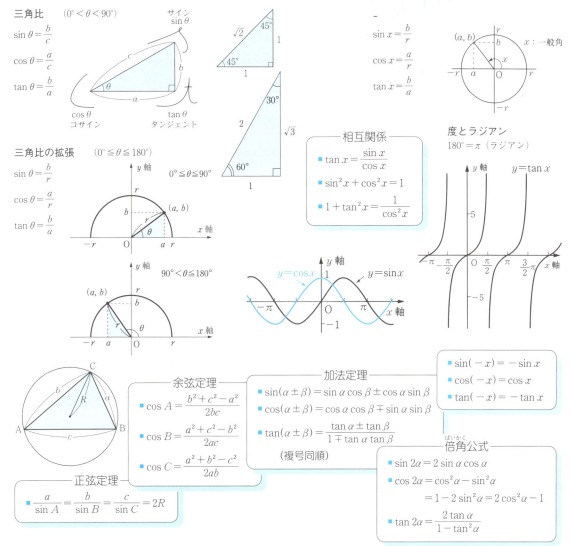

❻ ベクトル

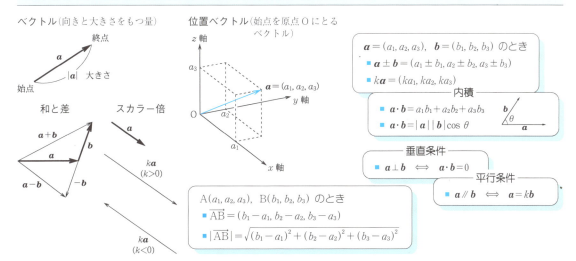

工学系学生のための
数学入門

石村 園子 著

共立出版

まえがき

2016年のアメリカ大統領選では，世界中の大方の予想に反し，トランプ氏が大統領に当選しました。黒人初のオバマ大統領の後は，女性初のクリントン大統領が誕生かと期待は大きかったのですが，アメリカ国民が選んだのはトランプ氏でした。移民の国であったはずのアメリカは移民の扉を狭くし，アメリカ社会が抱く問題を改めて強く考えさせられました。一方ヨーロッパでは，中東からの大量の難民が各国を大きく揺さぶり，とうとうイギリスがEUを離脱することになってしまいました。そして我が国に大きな影響を及ぼす北朝鮮問題も今きわどい局面に直面しています。

誰もが平穏な生活を願っているはずなのに，人類は『平和のために争う』という矛盾から抜け出すことはできないのでしょうか？

抜け出す英知を得るにはまだまだ時間がかかりそうですが，人類の英知を一歩一歩積み重ねていくのは我々一人ひとりです。今までの英知を学び，それを基にして新しい英知を創造する，それが学生の皆さんの務めです。命からがら海を渡りヨーロッパへ向かう大量の難民の列の映像がまだ記憶に鮮明に残っています。その映像もきっと現実のほんの一瞬でしかないのでしょう。大学でこれから勉強を始める機会を得られた学生の皆さん，自分の幸運をしっかりかみ締めてください。

本書は，大学で勉強するにあたり，高校数学と大学数学のギャップを埋めるために書かれた数学の入門書です。本書とは姉妹書にあたる

　　大学新入生のための数学入門 —増補版—
　　大学新入生のための微分積分入門
　　大学新入生のための線形代数入門

は，お陰さまで長い間多くの大学新入生の方々に使っていただきました．今回，特に工科系の学生向きの入門書のご要望にお応えし，先の2冊から工学専門分野の学習に必要な章を選んで加筆修正し

　　　　工学系学生のための数学入門

として出版することとなりました．工学系の学部，学科に入学したけれど，数学の学力にちょっと不安を覚えている新入生の皆さん，専門の授業が本格化する前にしっかりと基礎固めをしておいてください．

　本書は基礎知識の簡単な復習からはじまり，例題と問題を解きながら基礎知識の確認をしていきます．最後の章には，各例題に合わせた練習問題もレベル別に載せてありますので利用してください．また，高校では学習しない内容もところどころにコラム等で解説してありますので，参考にしてください．

　最後に，出版の企画等で長い間大変お世話になり，今回も本書の執筆を勧めてくださいました共立出版株式会社の重鎮，寿日出男氏に深く感謝申し上げます．また，編集作業では著者のわがままに耐え忍んでくださっている吉村修司さん，本の営業では細かい気配りをしてくださっている稲沢会さんをはじめ，共立出版の皆様方に大変お世話になりました．この場をお借りしてお礼を申し上げます．

　本書の説明役も他の姉妹書と同じく隣家のプードル犬，竹本ノエルちゃんです．

2017年　秋分
石村園子

もくじ

① 数と式の計算 …………………………………… 1

〈1〉 数と式の計算 ………………………… 2
　　例題 1.1 ［整数，分数，小数］　*2*
　　例題 1.2 ［展開公式］　*3*
　　例題 1.3 ［因数分解］　*4*
　　例題 1.4 ［因数定理］　*5*
　　例題 1.5 ［平方根］　*6*
　　例題 1.6 ［複素数］　*7*
　　例題 1.7 ［分数式の計算］　*8*
　　例題 1.8 ［部分分数展開］　*9*

〈2〉 方 程 式 ……………………………… 10
　　例題 1.9 ［1 次方程式］　*10*
　　例題 1.10 ［2 次方程式］　*11*
　　例題 1.11 ［連立 1 次方程式］　*12*

② 関数とグラフ …………………………………… 13

〈0〉 関　数 ………………………………… 14
〈1〉 直　線 ………………………………… 15
　　例題 2.1 ［直線］　*15*
〈2〉 放 物 線 ……………………………… 16
　　例題 2.2 ［放物線 1］　*17*
　　例題 2.3 ［放物線 2］　*18*
　　例題 2.4 ［放物線と 2 次不等式］　*19*
　　例題 2.5 ［最大・最小問題］　*20*

〈3〉 円 ……………………………21
　　　　例題 2.6 ［円］　*21*

〈4〉 楕円と双曲線 ……………………………22
　　　　例題 2.7 ［楕円と双曲線］　*23*

〈5〉 2つのグラフの共有点 ……………………24
　　　　例題 2.8 ［2直線の共有点］　*24*
　　　　例題 2.9 ［放物線と直線の共有点］　*25*
　　　　例題 2.10 ［その他のグラフの共有点］　*26*

③ 指 数 関 数 …………………………………27

〈1〉 指数と指数法則 ……………………28
　　　　例題 3.1 ［指数］　*29*
　　　　例題 3.2 ［指数法則］　*30*

〈2〉 指数関数とグラフ ……………………31
　　　　例題 3.3 ［指数関数のグラフ］　*32*

〈3〉 特別な指数関数 $y = e^x$ ……………………33

♪とくとく情報 ［複利計算］……………………34

④ 対 数 関 数 …………………………………35

〈1〉 対数と対数法則 ……………………36
　　　　例題 4.1 ［対数］　*36*
　　　　例題 4.2 ［対数法則］　*37*
　　　　例題 4.3 ［底の変換］　*38*

〈2〉 常用対数と自然対数 ……………………39
　　　　例題 4.4 ［対数の値］　*39*

〈3〉 対数関数とグラフ ……………………40
　　　　例題 4.5 ［対数関数のグラフ］　*41*

♪とくとく情報 ［常用対数でがん研究？］…42

もくじ　vii

❺ 三角関数 …………………………………………43

〈1〉 三角比 ……………………………44
例題 5.1 ［三角比 1］　44
例題 5.2 ［三角比 2］　46
例題 5.3 ［三角比の相互関係 1］　47
例題 5.4 ［三角比の相互関係 2］　48
例題 5.5 ［正弦定理］　49
例題 5.6 ［余弦定理］　50

〈2〉 ラジアン単位と一般角 ……………51
例題 5.7 ［ラジアン］　51
例題 5.8 ［一般角］　53

〈3〉 三角関数 ……………………………54
例題 5.9 ［三角関数の値 1］　54
例題 5.10 ［三角関数の値 2］　56
例題 5.11 ［三角関数の値 3］　57
例題 5.12 ［三角関数の相互関係］　58

〈4〉 三角関数のグラフ …………………59
例題 5.13 ［三角関数のグラフ］　61

〈5〉 三角関数の公式 ……………………64
♪とくとく情報［逆三角関数］…………………66

❻ ベクトル …………………………………………67

〈1〉 ベクトル ……………………………68
例題 6.1 ［ベクトル］　68
例題 6.2 ［ベクトルの和，差，スカラー倍］　69

〈2〉 空間ベクトル ………………………70
例題 6.3 ［空間ベクトルの成分表示］　70
例題 6.4 ［空間ベクトルの内積］　71

♪とくとく情報［ベクトルの外積］…………72

〈3〉 空間における図形への応用 …………73
例題 6.5 ［空間における 2 点間の距離］　73
例題 6.6 ［空間における線分の内分点］　75
例題 6.7 ［空間における線分の外分点］　77

♪とくとく情報［空間の基本ベクトル］……78

7 複素平面と極形式 …………………………………………79

⟨1⟩ 複 素 平 面 ……………………………80
　　例題 7.1 ［複素平面］　*80*

⟨2⟩ 極 形 式 ……………………………81
　　例題 7.2 ［極形式 1］　*81*
　　例題 7.3 ［極形式 2］　*82*
　　例題 7.4 ［ド・モアブルの定理］　*83*

♪とくとく情報［オイラーの公式］…………*84*

8 極　　限 …………………………………………………………85

⟨1⟩ 関数の収束と発散 ……………………86
　　例題 8.1 ［極限値 1］　*87*
　　例題 8.2 ［極限値 2］　*89*
　　例題 8.3 ［極限値 3］　*90*

⟨2⟩ 関数の極限公式 ………………………92

⟨3⟩ 無 限 級 数 ……………………………94
　　例題 8.4 ［無限等比級数 1］　*96*
　　例題 8.5 ［無限等比級数 2］　*98*

9 微　　分 …………………………………………………………99

⟨1⟩ 微 分 係 数 ……………………………100
　　例題 9.1 ［平均変化率］　*100*
　　例題 9.2 ［微分係数］　*102*

⟨2⟩ 導 関 数 ……………………………103
　　例題 9.3 ［導関数 1］　*103*
　　例題 9.4 ［導関数 2］　*104*

⟨3⟩ 微 分 計 算 ……………………………105
　　例題 9.5 ［微分の基本計算 1］　*105*
　　例題 9.6 ［微分の基本計算 2］　*106*
　　例題 9.7 ［積の微分公式］　*107*
　　例題 9.8 ［商の微分公式］　*108*
　　例題 9.9 ［合成関数の微分 1］　*109*

　　　　　例題 9.10 ［合成関数の微分 2］　*110*
　　　　　例題 9.11 ［合成関数の微分 3］　*111*
　　　　　例題 9.12 ［接線の方程式］　*112*
　〈4〉　2 階導関数 ……………………………113
　　　　　例題 9.13 ［2 階導関数］　*113*
　〈5〉　関数のグラフ ……………………………114
　　　　　例題 9.14 ［関数のグラフ 1］　*116*
　　　　　例題 9.15 ［関数のグラフ 2］　*118*
　♪とくとく情報 ［n 階導関数と関数の展開］
　　　　　………………………………*120*

⑩　積　分 ……………………………………*121*

　〈1〉　不 定 積 分 ……………………………*122*
　　　　　例題 10.1 ［不定積分の基本計算 1］　*123*
　　　　　例題 10.2 ［不定積分の基本計算 2］　*124*
　　　　　例題 10.3 ［不定積分の基本計算 3］　*125*
　　　　　例題 10.4 ［不定積分の基本計算 4］　*126*
　　　　　例題 10.5 ［置換積分 1］　*127*
　　　　　例題 10.6 ［置換積分 2］　*128*
　　　　　例題 10.7 ［部分積分］　*129*
　〈2〉　定 積 分 ……………………………*130*
　　　　　例題 10.8 ［定積分の基本計算 1］　*132*
　　　　　例題 10.9 ［定積分の基本計算 2］　*133*
　　　　　例題 10.10 ［定積分の基本計算 3］　*134*
　　　　　例題 10.11 ［定積分の置換積分］　*135*
　　　　　例題 10.12 ［定積分の部分積分］　*136*
　〈3〉　面　積 ……………………………*137*
　　　　　例題 10.13 ［面積 1］　*137*
　　　　　例題 10.14 ［面積 2］　*138*
　〈4〉　回転体の体積 ……………………………*139*
　　　　　例題 10.15 ［回転体の体積］　*139*
　〈5〉　広義積分と無限積分 ……………………*140*
　　　　　例題 10.16 ［広義積分］　*140*
　　　　　例題 10.17 ［無限積分］　*141*
　♪とくとく情報 ［曲線の長さ］　………*142*

⑪ 練習問題 …………………………………143

1 数と式の計算 …………………144
2 関数とグラフ …………………147
3 指数関数 ………………………150
4 対数関数 ………………………151
5 三角関数 ………………………152
6 ベクトル ………………………155
7 複素平面と極形式 ……………157
8 極　限 …………………………158
9 微　分 …………………………159
10 積　分 …………………………163
♪とくとく情報［微分と積分］…………168

⑫ 問題と練習問題の解答 …………………169

さくいん…………………………209

❶ 数と式の計算

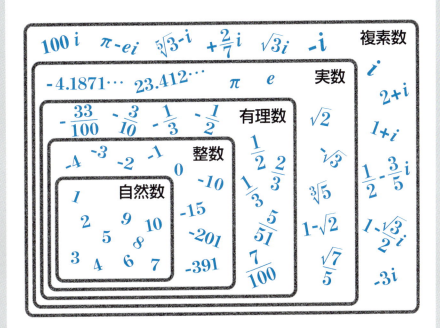

基本の基本！
しっかり確認してね。

〈1〉 数と式の計算

例題 1.1 [整数，分数，小数]

次の計算をしてみましょう。

(1) $2\times(-3)^2 - 4^2 \div 8 \times (-2)$

(2) $\dfrac{1}{5} \div \left(2 - \dfrac{3}{5}\right) \times \left(-\dfrac{2}{3}\right) + \dfrac{1}{3}$

統計計算に使われます。→

(3) $\{(2.9-2.6)^2 + (1.4-2.6)^2 + (3.5-2.6)^2\} \div 3$

---四則演算の規則---
- ＋, －は左から順に計算
- ×, ÷は左から順に計算
- ×, ÷は＋, －に優先
- カッコの中は優先して計算

[解] 小学校以来，慣れ親しんできた計算ですが，侮ってはいけません。きちんと変形しながら計算してみましょう。

(1) 与式 $= 2 \times 9 - 16 \div 8 \times (-2)$
$= 18 - 2 \times (-2)$
$= 18 - (-4)$
$= 18 + 4$
$= \boxed{22}$

(2) 与式 $= \dfrac{1}{5} \div \dfrac{10-3}{5} \times \left(-\dfrac{2}{3}\right) + \dfrac{1}{3}$
$= \dfrac{1}{5} \div \dfrac{7}{5} \times \left(-\dfrac{2}{3}\right) + \dfrac{1}{3}$
$= \dfrac{1}{5} \times \dfrac{5}{7} \times \left(-\dfrac{2}{3}\right) + \dfrac{1}{3}$
$= -\dfrac{2}{21} + \dfrac{1}{3} = \dfrac{-2+7}{21} = \boxed{\dfrac{5}{21}}$

(3) 与式 $= \{0.3^2 + (-1.2)^2 + 0.9^2\} \div 3$
$= (0.09 + 1.44 + 0.81) \div 3$
$= 2.34 \div 3$
$= \boxed{0.78}$ （解終）

実数
├ 無理数 ＝ 循環しない無限小数
└ 有理数
　├ 分数
　│　├ 循環小数
　│　└ 有限小数
　└ 整数

"与式"とは問題に与えられている式のことよ。
×, ÷ は左から順に計算してね。

問題 1.1 （解答は p.170）

次の計算をしてください。

(1) $(-6) \div \{3-(-3)^2\} - 5 \times \{4-(-3)\}$

(2) $\dfrac{1}{12} - \left(\dfrac{3}{4} - \dfrac{1}{3}\right) \div \left(-\dfrac{5}{6}\right) \times \dfrac{3}{8}$

(3) $\{3 \times (2.9^2 + 1.4^2 + 3.5^2) - (2.9 + 1.4 + 3.5)^2\} \div (3 \times 2)$

例題 1.2 [展開公式]

展開公式を利用して，次の式を展開してみましょう。

(1) $(x+2y)^2$ (2) $(3a+b)(3a-b)$
(3) $(x+5)(x-2)$ (4) $(5a-1)(2a+3)$
(5) $(x+2y)^3$ (6) $(a+b-c)^2$

[解] 展開公式を思い出しながら展開しましょう。

(1) 与式 $= x^2 + 2 \cdot x \cdot 2y + (2y)^2$
    $= x^2 + 4xy + 4y^2$

(2) 与式 $= (3a)^2 - b^2$
    $= 9a^2 - b^2$

(3) 与式 $= x^2 + (5-2)x + 5 \cdot (-2)$
    $= x^2 + 3x - 10$

(4) 与式 $= 5 \cdot 2a^2 + \{5 \cdot 3 + (-1) \cdot 2\}a + (-1) \cdot 3$
    $= 10a^2 + 13a - 3$

(5) 与式 $= x^3 + 3 \cdot x^2 \cdot 2y + 3 \cdot x \cdot (2y)^2 + (2y)^3$
    $= x^3 + 6x^2y + 12xy^2 + 8y^3$

(6) 与式 $= a^2 + b^2 + (-c)^2 + 2ab + 2b(-c) + 2a(-c)$
    $= a^2 + b^2 + c^2 + 2ab - 2bc - 2ac$ （解終）

● 単項式（数や文字の積）の和や差の形で表わされる式を**整式**または**多項式**といいます。

展開公式
- $(a \pm b)^2 = a^2 \pm 2ab + b^2$ （複号同順）
- $(a \pm b)^3 = a^3 \pm 3a^2b + 3ab^2 \pm b^3$ （複号同順）
- $(a+b)(a-b) = a^2 - b^2$
- $(x+a)(x+b) = x^2 + (a+b)x + ab$
- $(ax+b)(cx+d) = acx^2 + (ad+bc)x + bd$
- $(a+b+c)^2 = a^2 + b^2 + c^2 + 2ab + 2bc + 2ac$

3乗の公式もちゃんと覚えてね。

問題 1.2 （解答は p.170）

次の式を展開公式を使って展開してください。

(1) $(3x-y)^2$ (2) $(a+2b)(a-2b)$ (3) $(t-8)(t+4)$
(4) $\left(x - \dfrac{1}{3}y\right)^3$ (5) $(5x-2y)(4x+y)$ (6) $(a-b+c)^2$

多項式をいくつかの多項式の積に分解することを**因数分解**といいます。

例題 1.3 [因数分解]

次の式を因数分解してみましょう。

（1） $x^2 + 6x + 9$ （2） $9a^2 - 4b^2$
（3） $a^2 + 4a - 5$ （4） $12x^2 - 11x + 2$
（5） $t^3 - 3t^2 + 3t - 1$ （6） $a^3 + 8b^3$

解 展開公式はそのまま因数分解の公式にもなります。

（1） 与式 $= x^2 + 2 \cdot x \cdot 3 + 3^2 = (x+3)^2$
（2） 与式 $= (3a)^2 - (2b)^2 = (3a+2b)(3a-2b)$
（3） 与式 $= (a+5)(a-1)$
（4） "たすきがけ" により因数を見つけると

$$12x^2 - 11x + 2$$

$$\begin{array}{ccc} 4 & -1 & \to -3 \\ 3 & -2 & \to -8 \\ \hline & & -11 \end{array}$$

より

$$\text{与式} = (4x-1)(3x-2)$$

（5） 3乗の展開公式をよくみて

$$\text{与式} = (t-1)^3$$

（6） 与式 $= a^3 + (2b)^3$
$= (a+2b)\{a^2 - a \cdot 2b + (2b)^2\}$
$= (a+2b)(a^2 - 2ab + 4b^2)$ （解終）

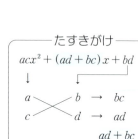
(3) $a^2 + 4a - 5$
たして4, かけて -5 となる2つの数をさがします。

――― たすきがけ ―――
$acx^2 + (ad+bc)x + bd$

$\begin{array}{ccc} a & b & \to bc \\ c & d & \to ad \\ \hline & & ad+bc \end{array}$

$= (ax+b)(cx+d)$

たすきがけはいろいろな組合せをためしてみて。

――― 因数分解公式 ―――
・$a^3 \pm b^3 = (a \pm b)(a^2 \mp ab + b^2)$ （複号同順）
――― 展開公式 ―――

問題 1.3 （解答は p.170）

次の式を因数分解してください。

（1） $16x^2 - 9y^2$ （2） $t^2 - 6t - 16$ （3） $15x^2 - x - 2$
（4） $x^2 - 10x + 25$ （5） $27x^3 - y^3$ （6） $a^3 + 6a^2 + 12a + 8$

〈1〉 数と式の計算　5

例題 1.4 [因数定理]

因数定理を用いて次の式を素因数に分解してみましょう。
(1) x^3+3x^2-4　　(2) x^3-x^2-3x+6

――因数定理――
多項式 $P(x)$ は $(x-a)$ で割り切れる。
$\iff P(a)=0$

[解] 素因数分解したい式を $P(x)$ とおきます。

(1) $P(a)=0$ となる値 a をさがすと
$$P(1)=1^3+3\cdot 1^2-4=1+3-4=0$$
「因数定理」より，$P(x)$ は $(x-1)$ を因数にもつことがわかるので，$P(x)$ を $(x-1)$ で割って（右の計算）
$$P(x)=(x-1)(x^2+4x+4)$$
さらに因数分解して
$$=(x-1)(x+2)^2$$

(2) $P(a)=0$ となる a をさがすと
$$P(-2)=(-2)^3-(-2)^2-3(-2)+6$$
$$=-8-4+6+6=0$$
これより $P(x)$ は $(x+2)$ で割り切れることがわかるので，$P(x)$ を $(x+2)$ で割って（右の計算）
$$P(x)=(x+2)(x^2-3x+3)$$
(x^2-3x+3) は実数の範囲ではもう因数分解できないので，これが求める素因数分解となります。　　　　　　　　　　（解終）

● 実数係数を用いてもうこれ以上因数分解できない式を素因数といいます。

● $a=-2$ でも $P(-2)=0$

$$\begin{array}{r}x^2+4x+4\\x-1\overline{)x^3+3x^2-4}\\\underline{x^3-x^2}\\4x^2\\\underline{4x^2-4x}\\4x-4\\\underline{4x-4}\\0\end{array}$$

$$\begin{array}{r}x^2-3x+3\\x+2\overline{)x^3-x^2-3x+6}\\\underline{x^3+2x^2}\\-3x^2-3x\\\underline{-3x^2-6x}\\3x+6\\\underline{3x+6}\\0\end{array}$$

――剰余の定理――
多項式 $P(x)$ を $(x-a)$ で割ったときの余りは $P(a)$

$P(a)=0$ なら "余りがない" ということなので $P(x)$ は $(x-a)$ で割り切れるのね。

問題 1.4 （解答は p.170）

因数定理を利用して素因数に分解してください。
(1) x^3-2x^2-x+2　　(2) $x^4-x^3-5x^2+3x+6$

1. 数と式の計算

---- 平方根の計算 ----
$a>0,\ b>0$ のとき
- $(\sqrt{a})^2 = a$
- $\sqrt{a}\sqrt{b} = \sqrt{ab}$
- $\dfrac{\sqrt{b}}{\sqrt{a}} = \sqrt{\dfrac{b}{a}}$
- $\sqrt{a^2 b} = a\sqrt{b}$
- $\dfrac{1}{\sqrt{a}} = \dfrac{\sqrt{a}}{a}$

---- 展開公式 ----
- $(a+b)^2 = a^2 + 2ab + b^2$
- $(a+b)(a-b) = a^2 - b^2$
- $(ax+b)(cx+d)$
  $= acx^2 + (ad+bc)x + bd$

例題 1.5 [平方根]

次の式を計算してみましょう。

(1) $(\sqrt{3}-1)^2 + \sqrt{27}$ (2) $(3\sqrt{2}+\sqrt{3})(3\sqrt{2}-\sqrt{3})$

(3) $\dfrac{\sqrt{5}+\sqrt{2}}{\sqrt{5}-\sqrt{2}}$ (4) $\dfrac{1}{(\sqrt{3}+\sqrt{6})^2}$

解 (1) 展開公式を使って
$$与式 = \{(\sqrt{3})^2 - 2\cdot\sqrt{3}\cdot 1 + 1^2\} + \sqrt{3^2\cdot 3}$$
$$= 3 - 2\sqrt{3} + 1 + 3\sqrt{3} = 4 + \sqrt{3}$$

(2) 展開公式を使うと
$$与式 = (3\sqrt{2})^2 - (\sqrt{3})^2 = 9\cdot 2 - 3 = 18 - 3 = 15$$

(3) 分母, 分子に $(\sqrt{5}+\sqrt{2})$ をかけて分母を有理化すると
$$与式 = \dfrac{(\sqrt{5}+\sqrt{2})(\sqrt{5}+\sqrt{2})}{(\sqrt{5}-\sqrt{2})(\sqrt{5}+\sqrt{2})}$$
$$= \dfrac{(\sqrt{5}+\sqrt{2})^2}{(\sqrt{5}-\sqrt{2})(\sqrt{5}+\sqrt{2})}$$

展開公式を使って計算すると
$$= \dfrac{(\sqrt{5})^2 + 2\cdot\sqrt{5}\cdot\sqrt{2} + (\sqrt{2})^2}{(\sqrt{5})^2 - (\sqrt{2})^2}$$
$$= \dfrac{5 + 2\sqrt{10} + 2}{5 - 2} = \dfrac{7 + 2\sqrt{10}}{3}$$

(4) 展開公式を使って分母を計算すると
$$与式 = \dfrac{1}{(\sqrt{3})^2 + 2\cdot\sqrt{3}\cdot\sqrt{6} + (\sqrt{6})^2} = \dfrac{1}{3 + 2\sqrt{18} + 6}$$
$$= \dfrac{1}{9 + 2\sqrt{3^2\cdot 2}} = \dfrac{1}{9 + 2\cdot 3\sqrt{2}} = \dfrac{1}{3(3 + 2\sqrt{2})}$$

分母, 分子に $(3 - 2\sqrt{2})$ をかけて分母を有理化すると
$$= \dfrac{3 - 2\sqrt{2}}{3(3 + 2\sqrt{2})(3 - 2\sqrt{2})} = \dfrac{3 - 2\sqrt{2}}{3\{3^2 - (2\sqrt{2})^2\}}$$
$$= \dfrac{3 - 2\sqrt{2}}{3(9 - 4\cdot 2)} = \dfrac{3 - 2\sqrt{2}}{3(9 - 8)} = \dfrac{3 - 2\sqrt{2}}{3}$$ (解終)

問題 1.5 (解答は p.170)

次の式を計算してください。

(1) $(\sqrt{3}-\sqrt{2})^2 + \sqrt{24}$ (2) $(\sqrt{5}-2\sqrt{2})(\sqrt{5}+2\sqrt{2})$ (3) $\dfrac{2-\sqrt{5}}{5+\sqrt{5}}$

例題 1.6 [複素数]

次の複素数の計算をしてみましょう。
(1) $(5+2i)(3-i)$ (2) $(4-3i)^2$
(3) $\dfrac{3-2i}{3+2i}$ (4) $\dfrac{3}{1+i}+\dfrac{2}{1-i}$

i のきまり
- $i^2 = -1$
- $\sqrt{-a} = \sqrt{a}\,i$ $(a>0)$

解 i は<u>虚数単位</u>とよばれます。

(1) まず展開公式を使って展開すると
$$与式 = 5\cdot 3 + \{5\cdot(-1) + 2\cdot 3\}i + 2i\cdot(-i) = 15 + i - 2i^2$$
$i^2 = -1$ なので
$$= 15 + i - 2\cdot(-1) = 15 + i + 2 = 17 + i$$

(2) 展開公式で展開して
$$与式 = 4^2 - 2\cdot 4\cdot 3i + (3i)^2 = 16 - 24i + 9i^2$$
$$= 16 - 24i + 9\cdot(-1) = 16 - 24i - 9 = 7 - 24i$$

(3) 平方根の計算と同様に、分母、分子に $(3+2i)$ の<u>共役複素数</u> $(3-2i)$ をかけて計算すると
$$与式 = \dfrac{(3-2i)(3-2i)}{(3+2i)(3-2i)} = \dfrac{(3-2i)^2}{(3+2i)(3-2i)}$$
展開公式で展開して
$$= \dfrac{3^2 - 2\cdot 3\cdot 2i + (2i)^2}{3^2 - (2i)^2} = \dfrac{9 - 12i + 4\cdot i^2}{9 - 2^2\cdot i^2}$$
$$= \dfrac{9 - 12i + 4\cdot(-1)}{9 - 4\cdot(-1)} = \dfrac{9 - 12i - 4}{9 + 4} = \dfrac{5 - 12i}{13}$$

(4) 通分して
$$与式 = \dfrac{3(1-i) + 2(1+i)}{(1+i)(1-i)} = \dfrac{3 - 3i + 2 + 2i}{1^2 - i^2}$$
$$= \dfrac{5 - i}{1 - (-1)} = \dfrac{5 - i}{2}$$

(解終)

複素数とは $a + bi$ (a, b は実数) と表わせる数のことよ。

● $a + bi$ に対して $a - bi$ を共役複素数といいます。

i の性質
- $i^2 = -1$
- $i^3 = i^2 \cdot i = (-1)i = -i$
- $i^4 = (i^2)^2 = (-1)^2 = 1$

問題 1.6 (解答は p.171)

次の式を計算してください。
(1) $(3-2i)(2+3i)$ (2) $\dfrac{5+2i}{5-2i}$ (3) $\dfrac{4}{2+i} - \dfrac{1}{2-i}$

例題 1.7 [分数式の計算]

次の分数式の計算をしてみましょう。

(1) $\dfrac{x-y}{x+y} \times \dfrac{x^2-y^2}{x^2-xy}$ (2) $\dfrac{3}{x+3} - \dfrac{1}{x-2}$

(3) $\dfrac{1}{x^2-3x+2} - \dfrac{1}{x^2-1}$

警告！

$\dfrac{3}{x+3} \neq \dfrac{3}{x} + \dfrac{3}{3}$

$\dfrac{1}{x-2} \neq \dfrac{1}{x} - \dfrac{1}{2}$

⬆ 間違えやすい例をこのように「警告！」します。同じ間違えをしていないかよく注意してください。

[解] 分数式は**有理式**ともよばれます。

(1) 因数分解ができるところはしておき，約分すると

$$\text{与式} = \dfrac{x-y}{x+y} \times \dfrac{(x+y)(x-y)}{x(x-y)} = \dfrac{x-y}{x}$$

(2) 通分して計算すると

$$\text{与式} = \dfrac{3(x-2)-(x+3)}{(x+3)(x-2)} = \dfrac{3x-6-x-3}{(x+3)(x-2)}$$

$$= \dfrac{2x-9}{(x+3)(x-2)}$$

(3) 分母を因数分解して通分すると

$$\text{与式} = \dfrac{1}{(x-2)(x-1)} - \dfrac{1}{(x+1)(x-1)}$$

$$= \dfrac{1\cdot(x+1) - 1\cdot(x-2)}{(x-2)(x-1)(x+1)}$$

$$= \dfrac{x+1-x+2}{(x-2)(x-1)(x+1)}$$

$$= \dfrac{3}{(x-2)(x-1)(x+1)}$$

（解終）

共通分母を $(x-2)(x-1)^2(x+1)$ としてしまったら，あとで約分が必要よ。

問題 1.7 （解答は p.171）

次の式を計算してください。

(1) $\dfrac{x^2-2x}{x^2-5x-6} \times \dfrac{x-6}{x-2}$ (2) $\dfrac{3}{x-3} + \dfrac{1}{x+1}$ (3) $\dfrac{3x-1}{x(x+1)} - \dfrac{x}{(x+1)(x-2)}$

例題 1.8 [部分分数展開]

次の有理式をみたす定数 a, b, c を求めて，有理式を**部分分数**に展開してみましょう。

(1) $\dfrac{4}{(x-1)(x+3)} = \dfrac{a}{x-1} + \dfrac{b}{x+3}$

(2) $\dfrac{1}{x^2(x+1)} = \dfrac{a}{x} + \dfrac{b}{x^2} + \dfrac{c}{x+1}$

○「部分分数展開」は有理関数の積分やラプラス逆変換などに使われます。

解 右辺を通分し，分子が左辺と等しくなるように a, b, c を決めます。

(1) 右辺 $= \dfrac{a(x+3) + b(x-1)}{(x-1)(x+3)} = \dfrac{ax + 3a + bx - b}{(x-1)(x+3)}$

$= \dfrac{(a+b)x + (3a-b)}{(x-1)(x+3)}$

この分子を左辺の分子と比較すると，

$\left.\begin{matrix} a+b=0 \\ 3a-b=4 \end{matrix}\right\}$ これを解くと $\begin{cases} a=1 \\ b=-1 \end{cases}$

$\therefore \dfrac{4}{(x-1)(x+3)} = \dfrac{1}{x-1} + \dfrac{-1}{x+3} = \dfrac{1}{x-1} - \dfrac{1}{x+3}$

(2) 右辺 $= \dfrac{ax(x+1) + b(x+1) + cx^2}{x^2(x+1)}$

(1)とは異なった方法で求めてみましょう。左辺と右辺の分子を比較すると

$1 = ax(x+1) + b(x+1) + cx^2$

ここで x に 3 つの適当な値を代入して，a, b, c の関係式を 3 つ求めます。

$\left.\begin{matrix} x=0 \text{ を代入} & 1=0+b+0 \\ x=-1 \text{ を代入} & 1=0+0+c \\ x=1 \text{ を代入} & 1=2a+2b+c \end{matrix}\right\}$ これを解くと $\begin{cases} a=-1 \\ b=1 \\ c=1 \end{cases}$

$\therefore \dfrac{1}{x^2(x+1)} = -\dfrac{1}{x} + \dfrac{1}{x^2} + \dfrac{1}{x+1}$ （解終）

分母の因数で分数式を展開することを "部分分数展開" というのよ。

○ 通分するとき，分母に気をつけましょう。

○ 問題 1.8 のヒント
(1) 分母を因数分解しましょう。
(2) 与式 $= \dfrac{a}{x} + \dfrac{b}{x+1} + \dfrac{c}{(x+1)^2}$
(3) 与式 $= \dfrac{a}{x} + \dfrac{bx+c}{x^2+1}$

問題 1.8 （解答は p.171）

次の式を部分分数に展開してください。

(1) $\dfrac{6}{x^2+4x-5}$ (2) $\dfrac{1}{x(x+1)^2}$ (3) $\dfrac{1}{x(x^2+1)}$

〈2〉 方程式

例題 1.9 [1 次方程式]

次の 1 次方程式を解いてみましょう。

(1) $5x - 3 = 3x - 5$ 　(2) $0.2x - 1 = 0.5$

(3) $\dfrac{7}{2}x - 4 = \dfrac{2}{3}$ 　(4) $\sqrt{5}x = 2 - \sqrt{3}x$

解　方程式に含まれている x の最高次数は 1 なので，すべての方程式は 1 次方程式です。$ax + b = 0\ (a \neq 0)$ の形に直して x を求めましょう。

(1) $5x - 3x = 3 - 5 \to 2x = -2 \to x = \boxed{-1}$

(2) $0.2x = 1 + 0.5 \to 0.2x = 1.5$

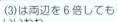
方程式の係数が小数表示なので，解も小数で表示する方がよいでしょう。

両辺を 10 倍して

$2x = 15 \to x = \dfrac{15}{2} \to x = \boxed{7.5}$

(3) $\dfrac{7}{2}x = 4 + \dfrac{2}{3} \to \dfrac{7}{2}x = \dfrac{14}{3}$

$x = \dfrac{14}{3} \times \dfrac{2}{7} = \dfrac{2}{3} \times \dfrac{2}{1} = \dfrac{4}{3}$　　∴　$x = \boxed{\dfrac{4}{3}}$

(4) $\sqrt{5}x + \sqrt{3}x = 2 \to (\sqrt{5} + \sqrt{3})x = 2$

有理化しておきます。

$x = \dfrac{2}{\sqrt{5} + \sqrt{3}} = \dfrac{2(\sqrt{5} - \sqrt{3})}{(\sqrt{5} + \sqrt{3})(\sqrt{5} - \sqrt{3})}$

$= \dfrac{2(\sqrt{5} - \sqrt{3})}{(\sqrt{5})^2 - (\sqrt{3})^2} = \dfrac{2(\sqrt{5} - \sqrt{3})}{5 - 3}$

$= \dfrac{2(\sqrt{5} - \sqrt{3})}{2} = \sqrt{5} - \sqrt{3}$

∴　$x = \boxed{\sqrt{5} - \sqrt{3}}$

（解終）

(3)は両辺を 6 倍してもいいわね。

問題 1.9 （解答は p.172）

次の 1 次方程式を解いてください。

(1) $3.4x - 0.7 = 0.3 - 0.6x$ 　(2) $\dfrac{7}{6}x + \dfrac{5}{3} = \dfrac{1}{3}x + 2$ 　(3) $\sqrt{6}x + 3\sqrt{2} = 2\sqrt{6}$

例題 1.10 ［2次方程式］

次の2次方程式を解いてみましょう。
(1) $x^2 + 4x - 5 = 0$ (2) $3x^2 + 2x - 1 = 0$
(3) $4x^2 - 4x + 1 = 0$ (4) $3x^2 + x - 1 = 0$
(5) $3x^2 + 2x + 1 = 0$

---判別式---
$ax^2 + bx + c = 0$ $(a \neq 0)$
$D = b^2 - 4ac$ ：判別式
$D > 0 \Rightarrow$ 相異なる2つの実数解
$D = 0 \Rightarrow$ 重解
$D < 0 \Rightarrow$ 2つの複素数解

解 まず，因数分解ができるかどうか考えましょう。

(1) 和が4，積が-5となる2つの数をさがして，左辺を因数分解すると

$$(x+5)(x-1) = 0 \quad \therefore x = -5, 1$$

(2) たすきがけで因数分解すると

$$(3x-1)(x+1) = 0$$
$$\therefore x = \frac{1}{3}, -1$$

$$\begin{array}{c} 3 \diagdown -1 \to -1 \\ 1 \diagup 1 \to 3 \\ \hline 2 \end{array}$$

- $(x+a)(x+b) = x^2 + (a+b)x + ab$
- $(ax+b)^2 = a^2x^2 + 2abx + b^2$

(3) 左辺は $(2x-1)^2$ の展開式になっているので

$$(2x-1)^2 = 0 \quad \therefore x = \frac{1}{2} \quad (重解)$$

(4) 整数を使っての因数分解はできないので解の公式を使うと

$$x = \frac{-1 \pm \sqrt{1^2 - 4 \cdot 3 \cdot (-1)}}{2 \cdot 3}$$
$$= \frac{-1 \pm \sqrt{1+12}}{6} = \frac{-1 \pm \sqrt{13}}{6}$$

---2次方程式---
- $ax^2 + bx + c = 0$ の解
$$x = \frac{-b \pm \sqrt{b^2 - 4ac}}{2a}$$
- $ax^2 + 2b'x + c = 0$ の解
$$x = \frac{-b' \pm \sqrt{b'^2 - ac}}{a}$$
---解の公式---

(5) これも整数で因数分解できません。
$3x^2 + 2 \cdot 1x + 1 = 0$ なので，b' の方の解の公式を使うと

$$x = \frac{-1 \pm \sqrt{1^2 - 3 \cdot 1}}{3}$$
$$= \frac{-1 \pm \sqrt{-2}}{3} = \frac{-1 \pm \sqrt{2}\,i}{3} \quad (解終)$$

警告！
$\sqrt{-2} = \sqrt{2}\,i$
$\sqrt{-2} \neq \sqrt{2i}$

問題 1.10 （解答は p.172）

次の2次方程式を解いてください。
(1) $x^2 - x - 12 = 0$ (2) $9x^2 + 12x + 4 = 0$ (3) $3x^2 - 7x - 6 = 0$
(4) $3x^2 - 6x - 1 = 0$ (5) $3x^2 - 3x + 1 = 0$

方程式において，これから求めようとする値

(1)では x と y

(2)では a, b, c

を未知数といいます。

例題 1.11 [連立 1 次方程式]

次の連立 1 次方程式を解いてみましょう。

(1) $\begin{cases} x+y=2 & ① \\ 3x-y=0 & ② \end{cases}$

(2) $\begin{cases} a+2b+c=3 & ① \\ 2a+b-2c=1 & ② \\ -a+3b+3c=0 & ③ \end{cases}$

解 各式に上のように番号をつけておきます。係数をよくながめて，どの未知数をはじめに消去するか，方針をたてましょう。

(1) ①+②より $\quad 4x=2 \quad \therefore \quad x=\dfrac{1}{2}$

①へ代入して $\quad \dfrac{1}{2}+y=2 \rightarrow y=2-\dfrac{1}{2}=\dfrac{4-1}{2}=\dfrac{3}{2}$

以上より

$$x=\dfrac{1}{2}, \ y=\dfrac{3}{2}$$

(2) たとえば a を消去する方針で解くと

①+③より $\quad 5b+4c=3 \quad ④$

③×2より $\quad -2a+6b+6c=0 \quad ⑤$

②+⑤より $\quad 7b+4c=1 \quad ⑥$

④と⑥を連立させて，b と c の値を求めます。

⑥-④より $\quad 2b=-2 \rightarrow b=-1$

⑥へ代入して $\quad 7\cdot(-1)+4c=1 \rightarrow -7+4c=1$

$\rightarrow 4c=8 \rightarrow c=2$

①へ $b=-1, c=2$ を代入すると

$a+2\cdot(-1)+2=3 \rightarrow a-2+2=3 \rightarrow a=3$

以上より

$$a=3, \ b=-1, \ c=2$$

（解終）

『線形代数』ではもっと一般の連立 1 次方程式を勉強しま〜す。解が無数にある場合や，解がない場合もあるのよ。

問題 1.11 （解答は p.172）

次の連立 1 次方程式を解いてください。

(1) $\begin{cases} 3a+2b=-2 & ① \\ 6a+5b=-6 & ② \end{cases}$

(2) $\begin{cases} x+4y+3z=7 & ① \\ -2x+y+z=1 & ② \\ 3x-y-2z=2 & ③ \end{cases}$

❷ 関数とグラフ

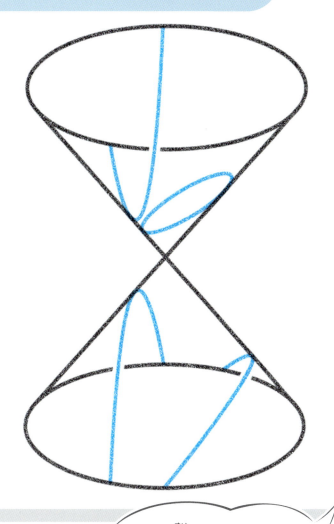

円錐を切ると放物線,楕円,双曲線が現われます。

〈0〉 関　数

x は実数の値のみ考えます ➡　　x をいろいろな値をとる**変数**とします。

各 x に対してそれぞれ 1 つの値 y を対応させる関係

$$x \longmapsto y$$

があるとき

y は x の**関数**である

といい，

function（関数）の f ➡　　$y = f(x)$

とかきます。この表示は

y の値は x の値によって決定されますよ

という意味です。

$y = f(x)$ と表わされているとき

x を**独立変数**，y を**従属変数**

といいます。また

x のとる値の範囲を**定義域**

それに従って y のとる値の範囲を**値域**

といいます。特に指定のない限り，定義域はなるべく広くとるのが普通ですが，x の範囲を指定する場合には次のような区間の記号も使います。

区間 $[a, b]$：$a \leqq x \leqq b$ の範囲
区間 $(a, b]$：$a < x \leqq b$ の範囲
区間 $[a, b)$：$a \leqq x < b$ の範囲
区間 (a, b)：$a < x < b$ の範囲

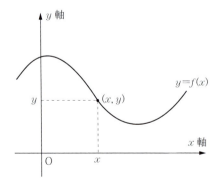

　　関数 $y = f(x)$ について，対応している x と y の値の組 (x, y) を xy 座標平面上に点として表示したとき，それらの点全体を

関数 $y = f(x)$ の**グラフ**

といいます。

　　この章ではグラフが

直線，放物線，円，楕円，双曲線

となる関数について勉強していきましょう。

⟨1⟩ 直　線

y が x の1次式
$$y = ax + b$$
で表わされる関数は **1次関数** とよばれます。

この関数のグラフは右のような **直線** となり

　　a は **傾き**，　　b は **y 切片**

を表わしています。

また特に

　　y 軸に平行な直線は　$x = p$
　　x 軸に平行な直線は　$y = q$

とかくことができます。

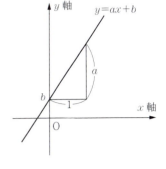

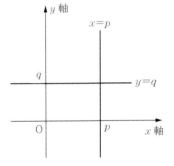

例題 2.1 ［直線］

次の関数のグラフを描いてみましょう。
① $y = 2x$　② $y = -x + 3$　③ $2x + 4y = 1$
④ $x = 1$　⑤ $y = -2$

解　③は $y = -\dfrac{1}{2}x + \dfrac{1}{4}$ と変形してから描きましょう。①〜⑤のグラフは下の通り。

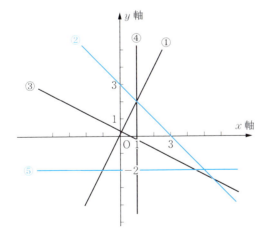

グラフを描くときは軸の名前と原点 O，主な目盛りを忘れないでね。

- x 軸の方程式：$y = 0$
- y 軸の方程式：$x = 0$

（解終）

問題 2.1 （解答は p.172）

次の関数のグラフを描いてください。
① $y = -3x$　② $y = x - 2$　③ $5x - 3y = -6$　④ $2y = 7$　⑤ $x = -4$

〈2〉 放物線

y が x の 2 次式
$$y = ax^2 + bx + c \quad (a \neq 0)$$
で表わされる関数は **2次関数** とよばれます。

上の式を変形して標準形
$$y = a(x-p)^2 + q$$
の形に直しておくと，グラフは

頂点 (p, q)
$a > 0$ のときは **下に凸**
$a < 0$ のときは **上に凸**

の **放物線** となることがわかります。

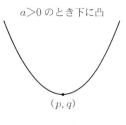

$a > 0$ のとき下に凸

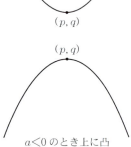

$a < 0$ のとき上に凸

$a > 0$ のときのグラフです ➡

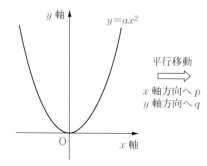

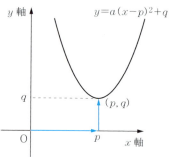

グラフからわかる通り，2次関数
$$y = a(x-p)^2 + q$$
の最大値，最小値は

$a > 0$ のとき $x = p$ で最小値 q をとり，最大値はなし
$a < 0$ のとき $x = p$ で最大値 q をとり，最小値はなし

となります。

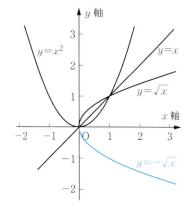

$y = x^2$ のグラフを直線 $y = x$ について対称に移すと，変数 x と変数 y が入れかわって $x = y^2$ という方程式をもった関数となります。これを "$y =$" にかき直すと $y = \pm\sqrt{x}$ となります。つまり，横向きの放物線の

上半分は　$y = \sqrt{x}$
下半分は　$y = -\sqrt{x}$

という式をもちます。

例題 2.2 [放物線 1]

次の放物線を描いてみましょう。

① $y = x^2 - 4$　② $y = -x^2 + 4x$　③ $y = 2x^2 - 2x + 1$

―― 放物線 ――
$y = a(x-p)^2 + q$
- 頂点 (p, q)
- $a > 0$ のとき下に凸
- $a < 0$ のとき上に凸

解 頂点の座標がわかるように，式を平方完成して標準形に直しておきます。

① $y = (x-0)^2 - 4$ なので，頂点は $(0, -4)$。
この頂点から $y = x^2$ のグラフを描きます（下図①）。

② 標準形に変形すると
$$y = -(x^2 - 4x) = -\{(x-2)^2 - 2^2\} = -(x-2)^2 + 4$$
これより，頂点の座標は $(2, 4)$。
ここから $y = -x^2$ の放物線を描きます（下図②）。

③ 標準形に直すと
$$y = 2(x^2 - x) + 1 = 2\left\{\left(x - \frac{1}{2}\right)^2 - \left(\frac{1}{2}\right)^2\right\} + 1$$
$$= 2\left\{\left(x - \frac{1}{2}\right)^2 - \frac{1}{4}\right\} + 1 = 2\left(x - \frac{1}{2}\right)^2 - 2 \times \frac{1}{4} + 1$$
$$= 2\left(x - \frac{1}{2}\right)^2 + \frac{1}{2}$$

これより頂点は $\left(\dfrac{1}{2}, \dfrac{1}{2}\right)$。
ここから $y = 2x^2$ のグラフを描きます（下図③）。

―― 平方完成 ――
$ax^2 + bx + c \quad (a \neq 0)$
$= a\left(x^2 + \dfrac{b}{a}x\right) + c$
$= a\left\{\left(x + \dfrac{b}{2a}\right)^2 - \left(\dfrac{b}{2a}\right)^2\right\} + c$
$= a\left(x + \dfrac{b}{2a}\right)^2 - a\left(\dfrac{b}{2a}\right)^2 + c$

投げる

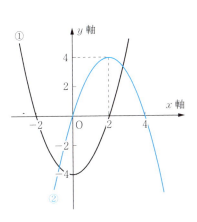
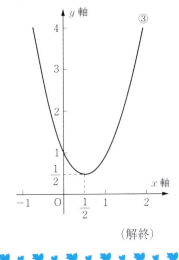

物を投げたときにできる軌跡が**放物線**よ。

（解終）

問題 2.2 （解答は p.172）

次の放物線を描いてください。

① $y = -x^2 + 2$　② $y = -x^2 + 2x$　③ $y = \dfrac{1}{2}x^2 + x + \dfrac{1}{2}$

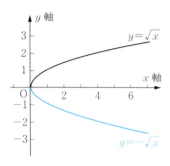

例題 2.3 [放物線 2]

次の関数のグラフを描いてみましょう。

① $y=\sqrt{x-1}$ ② $y=-\sqrt{x+2}$ ③ $y^2=4x$

解 まず基本の関数 $y=\sqrt{x}$ と $y=-\sqrt{x}$ のグラフを確認しましょう。

$y=\sqrt{x}$ ：左図，横になった放物線の上半分

$y=-\sqrt{x}$ ：左図，横になった放物線の下半分

①, ②の式を見て，どちらのグラフをどのように平行移動させたらよいかを考えます。

① $y=\sqrt{x}$ のグラフを「右へ1」平行移動させれば，$y=\sqrt{x-1}$ のグラフとなります（下図①）。

② $y=-\sqrt{x+2}=-\sqrt{x-(-2)}$ なので $y=-\sqrt{x}$ のグラフを

「右(x軸方向)へ -2」＝「左へ2」

平行移動させれば求めるグラフになります（下図②）。

③ $x=\dfrac{1}{4}y^2$ と変形されるので，$y=\dfrac{1}{4}x^2$ のグラフを $y=x$ について対称に移したグラフとなります。$y=2\sqrt{x}$，$y=-2\sqrt{x}$ のグラフを合わせた曲線です（下図③）。

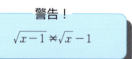

― 平行移動 ―
$y=f(x)$
平行移動 $\begin{vmatrix} x\text{軸方向へ } p \\ y\text{軸方向へ } q \end{vmatrix}$
$y-q=f(x-p)$

警告！
$\sqrt{x-1} \neq \sqrt{x}-1$

こんな変形をしてはダメよ。

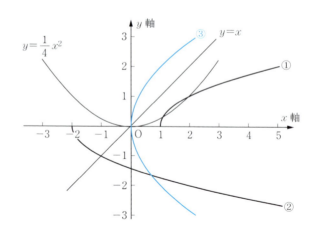

（解終）

問題 2.3 （解答は p.173）

次の関数のグラフを描いてください。

① $y=\sqrt{x+2}$ ② $y=-\sqrt{x-3}$ ③ $x=4y^2$

例題 2.4 [放物線と 2 次不等式]

次の不等式をみたす x の範囲を求めてみましょう。

(1) $x^2 - 2x > 0$ (2) $x^2 - 2x - 3 \leqq 0$

解 2 次不等式は放物線を利用して解きましょう。

(1) $y = x^2 - 2x$ とおき，この放物線の概形をかきます。

$y > 0$ となる範囲を求めたいので，$y = 0$ となる x，つまり放物線と x 軸との交点を求めると

$$x^2 - 2x = 0 \quad \text{より} \quad x(x-2) = 0 \quad \therefore \quad x = 0, 2$$

グラフは左下のようになります。
したがって $y > 0$ となる x の範囲は

$x < 0, \ 2 < x$

(2) $y = x^2 - 2x - 3 = (x-3)(x+1)$

なので，$y = 0$ となる x は $x = 3, -1$。これより放物線のグラフは右下のようになり，$y \leqq 0$ となる x の範囲は

$-1 \leqq x \leqq 3$ （解終）

← 放物線の概形を
  ■ 上に凸か下に凸か
  ■ x 軸との交点の値
を使って描きます。

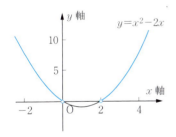

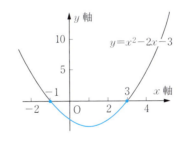

← グラフ上で
  ・は範囲に含まれ
  ○は範囲に含まれない
ことを示しています。

x^2 の係数が負のときは気をつけてね。
両辺に (-1) をかけてから x の範囲を求める方がいいわよ。

問題 2.4 （解答は p.173）

次の不等式をみたす x の範囲を求めてください。

(1) $x^2 + 4x \leqq 0$ (2) $-x^2 - x + 6 < 0$

例題 2.5 [最大・最小問題]

長さ 16 cm の針金を折り曲げて長方形をつくるとき，面積を最大にするにはどのように折り曲げたらよいか調べてみましょう。

また，このときの面積の最大値も求めてみましょう。

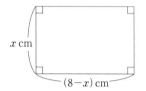

解 つくろうとしているのは長方形なので，1 辺の長さを決めれば他のすべての辺の長さは決まってしまいます。そこで，1 辺の長さを $x\,(\text{cm})$ とし，条件をみたすような x の値を決定していきます。

長方形の縦の長さを x とすると，横の長さは

$$\frac{16}{2} - x = 8 - x$$

なので，長方形の面積 y は

$$y = x(8 - x)$$

です。ただし x は $0 \leq x \leq 8$ の範囲です。

y は 2 次関数なので，標準形に直してグラフを描くと

$$y = -x^2 + 8x = -(x^2 - 8x)$$
$$= -\{(x-4)^2 - 4^2\} = -(x-4)^2 + 16$$

より，左図のようになります。

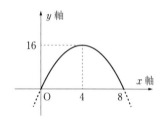

$0 \leq x \leq 8$ の範囲で y は

$x = 4$ のとき　最大値 16

をとるので，縦が 4 cm のとき面積は最大になります。このとき横は

$$8 - 4 = 4\,(\text{cm})$$

以上より，面積が最大になるのは

1 辺 4 cm の正方形に折り曲げるとき

で，

面積の最大値は 16 cm²

です。　　　　　　　　　　　　　　　　　　　　　　　　　　　　（解終）

ある条件のもとで何かの最大値，最小値を求めることは応用上，とても大切なことなのよ。

🔽 対角線の長さの 2 乗を調べてみましょう。

問題 2.5 （解答は p. 173）

長さ 20 cm の針金を折り曲げて長方形をつくるとき，対角線の長さを最小にするには，どのように折り曲げたらよいか調べてください。また，このときの対角線の最小値も求めてください。

〈3〉 円

中心が原点 O(0,0)，半径 r の円の方程式は
$$x^2+y^2=r^2$$
です。この式を "$y=$" の形に直すと
$$y^2=r^2-x^2 \quad \text{より} \quad y=\pm\sqrt{r^2-x^2}$$
となるので，厳密には

$y=\sqrt{r^2-x^2}$ ：右図，上半分のグラフ
$y=-\sqrt{r^2-x^2}$ ：右図，下半分のグラフ

となります。

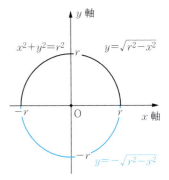

$x^2+y^2=r^2$ のグラフを

　　x 軸方向へ p
　　y 軸方向へ q

平行移動させると
$$(x-p)^2+(y-q)^2=r^2$$
つまり，これが中心 (p,q)，半径 r の円の方程式です。

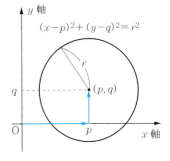

例題 2.6 ［円］

次の方程式をもつ円を描いてみましょう。
① $x^2+y^2=4$ 　　② $(x-1)^2+y^2=1$
③ $x^2+y^2+2x-2y=2$

解 ① 中心 $(0,0)$，半径 2 の円。
② 中心 $(1,0)$，半径 1 の円。
③ x と y を別々に平方完成すると
$(x^2+2x)+(y^2-2y)=2$
$\{(x+1)^2-1^2\}+\{(y-1)^2-1^2\}=2$
$(x+1)^2+(y-1)^2=4$

これより中心 $(-1,1)$，半径 2 の円となることがわかります（右図③）。

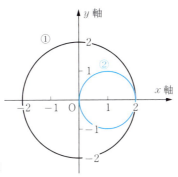

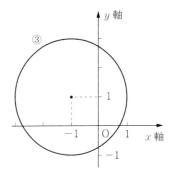

（解終）

問題 2.6 （解答は p.173）

次の方程式をもつ円を描いてください。
① $x^2+y^2=9$ 　　② $(x+2)^2+(y-1)^2=5$ 　　③ $x^2-6x+y^2+4y=3$

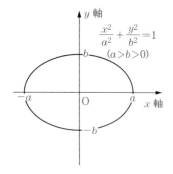

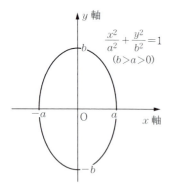

〈4〉 楕円と双曲線

次の関係式をみたす点 (x,y) の集まりを楕円といいます。

$$\frac{x^2}{a^2}+\frac{y^2}{b^2}=1 \quad (a>0, b>0)$$

$a>b$ のときは，横長の楕円（左上図）

$b>a$ のときは，縦長の楕円（左下図）

となります。

次の関係式をみたす点 (x,y) の集まりを双曲線といいます $(a>0, b>0)$ 。

$\dfrac{x^2}{a^2}-\dfrac{y^2}{b^2}=1$ ：左右に分かれた双曲線（下図左）

　　　　　　　　漸近線は $y=\pm\dfrac{b}{a}x$

$\dfrac{x^2}{a^2}-\dfrac{y^2}{b^2}=-1$ ：上下に分かれた双曲線（下図右）

　　　　　　　　漸近線は $y=\pm\dfrac{b}{a}x$

$xy=k$ 　　　：直角双曲線（一番下の図2つ）

　　　　　　　　漸近線は x 軸と y 軸

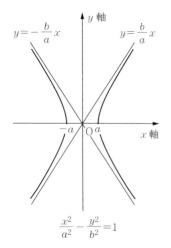

漸近線とは曲線が限りなく近づく直線のことで～す。

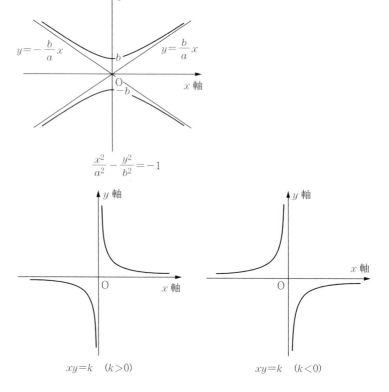

例題 2.7 [楕円と双曲線]

関数電卓で数表をつくり，次の関数のグラフを描いてみましょう。

① $\dfrac{x^2}{9}+\dfrac{y^2}{4}=1$ ② $\dfrac{x^2}{4}-\dfrac{y^2}{9}=1$ ③ $xy=1$

解 ① $\dfrac{x^2}{3^2}+\dfrac{y^2}{2^2}=1$ より "$y=$" に直すと

$$\dfrac{y^2}{2^2}=1-\dfrac{x^2}{3^2} \longrightarrow \left(\dfrac{y}{2}\right)^2=\dfrac{1}{3^2}(3^2-x^2)$$

$$\longrightarrow \dfrac{y}{2}=\pm\dfrac{1}{3}\sqrt{9-x^2}$$

$$\therefore\ y=\pm\dfrac{2}{3}\sqrt{9-x^2} \quad (9-x^2\geqq 0\ \text{より}\ -3\leqq x\leqq 3)$$

この表示を使って，何点か座標を求め（右上の数表），なめらかにつなぐと下図①の楕円が描けます。

② $\dfrac{x^2}{2^2}-\dfrac{y^2}{3^2}=1$ より，①と同様に "$y=$" に直すと

$$\left(\dfrac{y}{3}\right)^2=\dfrac{1}{2^2}(x^2-2^2) \longrightarrow y=\pm\dfrac{3}{2}\sqrt{x^2-4} \quad \begin{pmatrix} x^2-4\geqq 0\ \text{より} \\ x\leqq -2,\ 2\leqq x \end{pmatrix}$$

この式より何点か座標を求め（右中の数表），なめらかにつなぐと下図②の双曲線が描けます。漸近線は $y=\pm\dfrac{3}{2}x$ です。

③ $y=\dfrac{1}{x}$ なので，何点か求め（右下の数表），グラフを描くと右下図③のような直角双曲線となります。

（解終）

x	$y=\pm\dfrac{2}{3}\sqrt{9-x^2}$
± 3	0
± 2.5	± 1.1055
± 2	± 1.4907
± 1.5	± 1.7320
± 1	± 1.8856
± 0.5	± 1.9720
0	± 2

x	$y=\pm\dfrac{3}{2}\sqrt{x^2-4}$
± 2	0
± 3	± 3.3541
± 4	± 5.1961
± 5	± 6.8738
± 6	± 8.4852
$\vdots$	$\vdots$

x	$y=\dfrac{1}{x}$
0	$\pm\infty$
$\vdots$	$\vdots$
± 0.2	± 5
± 0.5	± 2
± 1	± 1
± 1.5	± 0.6666
± 2	± 0.5
± 3	± 0.3333
$\vdots$	$\vdots$
$\pm\infty$	0

（小数第5位以下切り捨て，最後の数表のみ複号同順）

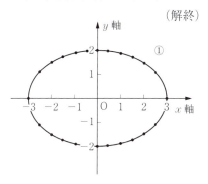
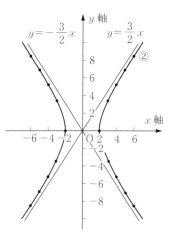
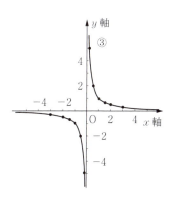

問題 2.7 （解答は p.174）

関数電卓で数表をつくり，次の関数のグラフを描いてください。

① $\dfrac{x^2}{4}+y^2=1$ ② $x^2-y^2=-1$ ③ $xy=-2$

〈5〉 2つのグラフの共有点

2つの曲線の共有点とは2つの曲線が共有する点のことで，交点や接点を含みます。

例題 2.8 [2直線の共有点]

次の2つの直線に共有点があれば求めてみましょう。

(1) $\begin{cases} y = 2x+1 & ① \\ y = -x+4 & ② \end{cases}$ (2) $\begin{cases} y = x-1 & ③ \\ y = x+3 & ④ \end{cases}$

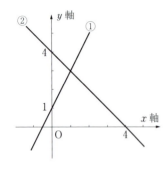

解 2つの直線の共有点を求めるには，両方の方程式をみたす (x, y) の値の組を求めればよいので，2つの式からなる連立方程式を解きます。

(1) ①－②より

$0 = 3x - 3$ ∴ $x = 1$

①へ代入すると

$y = 2 \cdot 1 + 1 = 3$

ゆえに，①と②の共有点（交点）は $(1, 3)$。

(2) ③，④の式をみると2つの直線は傾きがともに1で平行になっています。つまりこれらの2直線は共有点はもちません。　（解終）

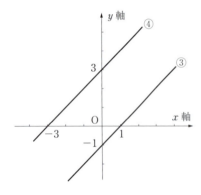

③と④からなる連立方程式を解こうとすると，③－④より
$0 = -4$
となり，矛盾した式が出てくるけど，これは③と④を同時にみたす (x, y) は存在しないということを意味しているのよ。

問題 2.8 （解答は p.175）

次の2つの直線に共有点があれば求めてください。

(1) $\begin{cases} y = 5x - 1 & ① \\ y = x + 7 & ② \end{cases}$ (2) $\begin{cases} 2x - 3y = 1 & ① \\ 3x - 2y = 1 & ② \end{cases}$ (3) $\begin{cases} y = -2x + 3 & ① \\ 2x + y = 1 & ② \end{cases}$

例題2.9 [放物線と直線の共有点]

次の放物線と直線に共有点があれば求めてみましょう。

(1) $\begin{cases} y = x^2 & ① \\ y = -2x + 3 & ② \end{cases}$ (2) $\begin{cases} y = x^2 + 1 & ③ \\ y = 2x & ④ \end{cases}$

(3) $\begin{cases} y = x^2 + 2x & ⑤ \\ y = x - 1 & ⑥ \end{cases}$

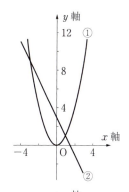

解 2つの曲線の共有点を求めるには，2つの式を連立させて，同時にみたす (x, y) の組を求めます。

(1) ①と②より

$$x^2 = -2x + 3 \rightarrow x^2 + 2x - 3 = 0$$
$$\rightarrow (x-1)(x+3) = 0 \rightarrow x = 1, -3$$

①へ代入して

$x = 1$ のとき $y = 1^2 = 1$
$x = -3$ のとき $y = (-3)^2 = 9$

これより共有点は次の2つ。

$(1, 1), \ (-3, 9)$

(2) ③と④より

$$x^2 + 1 = 2x \rightarrow x^2 - 2x + 1 = 0$$
$$\rightarrow (x-1)^2 = 0 \rightarrow x = 1 \quad (重解)$$

④へ代入して

$y = 2 \cdot 1 = 2$

これより共有点は $(1, 2)$ の1つのみ。

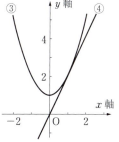

(2)は放物線と直線が接している場合ね。

(3) ⑤と⑥より $x^2 + 2x = x - 1 \rightarrow x^2 + x + 1 = 0$

この2次方程式は実数解をもたないので，⑤と⑥を同時にみたす実数の組 (x, y) は存在しません。ゆえに⑤と⑥には共有点は存在しません。

(解終)

● 判別式

$D = 1^2 - 4 \cdot 1 \cdot 1 = -3 < 0$

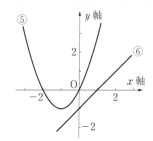

問題2.9 (解答は p.175)

次の放物線と直線に共有点があれば求めてください。

(1) $\begin{cases} y = -x^2 + 4 & ① \\ y = 4x + 8 & ② \end{cases}$ (2) $\begin{cases} y = x^2 + 4x - 2 & ① \\ y = 5x - 3 & ② \end{cases}$ (3) $\begin{cases} y = x^2 - x & ① \\ y = x + 8 & ② \end{cases}$

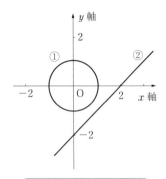

例題 2.10 [その他のグラフの共有点]

次の 2 つの関数のグラフに共有点があれば求めてみましょう。

(1) $\begin{cases} x^2+y^2=1 & ① \\ y=x-2 & ② \end{cases}$ (2) $\begin{cases} y=x^2+x & ③ \\ y=-x^2+1 & ④ \end{cases}$

(1)のグラフを見ると共有点はなさそうだけど…

解 2 つの関数の式を連立方程式とみなして，共有点 (x, y) を求めましょう。

(1) ①は円，②は直線の方程式です（左上図）。
②を①へ代入して
$$x^2+(x-2)^2=1 \to x^2+(x^2-4x+4)=1$$
$$\to 2x^2-4x+3=0 \quad ①'$$
判別式 D' を計算すると
$$D'=(-2)^2-2\cdot 3=4-6=-2<0$$
ゆえに ①' は実数解をもたないので，①と②は共有点をもちません。

(2) ③，④ともに放物線の方程式です（左図）。

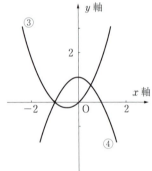

③と④より
$$x^2+x=-x^2+1 \to 2x^2+x-1=0$$
$$\to (2x-1)(x+1)=0 \to x=\frac{1}{2}, -1$$
④へ代入して
$$x=\frac{1}{2} \text{ のとき } y=-\left(\frac{1}{2}\right)^2+1=-\frac{1}{4}+1=\frac{3}{4}$$
$$x=-1 \text{ のとき } y=-(-1)^2+1=-1+1=0$$
これらより共通点は次の 2 つです。
$$\left(\frac{1}{2}, \frac{3}{4}\right), \quad (-1, 0)$$

（解終）

- $ax^2+bx+c=0 \ (a\neq 0)$ の判別式
  $$D=b^2-4ac$$
- $ax^2+2b'x+c=0 \ (a\neq 0)$ の判別式
  $$D'=b'^2-ac$$

問題 2.10 （解答は p.175）

次の 2 つの関数のグラフに共有点があれば求めてください。

(1) $\begin{cases} x^2+(y-1)^2=1 & ① \\ y=-x+2 & ② \end{cases}$ (2) $\begin{cases} y=x^2-x & ① \\ y=2x^2-3x+1 & ② \end{cases}$

❸ 指数関数

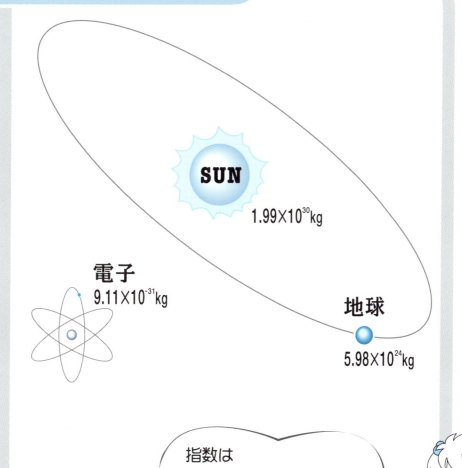

指数は
とっても大きい数や
とっても小さい数を
表わすのに便利で〜す。

〈1〉 指数と指数法則

a を正の定数とします。

a の有理数乗については，次のように定義されていました。

> n を自然数，m を整数とするとき，
> $$a^0 = 1$$
> $$a^n = \overbrace{aa\cdots a}^{n個}, \quad a^{-n} = \frac{1}{a^n}$$
> $$a^{\frac{m}{n}} = \sqrt[n]{a^m}$$

➡ n 乗すると a となる正の実数を $\sqrt[n]{a}$ とかきます。

a の無理数乗については，次のように定義します。左の例を参照しながら読んでください。

$\sqrt{3} = 1.732050808\cdots$

2^1	$= 2$
$2^{1.7}$	$= 3.249009585\cdots$
$2^{1.73}$	$= 3.317278183\cdots$
$2^{1.732}$	$= 3.321880096\cdots$
$2^{1.7320}$	$= 3.321880096\cdots$
$2^{1.73205}$	$= 3.321995226\cdots$
$2^{1.732050}$	$= 3.321995226\cdots$
$2^{1.7320508}$	$= 3.321997068\cdots$
$\vdots$	$\vdots$
$2^{\sqrt{3}}$	$= 3.321997085\cdots$

> p が無理数のときは
> $$p = \alpha.\alpha_1\alpha_2\alpha_3\cdots$$
> と無限に続く循環しない小数でかくことができます。
> $\alpha, \alpha_1, \alpha_2, \cdots$ は $0\sim9$ の自然数です。ここで
> $$\alpha, \ \alpha.\alpha_1, \ \alpha.\alpha_1\alpha_2, \ \cdots \quad ①$$
> と，どんどんと p に近づく有限小数，つまり有理数の数列を考え，①の数列を使って a の有理数乗の数列
> $$a^\alpha, \ a^{\alpha.\alpha_1}, \ a^{\alpha.\alpha_1\alpha_2}, \ \cdots \quad ②$$
> を考えます。
> このとき，②の数列が限りなく近づく値を
> $$a^p$$
> と定義します。

以上のことにより，すべての実数 p について
$$a^p$$
が定義されました。

➡ $\sqrt[n]{a}$ の形を a の**累乗根**または**ベキ根**といいます。

a^p の形を a の**累乗**または**ベキ乗**

p を**指数**

といいます。

例題 3.1 [指数]

次の式を指数を使ってかき直してみましょう。

(1) $\sqrt{x}$ (2) $\sqrt[3]{x^2}$ (3) $\dfrac{1}{\sqrt{1+x}}$

関数電卓を使って次の値を求めてみましょう（小数第5位以下切り捨て）。

(4) $\dfrac{1}{\sqrt{3}}$ (5) $\sqrt[3]{2}$ (6) $3^{\sqrt{2}}$

→ 関数を指数を用いて表示すると微分や積分計算に便利です。

【解】(1) $\sqrt{x} = \sqrt[2]{x} = x^{\frac{1}{2}}$

(2) $\sqrt[3]{x^2} = x^{\frac{2}{3}}$

(3) $\dfrac{1}{\sqrt{1+x}} = \dfrac{1}{\sqrt[2]{1+x}} = \dfrac{1}{(1+x)^{\frac{1}{2}}} = (1+x)^{-\frac{1}{2}}$

(4) $\sqrt{}$ キーをそのまま使って

$\dfrac{1}{\sqrt{3}} = 1 \div \sqrt{3} = 0.5773$

(5) マニュアルでどのキーをどう押したらよいか確認しましょう。（たとえば $a^{\frac{m}{n}}$ は「a^(m/n)」など）

$\sqrt[3]{2} = 1.2599$

(6) $3^{\sqrt{2}} = 4.7288$ （解終）

$\sqrt{x}$ だけ 2 が省略されているので気をつけて。

- $a^{\frac{m}{n}} = \sqrt[n]{a^m}$
- $\dfrac{1}{a^n} = a^{-n}$

警告！

$\sqrt{x^2+1} \not= \sqrt{x^2} + \sqrt{1}$

$(x^2+1)^{\frac{1}{2}} \not= (x^2)^{\frac{1}{2}} + 1^{\frac{1}{2}}$

問題 3.1 （解答は p.175）

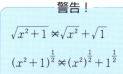

次の式を指数を使ってかき直してください。

(1) $\sqrt{x^2+1}$ (2) $\dfrac{1}{\sqrt[3]{x}}$ (3) $\dfrac{1}{\sqrt[3]{(1+x)^2}}$

関数電卓を使って次の値を求めてください（小数第5位以下切り捨て）。

(4) $\sqrt{5}$ (5) $\dfrac{1}{\sqrt[4]{2}}$ (6) $5^{0.3}$ (7) $2^{\sqrt{5}}$

$a>0$, $b>0$ とするとき，実数 p, q について，次の**指数法則**が成り立っています。

> **指数法則**
> - $a^p a^q = a^{p+q}$
> - $\dfrac{a^p}{a^q} = a^{p-q}$
> - $(a^p)^q = a^{pq}$
> - $(ab)^p = a^p b^p$
> - $\left(\dfrac{a}{b}\right)^p = \dfrac{a^p}{b^p}$

例題 3.2 ［指数法則］

次の値を求めてみましょう（ただし，$a>0$, $b>0$）。

(1) 3^{-2} (2) $16^{\frac{1}{2}}$ (3) $\left(\dfrac{16}{9}\right)^{\frac{3}{2}}$ (4) $\dfrac{\sqrt[4]{2} \times \sqrt[8]{8}}{\sqrt{2}}$

(5) $\dfrac{(a^3 b)^2 \times (ab^2)^3}{ab^3}$ (6) $\dfrac{\sqrt[3]{a^5 b} \times \sqrt{a^3 b^7}}{\sqrt[6]{a^3 b^5}}$

指数法則をしっかり身につけてね。計算方法は一通りではないわよ。

- $a^{-p} = \left(\dfrac{1}{a}\right)^p = \dfrac{1}{a^p}$

警告！
$a^p \times a^q \not\equiv a^{p \times q}$
$\dfrac{a^p}{a^q} \not\equiv a^{\frac{p}{q}}$

解 上の指数法則を見ながら計算しましょう。

(1) $3^{-2} = (3^{-1})^2 = \left(\dfrac{1}{3}\right)^2 = \dfrac{1}{9}$

(2) $16^{\frac{1}{2}} = (4^2)^{\frac{1}{2}} = 4^{2 \times \frac{1}{2}} = 4^1 = 4$

(3) $\left(\dfrac{16}{9}\right)^{\frac{3}{2}} = \left\{\left(\dfrac{4}{3}\right)^2\right\}^{\frac{3}{2}} = \left(\dfrac{4}{3}\right)^{2 \times \frac{3}{2}} = \left(\dfrac{4}{3}\right)^3 = \dfrac{4^3}{3^3} = \dfrac{64}{27}$

(4) 与式 $= \dfrac{2^{\frac{1}{4}} \times 8^{\frac{1}{8}}}{2^{\frac{1}{2}}} = 2^{\frac{1}{4}} \cdot (2^3)^{\frac{1}{8}} \cdot 2^{-\frac{1}{2}} = 2^{\frac{1}{4} + \frac{3}{8} - \frac{1}{2}} = 2^{\frac{1}{8}} = \sqrt[8]{2}$

(5) 与式 $= \dfrac{a^{3 \cdot 2} b^2 \times a^3 b^{2 \cdot 3}}{ab^3} = \dfrac{a^6 b^2 a^3 b^6}{ab^3} = a^{6+3-1} b^{2+6-3} = a^8 b^5$

(6) 与式 $= \dfrac{(a^5 b)^{\frac{1}{3}} (a^3 b^7)^{\frac{1}{2}}}{(a^3 b^5)^{\frac{1}{6}}} = (a^5 b)^{\frac{1}{3}} (a^3 b^7)^{\frac{1}{2}} (a^3 b^5)^{-\frac{1}{6}}$

$= (a^{\frac{5}{3}} b^{\frac{1}{3}})(a^{\frac{3}{2}} b^{\frac{7}{2}})(a^{-\frac{3}{6}} b^{-\frac{5}{6}}) = a^{\frac{5}{3} + \frac{3}{2} - \frac{1}{2}} b^{\frac{1}{3} + \frac{7}{2} - \frac{5}{6}} = a^{\frac{8}{3}} b^3$

（解終）

問題 3.2 （解答は p.175）

(1)〜(3) は値を求め，(4) と (5) は $x^p y^q$ の形に直してください（ただし，$x>0$, $y>0$）。

(1) 2^{-3} (2) $\left(\dfrac{1}{8}\right)^{\frac{2}{3}}$ (3) $\dfrac{\sqrt[3]{9}}{\sqrt[6]{3} \times \sqrt{3}}$ (4) $\dfrac{(x^4 y^5)^3}{(x^2 y^3)^4 \times xy}$ (5) $\dfrac{\sqrt{x^3 y^3}}{\sqrt[3]{y^5} \times \sqrt[4]{x^2 y}}$

〈2〉 指数関数とグラフ

a を1でない正の数とします。

x がいろいろな実数値をとるとき，それにつれて a^x もいろいろな値をとります。そこで関数

$$y = a^x$$

を考えます。この関数を

a を底とする指数関数

といいます。

定義域は $-\infty < x < \infty$ （全実数）

値域は $y > 0$ （正の実数）

です。

この関数のグラフは a の値によって概形が異なり

$0 < a < 1$ のときは 右下がりのグラフ

$1 < a$ のときは 右上がりのグラフ

となりますが，a がどんな値（ただし，$a > 0, a \neq 1$）でも必ず点 $(0, 1)$ を通ります。

また，関数の値は x の増加につれて

$0 < a < 1$ のときは 急激に減少して限りなく0に近づき

$1 < a$ のときは 急激に増加して限りなく大きく

なります（下図参照）。

"急激に増加する"ことを"指数関数的に増加する"ということもあるのよ。

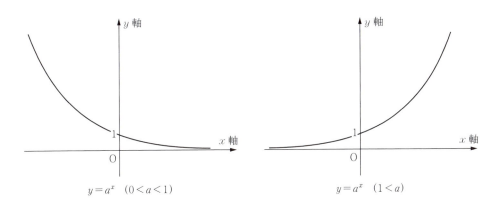

$y = a^x \ (0 < a < 1)$　　　　$y = a^x \ (1 < a)$

具体的な指数関数のグラフを例題と問題で描いてみましょう。

例題 3.3 [指数関数のグラフ]

関数電卓で数表をつくり，次の指数関数のグラフを描いてみましょう。

① $y = 2^x$ ② $y = \left(\dfrac{1}{3}\right)^x$

解 関数の値は急激に増加または減少していくので，$-3 \leqq x \leqq 3$ の範囲で数表をつくってみます。

数表を見ながら点をとり，なめらかに結んで曲線を描きましょう。

x	$y=2^x$	$y=\left(\dfrac{1}{3}\right)^x = 3^{-x}$
⋮	⋮	⋮
-3	0.125	27
-2.5	0.1767	15.5884
-2	0.25	9
-1.5	0.3535	5.1961
-1	0.5	3
-0.5	0.7071	1.7320
0	1	1
0.5	1.4142	0.5773
1	2	0.3333
1.5	2.8284	0.1924
2	4	0.1111
2.5	5.6568	0.0641
3	8	0.0370
⋮	⋮	⋮

（小数第 5 位以下切り捨て）

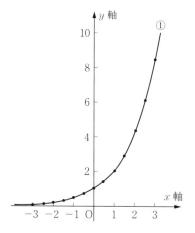
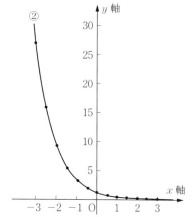

（解終）

②の式はかき直すと $y = 3^{-x}$ となるわね。

問題 3.3 （解答は p.175）

関数電卓で数表をつくり，次の指数関数のグラフを描いてください。

① $y = 3^x$ ② $y = \left(\dfrac{1}{2}\right)^x$

〈3〉 特別な指数関数 $y=e^x$

例題 3.3 と問題 3.3 で描いた 2 つの指数関数
$$y=2^x \quad と \quad y=3^x$$
のグラフを少し詳しく見てみましょう。

$-1 \leqq x \leqq 1$ の間のグラフを拡大して一緒に描いてみます。

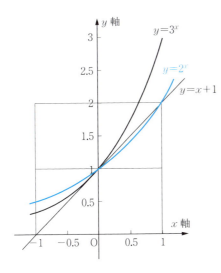

x	$y=2^x$	$x+1$	$y=3^x$
$\vdots$	$\vdots$	$\vdots$	$\vdots$
-1	0.5	0	0.3333
-0.8	0.5743	0.2	0.4152
-0.6	0.6597	0.4	0.5172
-0.4	0.7578	0.6	0.6443
-0.2	0.8705	0.8	0.8027
0	1	1	1
0.2	1.1486	1.2	1.2457
0.4	1.3195	1.4	1.5518
0.6	1.5157	1.6	1.9331
0.8	1.7411	1.8	2.4082
1	2	2	3
$\vdots$	$\vdots$	$\vdots$	$\vdots$

（小数第 5 位以下切り捨て）

さらに，傾き 1 をもつ直線 $y=x+1$ を描いてみます。

この 3 つのグラフを比較すると

　　点 $(0,1)$ において $y=2^x$ に接する直線（接線）の傾きは
　　1 より小さい

　　点 $(0,1)$ において $y=3^x$ に接する直線（接線）の傾きは
　　1 より大きい

ということに気がつきます（右上の数表をよく見てください）。

上で描いた 2 つの指数関数 $y=2^x$ と $y=3^x$ の間には無数の指数関数
$$y=a^x \quad (2<a<3)$$
が描けます。ですから，その中から特に

　　点 $(0,1)$ における接線の傾きがちょうど 1 である指数関数

を選び出し，特別な記号 "e" を使って
$$y=e^x$$
とかくことにします。

この特別な数 "e" は無理数で，次のような無限小数なのです。
$$e = 2.718281828\cdots$$

"e" は π と同じように重要な数でネピアの数と呼ばれてま～す。
指数関数 $y=e^{ax}$ は放射性物質の寿命や生物の増殖などの自然現象の数理モデルに広く使われているのよ。

とくとく情報［複利計算］

　　日本は今，低金利時代。銀行にお金を預けても，たいした利子はつきません。

　　例えば，年 0.03％ の複利で 100 万円預けてみましょう。すると x 年後の元利合計 y は

$$y = 100(1 + 0.0003)^x \text{ 万円}$$

という指数関数で表わされます。例えば 5 年間預けると元利合計 y は $x=5$ として

$$y = 100(1 + 0.0003)^5 = 100.015 \text{ 万円}$$

つまり，利子はたった 150 円です！

　　それではお金を借りるときはどうでしょう。低金利時代，学費を教育ローンで借りても利子は少しだから，働けばすぐに返済できそうですが…。

　　例えば大学卒業時まで無利子で，卒業後に年 5％ の複利で利子が発生する教育ローンを入学時に 100 万円借りたとします。このとき，卒業 x 年後の借金 y は

$$y = 100(1 + 0.05)^x \text{ 万円}$$

という指数関数で表わされます。卒業後すぐは収入が少ないので，5 年後から返済しようとすると，このときの借金 y は $x=5$ として

$$y = 100(1 + 0.05)^5 = 127.6281 \text{ 万円}$$

となります。すでにこのとき，27 万円以上も借りた金額以上に支払わなくてはならなくなっています。毎年少しずつ返済していっても，借りている残りの借金には毎年利子が複利でついていってしまいます。

　　これは指数関数の特徴です。グラフで見たように，指数関数 $y = a^x$ の値は底 a の値が大きければ，x の増加につれ y の値が急激に大きくなることに起因しています。

　　お金を借りるときには，このことに十分に気をつけてください。

お金を借りるときは
指数関数を
思い出してね！

❹ 対数関数

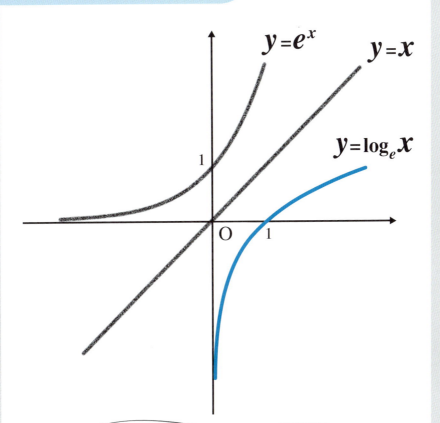

変化をおだやかにする性質を利用して、対数はわりと身近な指標、たとえば
化学で使われる　pH
騒音の大きさの　ホン
地震の強さの　　マグニチュード
などに使われています。

〈1〉 対数と対数法則

前の章で，a^p（$a>0$，p：実数）を定義しました。そこで
$$q = a^p \quad \text{（ただし } a \neq 1 \text{ とします）}$$
という関係があり，ここから "$p=$" に直したいときに，次の記号を使います。
$$p = \log_a q$$
右辺を
$$a \text{ を底とする } q \text{ の対数}$$
といいます。また q を真数といいます。

対数を使う表わし方は，指数を使う表わし方の言い換えにすぎません。つまり，指数表記と対数表記は
$$q = a^p \iff p = \log_a q$$
の関係になっています。

例題 4.1 [対数]

次の指数表記を対数表記にかき直してみましょう。

(1) $2^3 = 8$ (2) $10^3 = 1000$

(3) $3^{-2} = \dfrac{1}{9}$ (4) $10^{-2} = \dfrac{1}{100}$ (5) $5^0 = 1$

[解] $a^p = q \iff p = \log_a q$
なので

(1) $3 = \log_2 8$ (2) $3 = \log_{10} 1000$

(3) $-2 = \log_3 \dfrac{1}{9}$ (4) $-2 = \log_{10} \dfrac{1}{100}$

(5) $0 = \log_5 1$

（解終）

$q = a^p \iff p = \log_a q$ の関係を忘れないでね。この関係があるから，q が激しく変化しても p はそれほど変化しないのよ。

- $a^1 = a \iff \log_a a = 1$
- $a^0 = 1 \iff \log_a 1 = 0$

問題 4.1 （解答は p.176）

次の指数表記を対数表記にかえてください。

(1) $3^4 = 81$ (2) $8^{\frac{1}{3}} = 2$ (3) $10^5 = 100000$ (4) $10^{-5} = 0.00001$ (5) $5^1 = 5$

$a>0$, $a\neq 1$, $p>0$, $q>0$ とするとき，次の対数法則が成立します．

――― 対数法則 ―――
- $\log_a pq = \log_a p + \log_a q$
- $\log_a \dfrac{p}{q} = \log_a p - \log_a q$
- $\log_a q^p = p \log_a q$

例題 4.2 [対数法則]

対数法則を使って，次の式を簡単にしてみましょう．

(1) $\log_2 16$ (2) $\log_{10} \dfrac{1}{100}$ (3) $\log_e \sqrt[3]{e}$

(4) $\log_3 \dfrac{3}{8} + \log_3 72$ (5) $2\log_{10} 2 - \log_{10} \dfrac{1}{25}$

- $\log_a a = 1$
- $\log_a 1 = 0$

解 (1)〜(3) は真数を底と同じ数字の累乗の形に直し，上の対数法則を用いて値を求めましょう．

(1) $\log_2 16 = \log_2 2^4 = 4\log_2 2 = 4\cdot 1 = 4$

(2) $\log_{10} \dfrac{1}{100} = \log_{10} \dfrac{1}{10^2} = \log_{10} 10^{-2}$
$= -2\log_{10} 10 = -2\cdot 1 = -2$

(3) $\log_e \sqrt[3]{e} = \log_e e^{\frac{1}{3}} = \dfrac{1}{3}\log_e e = \dfrac{1}{3}\cdot 1 = \dfrac{1}{3}$

(4) と (5) は1つにまとめてから値を求めましょう．

(4) 与式 $= \log_3\left(\dfrac{3}{8}\times 72\right) = \log_3 27 = \log_3 3^3$
$= 3\log_3 3 = 3\cdot 1 = 3$

(5) 与式 $= \log_{10} 2^2 - \log_{10}\dfrac{1}{25} = \log_{10}\left(4\div \dfrac{1}{25}\right)$
$= \log_{10}(4\times 25) = \log_{10} 100 = \log_{10} 10^2$
$= 2\log_{10} 10 = 2\cdot 1 = 2$ (解終)

○ ネピアの数 e は
$e = 2.718\cdots$
という特別な数

対数計算の方法は一通りではないわよ．

問題 4.2 （解答は p.176）

対数法則を使って，次の式を簡単にしてください．

(1) $\log_3 81$ (2) $\log_{10} 0.01$ (3) $\log_{10}\dfrac{1}{\sqrt[3]{100}}$ (4) $\log_e\dfrac{1}{e}$

(5) $\dfrac{1}{3}\log_2 27 + \log_2 \dfrac{8}{3}$ (6) $2\log_{10}\dfrac{\sqrt{3}}{10} - \log_{10} 30$ (7) $\log_2\dfrac{1}{2e} + \dfrac{1}{2}\log_2 2e^2$

次に対数の底を変える公式を紹介します。

―― 底の変換 ――
- $\log_q p = \dfrac{\log_a p}{\log_a q}$

変換後の底 a は $a>0, a\neq 1$ ならどんな実数でも OK よ。

例題 4.3 [底の変換]

次の対数の底を 10 に変換してみましょう。

(1) $\log_2 3$ (2) $\log_3 100$ (3) $\log_e 10$

次の対数の底を e に変換してみましょう。

(4) $\log_2 3$ (5) $\log_3 e^3$ (6) $\log_{10} e$

解 底の変換公式をよく見ながら

(1) $\log_2 3 = \dfrac{\log_{10} 3}{\log_{10} 2}$

(2) $\log_3 100 = \dfrac{\log_{10} 100}{\log_{10} 3} = \dfrac{\log_{10} 10^2}{\log_{10} 3} = \dfrac{2 \log_{10} 10}{\log_{10} 3}$
$= \dfrac{2\cdot 1}{\log_{10} 3} = \dfrac{2}{\log_{10} 3}$

e はネピアの数 ➡
$e = 2.718\cdots$

(3) $\log_e 10 = \dfrac{\log_{10} 10}{\log_{10} e} = \dfrac{1}{\log_{10} e}$

(4) $\log_2 3 = \dfrac{\log_e 3}{\log_e 2}$

- $\log_a a = 1$
- $\log_a 1 = 0$

(5) $\log_3 e^3 = \dfrac{\log_e e^3}{\log_e 3} = \dfrac{3\log_e e}{\log_e 3} = \dfrac{3\cdot 1}{\log_e 3} = \dfrac{3}{\log_e 3}$

(6) $\log_{10} e = \dfrac{\log_e e}{\log_e 10} = \dfrac{1}{\log_e 10}$ (解終)

警告！
$\dfrac{\log_a q}{\log_a p} \neq \log_a q - \log_a p$

警告！
$\dfrac{1}{\log_a p} \neq -\log_a p$

問題 4.3 (解答は p.176)

次の対数の底を 10 と e の 2 通りに変換してください。

(1) $\log_5 100$ (2) $\log_3 10e$

〈2〉 常用対数と自然対数

対数の中で特に

　　10 を底とする対数 $\log_{10} a$ を **常用対数**

　　e を底とする対数 $\log_e a$ を **自然対数**

といいます。数学では自然対数がよく使われ，底の e を省略して

　　$\log a$

とかきます。

⇐ 10進法では10が基準

⇐ 微分積分では e が基準

しかし，自然現象を対象とする物理や化学では，常用対数，自然対数の両方とも重要でよく使われます。専門書を読むときは，それぞれにどの記号が使われているか，よく確かめましょう。

例題 4.4 [対数の値]

関数電卓を使って次の値を求めてみましょう。

（1） $\log_{10} 3$　　（2） $\log_{10} \dfrac{1}{2}$　　（3） $\log_2 3$

（4） $\log_e 2$　　（5） $\log_e 10$　　（小数第 5 位以下切り捨て）

e は "自然対数の底" ともよばれま～す。

[解] 関数電卓には常用対数と自然対数のキーしかありません。その他の底のときは，底の変換公式を使って底を 10 か e に直して求めましょう。キーの記号は電卓の機種によって異なりますのでマニュアルをよく見てください。たとえば

　　常用対数 …… $\boxed{\text{log}}$ $\boxed{\text{Log}}$ $\boxed{\text{LOG}}$ など

　　自然対数 …… $\boxed{\text{ln}}$ $\boxed{\text{Ln}}$ $\boxed{\text{LN}}$ など

です。

⇐ log は logarithm

⇐ ln は logarithm natural

（1），（2），（3）は，常用対数のキーを使って

（1） $\log_{10} 3 = 0.4771$　　（2） $\log_{10} \dfrac{1}{2} = \log_{10} 0.5 = -0.3010$

（3） $\log_2 3 = \dfrac{\log_{10} 3}{\log_{10} 2} = 1.5849$ $\left(\dfrac{\log_e 3}{\log_e 2} \text{でもよい} \right)$

―― 底の変換 ――

■ $\log_q p = \dfrac{\log_a p}{\log_a q}$

（4），（5）は，自然対数のキーを使って

（4） $\log_e 2 = 0.6931$　　（5） $\log_e 10 = 2.3025$　　（解終）

問題 4.4 （解答は p.176）

関数電卓を使って次の値を求めてください（小数第 5 位以下切り捨て）。

（1） $\log_{10} 5$　　（2） $\log_{10} \dfrac{2}{3}$　　（3） $\log_3 5$　　（4） $\log_e 5$　　（5） $\log_e \dfrac{3}{2}$

〈3〉 対数関数とグラフ

a を 1 でない正の数とします。

x が正の値をいろいろとるとき,それにつれて $\log_a x$ の値もいろいろと変わります。そこで関数

$$y = \log_a x$$

を考えます。この関数を

a を底とする対数関数

といいます。

対数と指数は次の関係にありました。

$$y = \log_a x \iff x = a^y$$

右側の指数関数は,前の章で学んだ指数関数 $y = a^x$ と x と y が逆になっています。ですから

$y = \log_a x$ と $y = a^x$ のグラフは

直線 $y = x$ について対称

という性質をもっています。したがって対数関数のグラフは下のようになります。

■ $q = a^p \iff p = \log_a q$

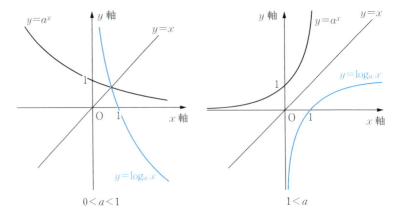

$0 < a < 1$ 　　　　$1 < a$

$y = a^x$ と $y = \log_a x$ のグラフは $y = x$ について対称よ。だって,$y = \log_a x$ は $x = a^y$ のかき換えにすぎないもの。

$y = \log_a x$ は必ず点 $(1, 0)$ を通り,指数関数のグラフと対称的に,おだやかに減少または増加していきます。

　　定義域は　　$x > 0$ 　　　　（正の実数）
　　値域は　　　$-\infty < y < \infty$ 　　（全実数）

となります。

具体的な対数関数のグラフを例題と問題で描いてみましょう。

例題 4.5 [対数関数のグラフ]

関数電卓で数表をつくり，次の対数関数のグラフを描いてみましょう。

① $y = \log_2 x$ 　② $y = \log_{\frac{1}{2}} x$

[解] 電卓で計算できるように底を変換しておきましょう。

① $y = \log_2 x = \dfrac{\log_{10} x}{\log_{10} 2}$

② 底をまず 2 に変換してみると

$$y = \log_{\frac{1}{2}} x = \dfrac{\log_2 x}{\log_2 \frac{1}{2}} = \dfrac{\log_2 x}{\log_2 2^{-1}}$$

$$= \dfrac{\log_2 x}{-\log_2 2} = \dfrac{\log_2 x}{-1}$$

$$= -\log_2 x$$

――― 底の変換 ―――
- $\log_q p = \dfrac{\log_a p}{\log_a q}$

x	$y = \log_2 x$	$y = \log_{\frac{1}{2}} x$
0	$-\infty$	$+\infty$
0.2	-2.3219	2.3219
0.4	-1.3219	1.3219
0.6	-0.7369	0.7369
0.8	-0.3219	0.3219
1	0	0
2	1	-1
3	1.5849	-1.5849
4	2	-2
5	2.3219	-2.3219
⋮	⋮	⋮

(小数第 5 位以下切り捨て)

したがって，①と②は一緒に数表をつくることができます。グラフは下のようになります。

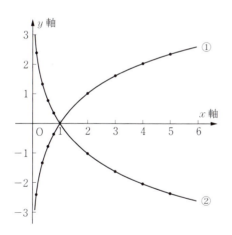

①と②は x 軸について対称ね。

(解終)

問題 4.5 (解答は p.176)

関数電卓で数表をつくり，次の対数関数のグラフを描いてください。

① $y = \log_3 x$ 　② $y = \log_{\frac{1}{3}} x$

とくとく情報［常用対数でがん研究？］

　がん細胞は正常細胞より成長が速く，無限に増殖していきます。通常の検査でがんが見つかるのは約 1 cm 以上の大きさになってからで，身体症状はないものの，そのときすでに 10 億個以上にまでがん細胞は増殖しているそうです。

　それでは正常細胞が，がん細胞に変化してしまった初めの 1 個は，検査で見つかる何年前に発生したのでしょうか？

　ある部位のがん細胞を培養したところ，1 個の細胞が約 4 か月で分裂して 2 個になることが観察されたとします。x を分裂の回数とすると，そのときの細胞の総数 y は

$$y = 2^x$$

という指数関数で表わされます。この式から，

$$y > 10 \text{ 億} = 10^8$$

となる分裂回数 x を求めてみましょう。つまり

$$2^x > 10^8$$

となる x を求めればいいわけです。

　ここで常用対数の登場です。両辺の常用対数をとり，対数法則を使って式を整理すると

$$\log_{10} 2^x > \log_{10} 10^8 \quad \rightarrow \quad x \log_{10} 2 > 8 \log_{10} 10 = 8$$

$$x > \frac{8}{\log_{10} 2} \fallingdotseq \frac{8}{0.3060} \fallingdotseq 26.1$$

（$\log_{10} 2$ の値は常用対数表という表を調べるか，または関数電卓などを使って求めます。）この結果より，細胞の数が 10 億個以上になるのは 27 回以上分裂した結果ということがわかります。1 回分裂するのに 4 か月＝1/3 年かかるので 1 年で 3 回分裂し，

$$27 \div 3 = 9$$

より，9 年以上かかっていることがわかりました。

　現在，がんはすでに不治の病ではなくなりつつありますが，何よりも早期発見が大切ですね。

"対数"は研究の強力なツールよ。
うまく使えるようにしっかり勉強してね。

❺ 三角関数

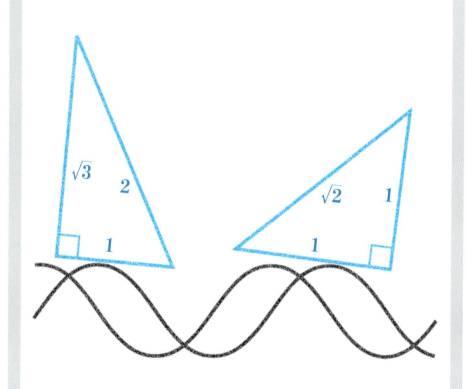

三角比はB.C.2世紀頃の
ギリシア天文学で考え出されたそうよ。
苦手な人が多いけど
現在でも大切な関数で〜す。

⟨1⟩ 三角比

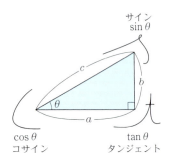

三角比を思い出しましょう。

左の直角三角形において，各辺3つの比の値

$$\sin\theta = \frac{b}{c}, \quad \cos\theta = \frac{a}{c}, \quad \tan\theta = \frac{b}{a}$$

を角 θ の三角比というのでした。このとき $0° < \theta < 90°$ です。

例題 5.1 [三角比 1]

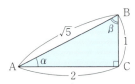

（1）左の直角三角形 ABC において次の三角比の値を求めてみましょう。

$$\sin\alpha, \quad \cos\alpha, \quad \tan\alpha$$
$$\sin\beta, \quad \cos\beta, \quad \tan\beta$$

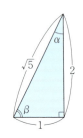

（2）次の三角比の値を求めてみましょう。

$$\sin 30°, \quad \cos 60°, \quad \tan 45°$$

[解]（1）α の三角比の値はすぐに求まります。

$$\sin\alpha = \frac{1}{\sqrt{5}}, \quad \cos\alpha = \frac{2}{\sqrt{5}}, \quad \tan\alpha = \frac{1}{2}$$

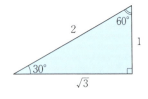

β の方はわかりづらかったら三角形をひっくり返し，かき直して求めましょう。

$$\sin\beta = \frac{2}{\sqrt{5}}, \quad \cos\beta = \frac{1}{\sqrt{5}}, \quad \tan\beta = \frac{2}{1} = 2$$

（2）30°，60°，45° の三角比の値は特別な直角三角形のもつ各辺の比より求めることができます。

$$\sin 30° = \frac{1}{2}, \quad \cos 60° = \frac{1}{2}, \quad \tan 45° = \frac{1}{1} = 1 \qquad \text{（解終）}$$

問題 5.1（解答は p. 177）

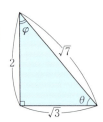

（1）右の直角三角形において次の三角比の値を求めてください。

$$\sin\theta, \quad \cos\theta, \quad \tan\theta, \quad \sin\varphi, \quad \cos\varphi, \quad \tan\varphi$$

（2）次の三角比の値を求めてください。

$$\sin 45°, \quad \cos 30°, \quad \tan 60°$$

三角比は $0° \leqq \theta \leqq 180°$ の範囲の角に次のように拡張することができます。

下図のように，xy 平面上に原点 O を中心に半径 r の半円を描き，A$(r, 0)$ とします。そして，角 θ に対し，$\angle$AOP$=\theta$ となるように半円上に点 P をとります。

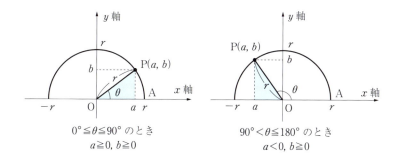

$0° \leqq \theta \leqq 90°$ のとき
$a \geqq 0, b \geqq 0$

$90° < \theta \leqq 180°$ のとき
$a < 0, b \geqq 0$

P の座標を (a, b) とするとき，角 θ の三角比を

$$\sin\theta = \frac{b}{r}, \quad \cos\theta = \frac{a}{r}, \quad \tan\theta = \frac{b}{a}$$

と定義します。

点 P が第 1 象限にあるとき，つまり $0° < \theta < 90°$ のとき，

$\sin\theta > 0, \quad \cos\theta > 0, \quad \tan\theta > 0$

ですが，点 P が第 2 象限にあるとき，つまり $90° < \theta < 180°$ のときは

$\sin\theta > 0, \quad \cos\theta < 0, \quad \tan\theta < 0$

となります。

$\theta = 90°$ の場合は，$\tan\theta$ の値は定義されません。

これですべての三角形の内角について，三角比の値を求めることができます。ただし，$\tan 90°$ は定義されず，値はないので気をつけましょう。

◆ 三角比は比なので r は正の値であればどんな値でも OK。

点 P が第 1 象限にあれば，はじめの三角比と同じね。

鋭角三角形

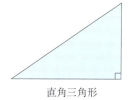

直角三角形

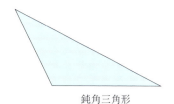

鈍角三角形

46   5. 三角関数

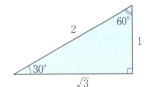

例題 5.2 [三角比 2]

θ が次の角のとき，$\sin\theta$, $\cos\theta$, $\tan\theta$ の値を求めてみましょう。
(1) 45°　　(2) 120°　　(3) 90°

[解]　xy 平面に，原点 O を中心に適当な半径 r の半円を描いて値を求めます。

(1) $\theta = 45°$ なので半径 $\sqrt{2}$ の半円を描けば P(1, 1) となり

$$\sin 45° = \frac{1}{\sqrt{2}}$$

$$\cos 45° = \frac{1}{\sqrt{2}}$$

$$\tan 45° = \frac{1}{1} = 1$$

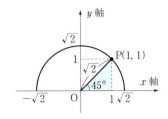

となります。

(2) $\theta = 120°$ なので半径 2 の半円を描けば P($-1, \sqrt{3}$) となります。これより

$$\sin 120° = \frac{\sqrt{3}}{2}$$

$$\cos 120° = \frac{-1}{2} = -\frac{1}{2}$$

$$\tan 120° = \frac{\sqrt{3}}{-1} = -\sqrt{3}$$

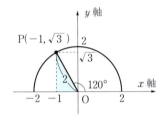

(3) $\theta = 90°$ の場合，半径 1 の円を描くと P(0, 1)。これより

$$\sin 90° = \frac{1}{1} = 1$$

$$\cos 90° = \frac{0}{1} = 0$$

$\tan 90°$ の値はなし（定義されない）

となります。　　　　　　　　　　　　　　　　　　　　　（解終）

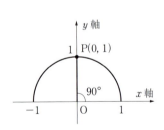

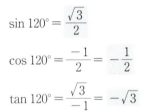

問題 5.2 （解答は p.177）

θ が次の角のとき，$\sin\theta$, $\cos\theta$, $\tan\theta$ の値を求めてください。
(1) 30°　　(2) 135°　　(3) 150°　　(4) 180°

三角比には，次のような相互関係が成立しています。

---三角比の相互関係---
① $\tan\theta = \dfrac{\sin\theta}{\cos\theta}$
② $\sin^2\theta + \cos^2\theta = 1$
③ $1 + \tan^2\theta = \dfrac{1}{\cos^2\theta}$

例題 5.3 [三角比の相互関係 1]

$0° < \theta < 180°$ において $\cos\theta = \dfrac{2}{\sqrt{5}}$ のとき，$\sin\theta$ と $\tan\theta$ の値を求めてみましょう。

解 はじめに②式を使って，$\cos\theta$ の値から $\sin\theta$ の値を求めます。

$$\sin^2\theta = 1 - \cos^2\theta = 1 - \left(\dfrac{2}{\sqrt{5}}\right)^2 = 1 - \dfrac{4}{5} = \dfrac{1}{5}$$

$0° < \theta < 180°$ の範囲では $\sin\theta > 0$ なので

$$\sin\theta = \dfrac{1}{\sqrt{5}}$$

次に①式を使って $\tan\theta$ の値を求めます。

$$\tan\theta = \dfrac{\sin\theta}{\cos\theta} = \dfrac{\dfrac{1}{\sqrt{5}}}{\dfrac{2}{\sqrt{5}}} = \dfrac{1}{\sqrt{5}} \times \dfrac{\sqrt{5}}{2} = \dfrac{1}{2}$$

以上より

$$\sin\theta = \dfrac{1}{\sqrt{5}}, \quad \tan\theta = \dfrac{1}{2}$$

（解終）

θ の範囲により，$\cos\theta$ と $\tan\theta$ の符号は異なるので注意してね。

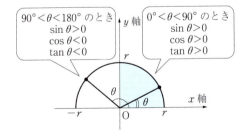

問題 5.3（解答は p.177）

$0° < \theta < 90°$ において $\sin\theta = \dfrac{3}{5}$ のとき，$\cos\theta$，$\tan\theta$ の値を求めてください。

―― 三角比の相互関係 ――
① $\tan\theta = \dfrac{\sin\theta}{\cos\theta}$
② $\sin^2\theta + \cos^2\theta = 1$
③ $1 + \tan^2\theta = \dfrac{1}{\cos^2\theta}$

例題 5.4 [三角比の相互関係 2]

$0° < \theta < 180°$ において $\tan\theta = -\dfrac{\sqrt{2}}{\sqrt{3}}$ のとき,$\sin\theta$,$\cos\theta$ の値を求めてみましょう。

解 はじめに③式を使って $\tan\theta$ の値から $\cos\theta$ の値を求めます。

$$\dfrac{1}{\cos^2\theta} = 1 + \tan^2\theta = 1 + \left(-\dfrac{\sqrt{2}}{\sqrt{3}}\right)^2 = 1 + \dfrac{2}{3} = \dfrac{5}{3}$$

$$\cos^2\theta = \dfrac{3}{5}$$

今,$\tan\theta < 0$ なので $90° < \theta < 180°$ です。これより $\cos\theta < 0$ であることがわかり,次の値となります。

$$\cos\theta = -\dfrac{\sqrt{3}}{\sqrt{5}}$$

次に①式を使って $\sin\theta$ の値を求めます。

$$\sin\theta = \tan\theta \cdot \cos\theta = \left(-\dfrac{\sqrt{2}}{\sqrt{3}}\right)\left(-\dfrac{\sqrt{3}}{\sqrt{5}}\right) = \dfrac{\sqrt{2}}{\sqrt{5}}$$

以上より

$$\sin\theta = \dfrac{\sqrt{2}}{\sqrt{5}}, \quad \cos\theta = -\dfrac{\sqrt{3}}{\sqrt{5}} \qquad \text{(解終)}$$

三角比をしっかり復習できたかしら。

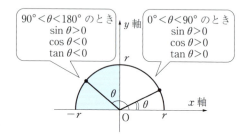

問題 5.4 （解答は p.177）

$0° < \theta < 180°$ において

(1) $\tan\theta = 2$ のとき,$\sin\theta$ と $\cos\theta$ の値を求めてください。

(2) $\tan\theta = -2$ のとき,$\sin\theta$ と $\cos\theta$ の値を求めてください。

〈1〉 三 角 比　49

△ABC の 3 辺の長さ a, b, c と 3 つの角 A, B, C および外接円の半径 R には，次の<u>正弦定理</u>が成立しています。

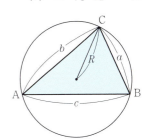

--- 正弦定理 ---
- $\dfrac{a}{\sin A} = \dfrac{b}{\sin B} = \dfrac{c}{\sin C} = 2R$

例題 5.5 [正弦定理]

△ABC において $A = 15°, C = 120°, b = 8$ のとき，c と R の値を求めてみましょう。

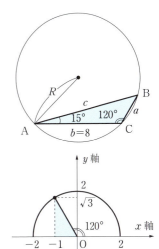

解 （1） 三角形に与えられた値をかくと，右図のようになります。
B を求めると
$$B = 180° - (15° + 120°) = 45°$$
正弦定理に入れて
$$\frac{8}{\sin 45°} = \frac{c}{\sin 120°} = 2R$$
よって
$$c = \frac{8}{\sin 45°} \cdot \sin 120° = \frac{8}{\frac{1}{\sqrt{2}}} \cdot \frac{\sqrt{3}}{2}$$
$$= 8 \cdot \sqrt{2} \cdot \frac{\sqrt{3}}{2} = 4\sqrt{6}$$
$$R = \frac{1}{2} \cdot \frac{8}{\sin 45°} = \frac{1}{2} \cdot \frac{8}{\frac{1}{\sqrt{2}}} = \frac{1}{2} \cdot 8 \cdot \sqrt{2} = 4\sqrt{2}$$

以上より
$$c = 4\sqrt{6}, \quad R = 4\sqrt{2}$$
　　　　　　　　　　　　　　　　　　　　　　（解終）

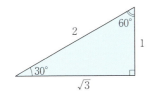

正弦定理を使えば，三角形の 1 辺の長さとその両端の角の大きさが与えられれば，他の 2 辺の長さも求められるのよ。

 問題 5.5（解答は p.177）

△ABC において，次の値を求めてください。ただし R は外接円の半径です。
（1） $B = 135°, a = \sqrt{3}, b = \sqrt{6}$ のとき，A と R の値。
（2） $A = 75°, B = 45°, c = 3\sqrt{6}$ のとき，b と R の値。

△ABC の 3 辺の長さ a, b, c と角 A, B, C には，次の余弦定理も成立します．

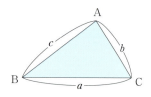

余弦定理

- $\cos A = \dfrac{b^2 + c^2 - a^2}{2bc}$
- $\cos B = \dfrac{a^2 + c^2 - b^2}{2ac}$
- $\cos C = \dfrac{a^2 + b^2 - c^2}{2ab}$

例題 5.6 [余弦定理]

△ABC において，次の値を求めてみましょう．

(1) $a = 7$，$b = 15$，$c = 13$ のとき，C の値．

(2) $A = 60°$，$b = 8$，$c = 5$ のとき，a の値．

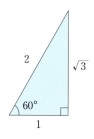

解 (1) 余弦定理を使って $\cos C$ の値を求めると

$$\cos C = \dfrac{7^2 + 15^2 - 13^2}{2 \cdot 7 \cdot 15} = \dfrac{49 + 225 - 169}{210}$$

$$= \dfrac{105}{210} = \dfrac{1}{2}$$

これより $C = 60°$

(2) $\cos A = \cos 60° = \dfrac{1}{2}$

a は辺の長さなので，$a > 0$ ▶

余弦定理へ代入して a の値を求めます．

$$\dfrac{1}{2} = \dfrac{8^2 + 5^2 - a^2}{2 \cdot 8 \cdot 5} = \dfrac{64 + 25 - a^2}{80} = \dfrac{89 - a^2}{80}$$

これより

$$40 = 89 - a^2 \quad \rightarrow \quad a^2 = 49 \quad \therefore \quad a = 7 \qquad \text{(解終)}$$

余弦定理を使えば三角形の 3 辺の長さから 3 つの角の大きさが求められるのよ．

問題 5.6 (解答は p.177)

△ABC において，次の値を求めてください．

(1) $a = \sqrt{13}$，$b = 3\sqrt{2}$，$c = 1$ のとき，A の値．

(2) $C = 120°$，$a = 8$，$b = 7$ のとき，c の値．

〈2〉 ラジアン単位と一般角

角の大きさを表わす新しい単位を導入しましょう。

これは，いままでの"度（°）"の単位で表わされた数字は角だけにしか使えず，一般の長さなどを表わす数字と直接には関連づけられないからです。

半径1の円Oを考えます。

円周上に2点A, Bをとり，"弧ABの長さ＝θ"のとき

$$\angle AOB = \theta \text{ラジアン}$$

と定義します。この表わし方は，角の大きさを弧の長さで表わすので<u>弧度法</u>（<u>ラジアン単位</u>）とよばれます。単位"ラジアン"は普通省略しますが，かきたいときは数値の右肩に"rad"とかきます。

半径1の円の円周の長さは"直径×$\pi = 2\pi$"なので

$$360° = 2\pi \quad \text{つまり} \quad 180° = \pi$$

という関係が成立します。

この関係式より

$$1° = \left(\frac{\pi}{180}\right)^{\text{rad}}, \quad 1^{\text{rad}} = \left(\frac{180}{\pi}\right)°$$

となります。

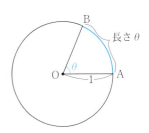

半径1の円を**単位円**といいま〜す。

例題5.7［ラジアン］

次の角の単位を，度（°）はラジアンに，ラジアンは度（°）にかえてみましょう。

(1) 30°　(2) 150°　(3) $\frac{\pi}{4}$　(4) $\frac{2}{3}\pi$

[解] °とラジアンの関係式を使うと

(1) $30° = 30 \times \frac{\pi}{180} = \frac{\pi}{6}$　(2) $150° = 150 \times \frac{\pi}{180} = \frac{5}{6}\pi$

(3) $\frac{\pi}{4} = \frac{1}{4} \times 180° = 45°$　(4) $\frac{2}{3}\pi = \frac{2}{3} \times 180° = 120°$

(解終)

問題5.7 (解答はp.177)

度（°）はラジアンに，ラジアンは度（°）にかえてください。

(1) 60°　(2) 270°　(3) $\frac{3}{4}\pi$　(4) $\frac{7}{6}\pi$

次に，角に符号をつけます。

座標平面に原点 O を中心とした半径 1 の円を考えましょう。

A(1,0) とし，P は円 O の円周上を動くとします。

　　PがAから反時計回りに動いたとき，∠AOP を"＋"の角

　　PがAから時計回りに動いたとき，∠AOP を"－"の角

と定めます。たとえば下図のようになります。

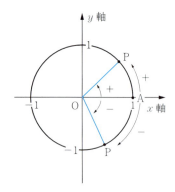

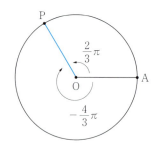
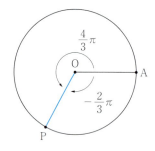

半径 OP は P が動くとき一緒に動くので動径というのよ。

さらに，P が A を出発して円周をぐるぐる回わったとき，∠AOP は回わった分だけ角の大きさを増やして考えます。たとえば

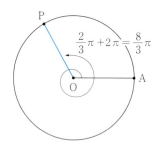
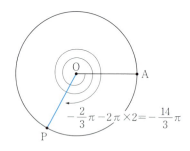

このような角の表わし方を<u>一般角</u>といいます。

つまり，左図のような動径 OP があったとき，OP の表わす角は OP が OA からどのようにその位置に来たかにより

　　$\theta + 2n\pi$　（n：整数）

とかき表わすことができるわけです。$2\pi = 360°$ なので，n が正の整数なら反時計回わりに n 周，n が負の整数なら時計回わりに n 周してきたことになります。

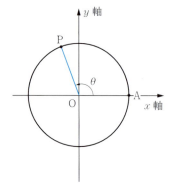

例題 5.8 [一般角]

次の一般角を表わす動径を図示してみましょう。

(1) ① 0　　② π　　③ 2π

(2) ④ $\dfrac{\pi}{6}$　　⑤ $\dfrac{5}{6}\pi$　　⑥ $\dfrac{7}{6}\pi$

(3) ⑦ $-\dfrac{\pi}{3}$　　⑧ $-\dfrac{2}{3}\pi$　　⑨ $-\dfrac{5}{3}\pi$

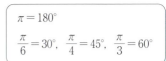

解 (1) ①と③は同じ動径。

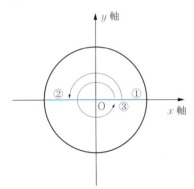

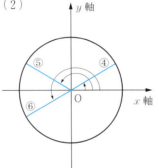

◀ ④ $+\pi=$ ⑥

(3)

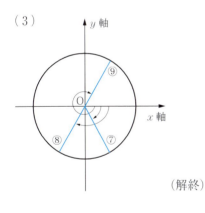

◀ ⑧ $-\pi=$ ⑨

いちいち°に直さなくても動径の位置がわかるようになってね。

(解終)

問題 5.8 (解答は p.177)

次の一般角を表わす動径を図示してください。

(1) ① $\dfrac{\pi}{2}$　　② $\dfrac{3}{2}\pi$　　③ $-\dfrac{\pi}{2}$

(2) ④ $\dfrac{\pi}{4}$　　⑤ $\dfrac{3}{4}\pi$　　⑥ $-\dfrac{\pi}{4}$

(3) ⑦ $\dfrac{4}{3}\pi$　　⑧ $-\dfrac{5}{6}\pi$　　⑨ $-\pi$

〈3〉 三角関数

一般角 θ に対して $\sin\theta$, $\cos\theta$, $\tan\theta$ を定義しましょう。

原点 O を中心とし，半径 r の円を考えます。(半径 r は 1 でも 1 でなくてもかまいません。) 円周上の点 P に対し，動径 OP の表わす一般角を θ とします。P の座標が (x, y) のとき，一般角 θ に対し

$$\sin\theta = \frac{y}{r}, \quad \cos\theta = \frac{x}{r}, \quad \tan\theta = \frac{y}{x}$$

と定義します。(このように半径と x 座標，y 座標の比を考えるので，r はどんな正の数でもよいのです。) ただし，$x=0$ の場合には $\tan\theta$ の値は定義されません。

θ がいろいろな値をとるにつれて，P の座標 (x, y) も変わるので，いま定義した $\sin\theta$, $\cos\theta$, $\tan\theta$ は θ を独立変数とする関数です。これらを**三角関数**といいます。

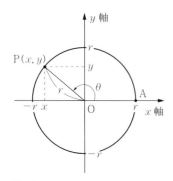

● 半径 1 の円を r 倍すると円周上の点の x, y 座標も r 倍されます。

■ 例題 5.9 [三角関数の値 1]

次の三角関数の値を求めてみましょう。

(1) $\sin\dfrac{3}{4}\pi, \quad \cos\dfrac{3}{4}\pi, \quad \tan\dfrac{3}{4}\pi$

(2) $\sin\left(-\dfrac{\pi}{3}\right), \quad \cos\left(-\dfrac{\pi}{3}\right), \quad \tan\left(-\dfrac{\pi}{3}\right)$

(3) $\sin\left(-\dfrac{5}{6}\pi\right), \quad \cos\left(-\dfrac{5}{6}\pi\right), \quad \tan\left(-\dfrac{5}{6}\pi\right)$

$\sin\theta$ は 正弦関数（サイン・せいげん）
$\cos\theta$ は 余弦関数（コサイン・よげん）
$\tan\theta$ は 正接関数（タンジェント・せいせつ）
ともいいま〜す。

[解] (1) まず $\dfrac{3}{4}\pi$ を表わす動径 OP を描きましょう。P より x 軸に垂線 PH を下すと，△OPH は辺の比

$$1 : 1 : \sqrt{2}$$

の直角三角形になっています。

そこで円 O の半径を斜辺の値の $\sqrt{2}$ とします。すると点 P の座標は $(-1, 1)$ となるので △OPH は右図のような符号をつけた辺の長さをもっていると考えて ∠POH の三角比をとります。

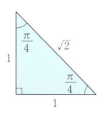

x 軸の負の方向にある辺に ● "−"（マイナス）をつけます。

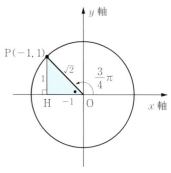

$$\sin\dfrac{3}{4}\pi = \boxed{\dfrac{1}{\sqrt{2}}}, \quad \cos\dfrac{3}{4}\pi = \dfrac{-1}{\sqrt{2}} = \boxed{-\dfrac{1}{\sqrt{2}}}, \quad \tan\dfrac{3}{4}\pi = \dfrac{1}{-1} = -1$$

〈3〉三角関数 55

(2) $-\dfrac{\pi}{3}$ を表わす動径 OP を描きましょう。

　P より x 軸に垂線 PH を下すと △OPH は辺の比
$$1:2:\sqrt{3}$$
の直角三角形になっています。そこで円 O の半径を斜辺の値の 2 とします。すると点 P の座標は $(1,-\sqrt{3})$ となるので △OPH の各辺の長さを右図のように考えて ∠POH の三角比をとります。

$$\sin\left(-\dfrac{\pi}{3}\right)=\dfrac{-\sqrt{3}}{2}=-\dfrac{\sqrt{3}}{2}, \quad \cos\left(-\dfrac{\pi}{3}\right)=\dfrac{1}{2},$$
$$\tan\left(-\dfrac{\pi}{3}\right)=\dfrac{-\sqrt{3}}{1}=-\sqrt{3}$$

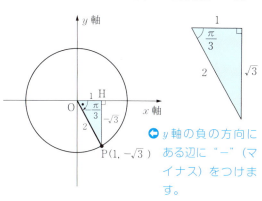

◆ y 軸の負の方向にある辺に "−"（マイナス）をつけます。

(3) $-\dfrac{5}{6}\pi$ を表わす動径 OP を描き，P より x に垂線 PH を下します。直角三角形 OPH を考えることにより

$$\sin\left(-\dfrac{5}{6}\pi\right)=\dfrac{-1}{2}=-\dfrac{1}{2}$$
$$\cos\left(-\dfrac{5}{6}\pi\right)=\dfrac{-\sqrt{3}}{2}=-\dfrac{\sqrt{3}}{2}$$
$$\tan\left(-\dfrac{5}{6}\pi\right)=\dfrac{-1}{-\sqrt{3}}=\dfrac{1}{\sqrt{3}}$$

（解終）

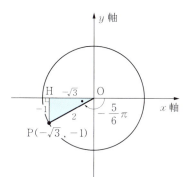

◆ x 軸，y 軸の負の方向にある辺に "−"（マイナス）をつけます。

θを表わす動径がどこの象限にあるかで sin θ, cos θ, tan θ の正負が決まるわね。

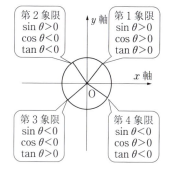

🐦 **問題 5.9** （解答は p.178）🐦🐦🐦🐦🐦🐦🐦🐦🐦🐦🐦🐦🐦

次の三角関数の値を求めてください。

(1) $\sin\dfrac{\pi}{6},\ \cos\dfrac{\pi}{6},\ \tan\dfrac{\pi}{6}$ 　　(2) $\sin\dfrac{2}{3}\pi,\ \cos\dfrac{2}{3}\pi,\ \tan\dfrac{2}{3}\pi$

(3) $\sin\left(-\dfrac{\pi}{4}\right),\ \cos\left(-\dfrac{\pi}{4}\right),\ \tan\left(-\dfrac{\pi}{4}\right)$ 　　(4) $\sin\dfrac{7}{6}\pi,\ \cos\dfrac{7}{6}\pi,\ \tan\dfrac{7}{6}\pi$

例題 5.10 [三角関数の値 2]

次の三角関数の値を求めてみましょう。

(1) $\sin 0, \quad \cos 0, \quad \tan 0$

(2) $\sin\left(-\dfrac{\pi}{2}\right), \quad \cos\left(-\dfrac{\pi}{2}\right)$

【解】(1) まず角を表わす動径 OP を描きます。

次に P より x 軸に垂線 PH を下そうとしますが，P が x 軸上にあるので P と H は一致してしまい直角三角形はできません。

そこで P を少しずらして垂線を下してみましょう。

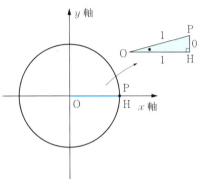

できた直角三角形 OPH の各辺は上図のような長さをもっていると考えて，∠POH の三角比をとります。

$$\sin 0 = \dfrac{0}{1} = 0, \quad \cos 0 = \dfrac{1}{1} = 1, \quad \tan 0 = \dfrac{0}{1} = 0$$

(2) 角を表わす動径 OP を描きます（左図）。

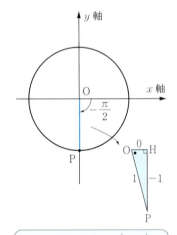

次に P より x 軸に垂線 PH を下すと動径 OP と一致してしまい，直角三角形はできません。そこで P をちょっと手前にずらして垂線を下してみましょう。できた直角三角形 OPH の各辺は左図のような長さ（符号に気をつけてください）をもっていると考え，∠POH の三角比をとります。

$$\sin\left(-\dfrac{\pi}{2}\right) = \dfrac{-1}{1} = -1, \quad \cos\left(-\dfrac{\pi}{2}\right) = \dfrac{0}{1} = 0 \qquad \text{（解終）}$$

> 上の直角三角形で $\tan\left(-\dfrac{\pi}{2}\right)$ を考えると，-1 を 0 で割ることになるので値は発散してしまい存在しないのよ。
> p.60 のグラフや p.88 の極限のところも見てみて。

問題 5.10 （解答は p.178）

次の三角関数の値を求めてください。

(1) $\sin\dfrac{\pi}{2}, \ \cos\dfrac{\pi}{2}$ 　(2) $\sin\pi, \ \cos\pi, \ \tan\pi$ 　(3) $\sin(-\pi), \ \cos(-\pi), \ \tan(-\pi)$

〈3〉 三角関数　57

例題 5.11 [三角関数の値 3]

関数電卓を使って次の三角関数の値を求めてみましょう。（小数第 5 位以下は切り捨ててください。）

(1) $\sin 1°$, $\cos 1°$, $\tan 1°$

(2) $\sin 1$, $\cos 1$, $\tan 1$

(3) $\sin 20°$, $\cos 40°$, $\tan 175°$

(4) $\sin \pi$, $\cos \dfrac{\pi}{4}$, $\tan \dfrac{6}{13}\pi$

解 使用する関数電卓のマニュアルをよく見てください。

角の単位は °（degree）とラジアン（radian）がありますので，どちらの単位で入力するのか，モードを合わせておきましょう。通常

　　°の単位は　　　　DEG　や　D
　　ラジアンの単位は　REG　や　R

などで表示されます。

(1) °の単位で入力すると

　　$\sin 1° = 0.0174$, $\cos 1° = 0.9998$, $\tan 1° = 0.0174$

(2) ラジアンの単位に切りかえて求めると

　　$\sin 1 = 0.8414$, $\cos 1 = 0.5403$, $\tan 1 = 1.5574$

(3) 再び°の単位に切りかえて

　　$\sin 20° = 0.3420$, $\cos 40° = 0.7660$, $\tan 175° = -0.0874$

(4) またラジアンに切りかえます。今度は π が入っているので，π キーをそのまま使いましょう。入力のとき，気をつけてください。角を表わす数値は ( ) でくくって入力しないと異なった値となってしまいます。

　　$\sin \pi = 0$, 　$\cos \dfrac{\pi}{4} = \cos(\pi \div 4) = 0.7071$

　　$\tan \dfrac{6}{13}\pi = \tan(6 \times \pi \div 13) = 8.2357$　　　　（解終）

30°，45°，60°や，この倍数以外の角の三角比を計算で求めることはむずかしいのよ。

$1° = \left(\dfrac{\pi}{180}\right)^{\text{rad}} \doteqdot 0.0174^{\text{rad}}$

$1^{\text{rad}} = \left(\dfrac{180}{\pi}\right)° \doteqdot 57.3°$

$\pi = 3.141592654\cdots$

◯ パソコンの入力でも同様の注意が必要です。

◯ $\cos \pi \div 4 = \dfrac{\cos \pi}{4} = -0.25$

　$\tan 6 \times \pi \div 13$
　$= \dfrac{(\tan 6) \times \pi}{13} = -0.0703$

問題 5.11 （解答は p.178）

関数電卓を使って次の三角関数の値を求めてください（小数第 5 位以下切り捨て）。

(1) $\sin 10°$　　(2) $\cos 130°$　　(3) $\tan 200°$

(4) $\sin \dfrac{8}{7}\pi$　　(5) $\cos \pi$　　(6) $\tan \dfrac{7}{10}\pi$

三角関数も三角比と同様に次の相互関係をもちます（ただし分母が 0 となる θ の値は除きます）。

──── 三角関数の相互関係 ────
① $\tan\theta = \dfrac{\sin\theta}{\cos\theta}$

② $\sin^2\theta + \cos^2\theta = 1$

③ $1 + \tan^2\theta = \dfrac{1}{\cos^2\theta}$

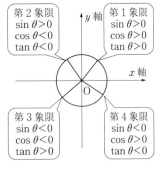

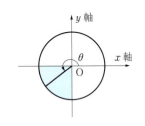

例題 5.12 [三角関数の相互関係]

$\pi < \theta < \dfrac{3}{2}\pi$ において $\sin\theta = -\dfrac{3}{5}$ のとき，$\cos\theta$, $\tan\theta$ の値を求めてみましょう。

解 $\pi < \theta < \dfrac{3}{2}\pi$ においては $\cos\theta < 0$, $\tan\theta > 0$ となることに注意して，はじめに②式より

$$\cos^2\theta = 1 - \sin^2\theta = 1 - \left(-\dfrac{3}{5}\right)^2 = 1 - \dfrac{9}{25} = \dfrac{16}{25}$$

$$\therefore \quad \cos\theta = -\sqrt{\dfrac{16}{25}} = -\dfrac{4}{5}$$

次に①式へ代入すると

$$\tan\theta = \dfrac{-\dfrac{3}{5}}{-\dfrac{4}{5}} = \left(-\dfrac{3}{5}\right) \times \left(-\dfrac{5}{4}\right) = \dfrac{3}{4}$$

以上より

$$\cos\theta = -\dfrac{4}{5}, \quad \tan\theta = \dfrac{3}{4} \tag{解終}$$

問題 5.12 （解答は p.178）

$-\dfrac{\pi}{2} < \theta < 0$ において $\cos\theta = \dfrac{3}{\sqrt{10}}$ のとき，$\sin\theta$, $\tan\theta$ の値を求めてください。

〈4〉 三角関数のグラフ

いままで一般角を θ で表わしてきましたが，これからは x を使うことにします。

ここでは3つの三角関数

$$y = \sin x, \quad y = \cos x, \quad y = \tan x$$

のグラフを描いてみましょう。横軸に x 軸，縦軸に y 軸をとります。x をラジアン単位にしておけば普通の実数と同じに扱えます。

$y = \sin x$, $y = \cos x$ は x の値が 2π 増えたり，減ったりしても同じ値なので，$0 \leqq x \leqq 2\pi$ または $-\pi \leqq x \leqq \pi$ などの範囲で数表をつくってグラフを描き，他の範囲は同じ曲線をくり返して描けばよいのです。

関数電卓への入力は °の単位に直した方が簡単です。

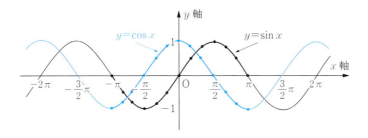

$y = \sin x$ と $y = \cos x$ のグラフは次の特徴をもっています。

- 定義域は $-\infty < x < \infty$ （全実数）
- 値域は $-1 \leqq y \leqq 1$
- グラフは連続
- 2π ごとに同じパターンが現われる周期関数
- $y = \sin x$ のグラフを左へ $\dfrac{\pi}{2}$ だけ平行移動させると $y = \cos x$ のグラフと重なる。

x	$y = \sin x$	$y = \cos x$
⋮	⋮	⋮
$-\pi$	0	-1
$-\dfrac{5}{6}\pi$	$-\dfrac{1}{2} = -0.5$	$-\dfrac{\sqrt{3}}{2} = -0.8660$
$-\dfrac{3}{4}\pi$	$-\dfrac{1}{\sqrt{2}} = -0.7071$	$-\dfrac{1}{\sqrt{2}} = -0.7071$
$-\dfrac{2}{3}\pi$	$-\dfrac{\sqrt{3}}{2} = -0.8660$	$-\dfrac{1}{2} = -0.5$
$-\dfrac{\pi}{2}$	-1	0
$-\dfrac{\pi}{3}$	$-\dfrac{\sqrt{3}}{2} = -0.8660$	$\dfrac{1}{2} = 0.5$
$-\dfrac{\pi}{4}$	$-\dfrac{1}{\sqrt{2}} = -0.7071$	$\dfrac{1}{\sqrt{2}} = 0.7071$
$-\dfrac{\pi}{6}$	$-\dfrac{1}{2} = -0.5$	$\dfrac{\sqrt{3}}{2} = 0.8660$
0	0	1
$\dfrac{\pi}{6}$	$\dfrac{1}{2} = 0.5$	$\dfrac{\sqrt{3}}{2} = 0.8660$
$\dfrac{\pi}{4}$	$\dfrac{1}{\sqrt{2}} = 0.7071$	$\dfrac{1}{\sqrt{2}} = 0.7071$
$\dfrac{\pi}{3}$	$\dfrac{\sqrt{3}}{2} = 0.8660$	$\dfrac{1}{2} = 0.5$
$\dfrac{\pi}{2}$	1	0
$\dfrac{2}{3}\pi$	$\dfrac{\sqrt{3}}{2} = 0.8660$	$-\dfrac{1}{2} = -0.5$
$\dfrac{3}{4}\pi$	$\dfrac{1}{\sqrt{2}} = 0.7071$	$-\dfrac{1}{\sqrt{2}} = -0.7071$
$\dfrac{5}{6}\pi$	$\dfrac{1}{2} = 0.5$	$-\dfrac{\sqrt{3}}{2} = -0.8660$
π	0	-1
⋮	⋮	⋮

（小数第5位以下切り捨て）

ある実数 a について
$$f(x+a) = f(x)$$
という性質をもつ関数を周期関数といい，このような a のうち，最小の正数 a を $f(x)$ の周期といいま〜す。

次に $y = \tan x$ のグラフを描いてみましょう。

x	$y = \tan x$
$\vdots$	$\vdots$
$-\pi$	0
$-\dfrac{5}{6}\pi$	$\dfrac{1}{\sqrt{3}} = 0.5773$
$-\dfrac{3}{4}\pi$	1
$-\dfrac{2}{3}\pi$	$\sqrt{3} = 1.7320$
$-\dfrac{5}{9}\pi = -100°$	5.6712
$\vdots$	$\vdots$
$-\dfrac{\pi}{2}$	なし $\begin{pmatrix} +\infty \\ -\infty \end{pmatrix}$
$\vdots$	$\vdots$
$-\dfrac{4}{9}\pi = -80°$	-5.6712
$-\dfrac{\pi}{3}$	$-\sqrt{3} = -1.7320$
$-\dfrac{\pi}{4}$	-1
$-\dfrac{\pi}{6}$	$-\dfrac{1}{\sqrt{3}} = -0.5773$
0	0
$\dfrac{\pi}{6}$	$\dfrac{1}{\sqrt{3}} = 0.5773$
$\dfrac{\pi}{4}$	1
$\dfrac{\pi}{3}$	$\sqrt{3} = 1.7320$
$\dfrac{4}{9}\pi = 80°$	5.6712
$\dfrac{\pi}{2}$	なし $\begin{pmatrix} +\infty \\ -\infty \end{pmatrix}$
$\vdots$	$\vdots$
$\dfrac{5}{9}\pi$	-5.6712
$\dfrac{2}{3}\pi$	$-\sqrt{3} = -1.7320$
$\dfrac{3}{4}\pi$	-1
$\dfrac{5}{6}\pi$	$-\dfrac{1}{\sqrt{3}} = -0.5773$
π	0
$\vdots$	$\vdots$

（小数第 5 位以下切り捨て）

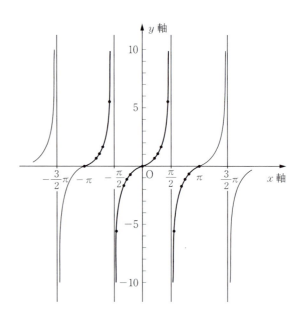

$y = \tan x$ のグラフの特徴は次のとおりです。

- 定義域は $\dfrac{\pi}{2} + n\pi$ （n は整数）以外の実数
- 値域は $-\infty < y < \infty$ （全実数）
- グラフは $x = \dfrac{\pi}{2} + n\pi$ （n は整数）の所で不連続
- π ごとに同じパターンが現われる周期関数

y 軸に平行な直線 $x = \dfrac{\pi}{2} + n\pi$ （n は整数）は，みなこのグラフの漸近線で〜す。

例題 5.13 [三角関数のグラフ]

数表をつくって，$y=\sin 2x$ と $y=2\cos x$ のグラフを $0 \leqq x \leqq \pi$ の範囲で描いてみましょう。

解 数表は関数電卓でつくってみましょう。

数表をもとに点をとり，なめらかにつなげると下の図のようになります。

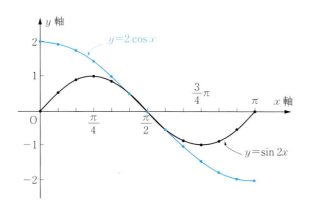

x	$y=\sin 2x$	$y=2\cos x$
0	0	2
$\frac{1}{12}\pi = 15°$	0.5	1.9318
$\frac{1}{6}\pi = 30°$	0.8660	1.7320
$\frac{1}{4}\pi = 45°$	1	1.4142
$\frac{1}{3}\pi = 60°$	0.8660	1
$\frac{5}{12}\pi = 75°$	0.5	0.5176
$\frac{1}{2}\pi = 90°$	0	0
$\frac{7}{12}\pi = 105°$	-0.5	-0.5176
$\frac{2}{3}\pi = 120°$	-0.8660	-1
$\frac{3}{4}\pi = 135°$	-1	-1.4142
$\frac{5}{6}\pi = 150°$	-0.8660	-1.7320
$\frac{11}{12}\pi = 165°$	-0.5	-1.9318
$\pi = 180°$	0	-2

（小数第5位以下切り捨て）

$y=\sin 2x$ の周期は $y=\sin x$ の周期の $\frac{1}{2}$ 倍，つまり π です。

また，$y=2\cos x$ は $y=\cos x$ を y 軸方向上下に 2 倍に引き伸ばしたグラフです。 　　　　　　　　　　　　　　　　（解終）

警告！
$\sin 2x \neq 2\sin x$
$2\cos x \neq \cos 2x$

電卓の入力には °の単位の方がカンタンね。

問題 5.13 （解答は p.178）

関数電卓で数表をつくり，$y=-2\sin x$ と $y=\cos\frac{x}{2}$ のグラフを $-\frac{\pi}{2} \leqq x \leqq \frac{\pi}{2}$ の範囲で描いてください。

最後に，周期と振幅について説明しておきましょう。

O-xy 直交座標系において，原点 O を中心とし半径 a の円周上を，角速度 ω (rad/s) で等速円運動する動点 P を考えてみます（左図）。角はラジアン単位であることに注意しましょう。

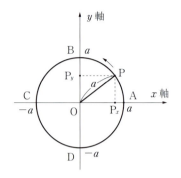

P の x 軸への正射影の足を P_x

P の y 軸への正射影の足を P_y

とするとき，点 P の動きにつれ，

P_x は x 軸上の A と C の間

P_y は y 軸上の B と D の間

を行ったり来たりします。この運動を**単振動**といいます。

角速度 ω (rad/s) とは 1 秒間に ∠AOP が ω (rad) だけ動く速さのことよ。

点 P が点 A から出発し，角速度 ω (rad/s) で等速円運動しているとすると

1 秒後に　　∠AOP $= \omega$ (rad)

t 秒後には　∠AOP $= \omega t$ (rad)

となります。したがって，t 秒後の点 P の座標は

$$(a\cos\omega t, a\sin\omega t)$$

です。

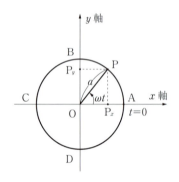

そこで，x 軸の A と C の間を行ったり来たりする点 P_x の動きをみてみましょう。点 P_x の原点からの位置，つまり x 座標は

$$x = a\cos\omega t$$

です。同様に，y 軸の B と D の間を行ったり来たりする点 P_y の原点からの位置，つまり y 座標は

$$y = a\sin\omega t$$

です。x, y ともに，この章で勉強している t を独立変数とする三角関数に他なりません。y は正弦関数ですが，x の式をかき直すと

$$x = a\cos\omega t = a\sin\left(\omega t + \frac{\pi}{2}\right)$$

と正弦関数で表わされるので，x, y のグラフはともに**サインカーブ**とよばれています。

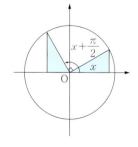

$$\boxed{\sin\left(x + \frac{\pi}{2}\right) = \cos x}$$

さらに x の式を変形すると
$$x = a\sin\omega\left(t + \frac{\pi}{2\omega}\right)$$
となるので，このサインカーブは
$$y = a\sin\omega t$$
のサインカーブを左方向（t 軸の負の方向）へ $\dfrac{\pi}{2\omega}$ だけ平行移動したグラフとなります（下図）。

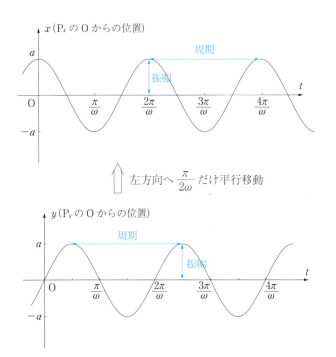

サインカーブから周期と振幅を読み取れるようにしてね。

点 P が等速円運動をするとき，P_x や P_y の O からの距離の最大値を振幅といいます。振幅はサインカーブにおける山の頂上の横軸（上図では t 軸）からの高さとなります。また，O からの距離が同じ値をとる t の最小の間隔を周期といいます。周期はサインカーブの隣り合う山と山の頂上の距離と思ってもよいでしょう。上のサインカーブではいずれも
$$\text{振幅} = a, \quad \text{周期} = \frac{2\pi}{\omega}$$
となります。

―― 周期関数 ――
$f(x+a) = f(x)$

―― 周期 ――
$f(x+a) = f(x)$
となる最小の正数 a

〈5〉 三角関数の公式

三角関数には，いろいろな公式が成り立っています。

三角関数の入った式を変形したいとき，これらの公式の中から選んで使ってください。

- $\tan x = \dfrac{\sin x}{\cos x}$
- $\sin^2 x + \cos^2 x = 1$
- $1 + \tan^2 x = \dfrac{1}{\cos^2 x}$

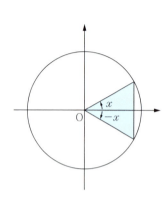

- $\sin(-x) = -\sin x$
- $\cos(-x) = \cos x$
- $\tan(-x) = -\tan x$

- $\sin\left(x + \dfrac{\pi}{2}\right) = \cos x$
- $\cos\left(x + \dfrac{\pi}{2}\right) = -\sin x$
- $\tan\left(x + \dfrac{\pi}{2}\right) = -\dfrac{1}{\tan x}$

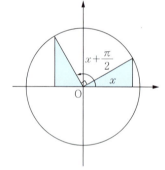

$\dfrac{1}{\sin\theta}$ を $\operatorname{cosec}\theta$ (コセカント)
$\dfrac{1}{\cos\theta}$ を $\sec\theta$ (セカント)
$\dfrac{1}{\tan\theta}$ を $\cot\theta$ (コタンジェント)
と表わすこともあるので覚えておいてね。

- $\sin(x + \pi) = -\sin x$
- $\cos(x + \pi) = -\cos x$
- $\tan(x + \pi) = \tan x$

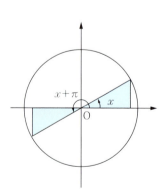

- $\operatorname{cosec}\theta = \dfrac{1}{\sin\theta}$
- $\sec\theta = \dfrac{1}{\cos\theta}$
- $\cot\theta = \dfrac{1}{\tan\theta}$

- $\sin(x + 2n\pi) = \sin x$
- $\cos(x + 2n\pi) = \cos x$
- $\tan(x + 2n\pi) = \tan x$

〈5〉 三角関数の公式

◆ 下の公式はすべてこの加法定理より導かれます。

―― 加法定理 ――
- $\sin(\alpha \pm \beta) = \sin\alpha\cos\beta \pm \cos\alpha\sin\beta$
- $\cos(\alpha \pm \beta) = \cos\alpha\cos\beta \mp \sin\alpha\sin\beta$
- $\tan(\alpha \pm \beta) = \dfrac{\tan\alpha \pm \tan\beta}{1 \mp \tan\alpha\tan\beta}$ （複号同順）

―― 和を積に直す公式 ――
- $\sin\alpha + \sin\beta = 2\sin\dfrac{\alpha+\beta}{2}\cos\dfrac{\alpha-\beta}{2}$
- $\sin\alpha - \sin\beta = 2\cos\dfrac{\alpha+\beta}{2}\sin\dfrac{\alpha-\beta}{2}$
- $\cos\alpha + \cos\beta = 2\cos\dfrac{\alpha+\beta}{2}\cos\dfrac{\alpha-\beta}{2}$
- $\cos\alpha - \cos\beta = -2\sin\dfrac{\alpha+\beta}{2}\sin\dfrac{\alpha-\beta}{2}$

―― 半角公式 ――
- $\sin^2\alpha = \dfrac{1}{2}(1 - \cos 2\alpha)$
- $\cos^2\alpha = \dfrac{1}{2}(1 + \cos 2\alpha)$
- $\sin^2\dfrac{\alpha}{2} = \dfrac{1}{2}(1 - \cos\alpha)$
- $\cos^2\dfrac{\alpha}{2} = \dfrac{1}{2}(1 + \cos\alpha)$
- $\tan^2\dfrac{\alpha}{2} = \dfrac{1 - \cos\alpha}{1 + \cos\alpha}$

―― 積を和に直す公式 ――
- $\sin\alpha\cos\beta = \dfrac{1}{2}\{\sin(\alpha+\beta) + \sin(\alpha-\beta)\}$
- $\cos\alpha\sin\beta = \dfrac{1}{2}\{\sin(\alpha+\beta) - \sin(\alpha-\beta)\}$
- $\cos\alpha\cos\beta = \dfrac{1}{2}\{\cos(\alpha+\beta) + \cos(\alpha-\beta)\}$
- $\sin\alpha\sin\beta = -\dfrac{1}{2}\{\cos(\alpha+\beta) - \cos(\alpha-\beta)\}$

―― 倍角公式 ――
- $\sin 2\alpha = 2\sin\alpha\cos\alpha$
- $\cos 2\alpha = \cos^2\alpha - \sin^2\alpha$
  $= 1 - 2\sin^2\alpha$
  $= 2\cos^2\alpha - 1$
- $\tan 2\alpha = \dfrac{2\tan\alpha}{1 - \tan^2\alpha}$

―― 三角関数の合成 ――
- $a\sin x + b\cos x = \sqrt{a^2+b^2}\sin(x+\theta)$
  ただし $\cos\theta = \dfrac{a}{\sqrt{a^2+b^2}}$
  $\sin\theta = \dfrac{b}{\sqrt{a^2+b^2}}$

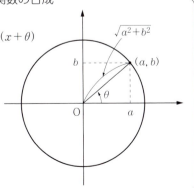

$\begin{cases}\sin^2 x = (\sin x)^2 \\ \cos^2 x = (\cos x)^2 \\ \tan^2 x = (\tan x)^2\end{cases}$

とくとく情報［逆三角関数］

指数関数 $y=a^x$ と対数関数 $y=\log_a x$ は逆の関係，つまり対応が逆の関数でした。このような関数を逆関数といいます。指数関数の逆関数は対数関数，対数関数の逆関数は指数関数です。

それでは三角関数の逆関数はどうなるでしょう。

三角関数の逆関数を逆三角関数といいます。そして，正弦関数 $y=\sin x$ の逆関数を逆正弦関数といい，

$$y=\sin^{-1}x \quad \text{または} \quad y=\arcsin x$$

とかきます。逆正弦関数は x に対して，$\sin$ の値が x となる角 y の値が対応します。

しかし，$x=\dfrac{\pi}{2}$ のとき，正弦関数 $y=\sin x$ の対応では $y=1$ ですが，$x=1$ のとき，逆正弦関数 $y=\sin^{-1}x$ の対応を考えようとすると，$\sin$ の値が 1 となる角 y は無数にあるため，厳密には逆正弦関数は関数とはいえません。

そこで，値が 1 つに決まるように y に制限をつけて考える場合があります。逆正弦関数の場合には $-\dfrac{\pi}{2} \leq y \leq \dfrac{\pi}{2}$ と制限をつければ，y の値が一意的に決まります。この値を主値といいます。主値は $\mathrm{Sin}^{-1}x$ などで表わします。例えば，

$$\sin^{-1}1 = \dfrac{\pi}{2} + 2n\pi \quad (n=0, \pm 1, \pm 2, \cdots)$$

ですが，

$$\mathrm{Sin}^{-1}1 = \dfrac{\pi}{2}$$

となります。

同様に $y=\cos x$ の逆関数は逆余弦関数といい，

$$y=\cos^{-1}x \quad \text{または} \quad y=\arccos x$$

$y=\tan x$ の逆関数は逆正接関数といい，

$$y=\tan^{-1}x \quad \text{または} \quad y=\arctan x$$

とかきます。主値はそれぞれ $0 \leq y \leq \pi$，$-\dfrac{\pi}{2} < y < \dfrac{\pi}{2}$ の範囲で y の値を 1 つ決めます。

> 逆三角関数はそれぞれ
> アークサイン
> アークコサイン
> アークタンジェント
> と読みます。

主値を大文字を使って表わし，いくつかの例を示しておきましょう。

- $\mathrm{Sin}^{-1}\dfrac{1}{2} = \dfrac{\pi}{6}$
- $\mathrm{Cos}^{-1}0 = \dfrac{\pi}{2}$
- $\mathrm{Tan}^{-1}1 = \dfrac{\pi}{4}$

- $\mathrm{Sin}^{-1}(-1) = -\dfrac{\pi}{2}$
- $\mathrm{Cos}^{-1}(-1) = \pi$
- $\mathrm{Tan}^{-1}(-\sqrt{3}) = -\dfrac{\pi}{3}$

❻ ベクトル

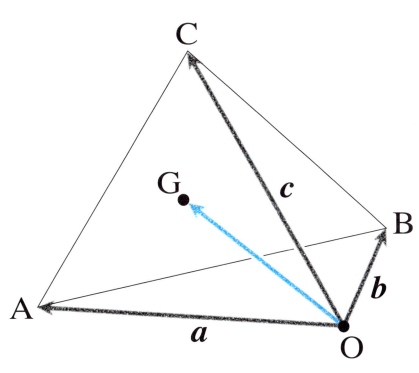

『線形代数』や『ベクトル解析』の準備になります。
物理の『力学』にもベクトルの考え方は欠かせないわ。

〈1〉 ベクトル

平面または空間においてベクトルを考えてみます。

2つの点AとBをとり，AからBへ矢印を描いてみましょう。この矢印のことを

Aを始点，Bを終点とする有向線分

といい，$\overrightarrow{AB}$ で表わします。

有向線分は

向き，長さ，位置

をもっていますが，位置を無視し

向き と 長さ

だけを考えた有向線分をベクトルといいます。つまり，位置は異なっても向きと長さ（または大きさ）が同じであれば，同じベクトルとみなします。左上図の $\overrightarrow{AB}$ と $\overrightarrow{CD}$ は同じベクトルです。

ベクトルの記号は，$\vec{a}, \vec{b}, \cdots$ や $\boldsymbol{a}, \boldsymbol{b}, \cdots$ なども使います。

例題 6.1 [ベクトル]

（1） 左上図において，△ABC は正三角形，D, E, F は各辺の中点です。$\overrightarrow{AD}$ と同じベクトルをすべて取り出してみましょう。

（2） 左下図は立方体です。$\overrightarrow{AB}$ と同じベクトルをすべて取り出してみましょう。

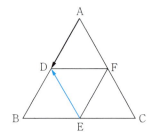

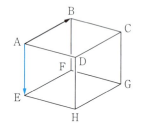

[解]（1） $\overrightarrow{AD}$ と "向き" と "長さ" が同じ有向線分を取り出すと

$$\overrightarrow{DB}, \overrightarrow{FE}$$

の2つ。

（2） $\overrightarrow{AB}$ と "向き" と "長さ" が同じ有向線分を取り出すと

$$\overrightarrow{EF}, \overrightarrow{DC}, \overrightarrow{HG}$$

の3つ。 （解終）

平行移動して重なれば，同じベクトルよ。

問題 6.1（解答は p. 179）

（1） 上図 △ABC において $\overrightarrow{ED}$ と同じベクトルをすべて取り出してください。

（2） 上図立方体において $\overrightarrow{AE}$ と同じベクトルをすべて取り出してください。

2つのベクトル $\boldsymbol{a} = \overrightarrow{AB}$, $\boldsymbol{b} = \overrightarrow{BC}$ に対して
$$\overrightarrow{AC} \text{ を } \boldsymbol{a} + \boldsymbol{b}$$
と定義し，$\boldsymbol{a}$ と $\boldsymbol{b}$ の**和**といいます。もし $\boldsymbol{b}$ が $\boldsymbol{a}$ と離れていたなら，$\boldsymbol{b}$ を平行移動して，$\boldsymbol{a}$ の終点と $\boldsymbol{b}$ の始点を一致させて $\boldsymbol{a} + \boldsymbol{b}$ を考えます。

ベクトル $\overrightarrow{AB} = \boldsymbol{a}$ に対して
$$\overrightarrow{BA} \text{ を } -\boldsymbol{a}$$
と定義し，$\boldsymbol{a}$ の**逆ベクトル**といいます。また
$$\boldsymbol{b} + (-\boldsymbol{a}) \text{ を } \boldsymbol{b} - \boldsymbol{a}$$
とかき，$\boldsymbol{b}$ と $\boldsymbol{a}$ の**差**といいます。

さらに実数 k に対してベクトル $k\boldsymbol{a}$ を

$k \geqq 0$ のときは，$\boldsymbol{a}$ と同じ向きで，長さが k 倍のベクトル

$k < 0$ のときは，$\boldsymbol{a}$ と逆向きで，長さが $|k|$ 倍のベクトル

と定義し，$\boldsymbol{a}$ の**スカラー倍**といいます。

特に長さが0のベクトルを**ゼロベクトル**といい $\boldsymbol{0}$ で表わし，長さが1のベクトルを**単位ベクトル**といいます。

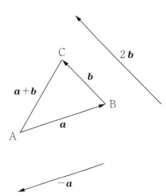

例題 6.2 ［ベクトルの和，差，スカラー倍］

右のベクトル $\boldsymbol{a}, \boldsymbol{b}$ について，次のベクトルを作図してみましょう。

(1) $\boldsymbol{a} + \boldsymbol{b}$　　(2) $\boldsymbol{a} - \boldsymbol{b}$　　(3) $2\boldsymbol{a}$　　(4) $-\dfrac{1}{2}\boldsymbol{b}$

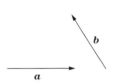

解 離れていたら，平行移動して作図しやすいようにくっつけておきます。

(1)　　　　　　　(2) $\boldsymbol{a} - \boldsymbol{b} = \boldsymbol{a} + (-\boldsymbol{b})$ なので

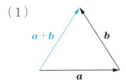 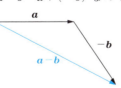

(3)　　　　　　　(4)　　　　　　　(解終)

> 平行移動により2つのベクトルは必ず同一平面上に移せるわよ。

問題 6.2 （解答は p.179）

右のベクトル $\boldsymbol{p}, \boldsymbol{q}$ について，次のベクトルを作図してください。

(1) $\boldsymbol{p} + \boldsymbol{q}$　　(2) $\boldsymbol{q} - \boldsymbol{p}$　　(3) $2\boldsymbol{p} - \dfrac{1}{3}\boldsymbol{q}$

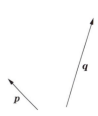

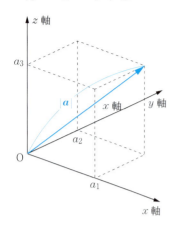

⟨2⟩ 空間ベクトル

空間の中でベクトルを考えてみましょう。

座標空間にベクトル $\boldsymbol{a}$ があるとします。$\boldsymbol{a}$ の始点を原点 O になるように平行移動したとき，$\boldsymbol{a}=\overrightarrow{\mathrm{OA}}$ になったとします。このとき

$$\overrightarrow{\mathrm{OA}} \text{ を } \boldsymbol{a} \text{ の 位置ベクトル}$$

といいます。

点 A の座標が (a_1, a_2, a_3) のとき

$$\boldsymbol{a}=(a_1, a_2, a_3)$$

を $\boldsymbol{a}$ の 成分表示 といいます。また，

$$|\boldsymbol{a}|=\sqrt{a_1{}^2+a_2{}^2+a_3{}^2}$$

を $\boldsymbol{a}$ の 長さ（大きさ）といいます。

> $\mathrm{A}(a_1, a_2, a_3),$
> $\mathrm{B}(b_1, b_2, b_3)$ のとき
> - $\overrightarrow{\mathrm{AB}}=(b_1-a_1, b_2-a_2, b_3-a_3)$

> $\boldsymbol{a}=(a_1, a_2, a_3),$
> $\boldsymbol{b}=(b_1, b_2, b_3)$ のとき
> - $\boldsymbol{a}\pm\boldsymbol{b}=(a_1\pm b_1, a_2\pm b_2, a_3\pm b_3)$
> - $k\boldsymbol{a}=(ka_1, ka_2, ka_3)$

例題 6.3 ［空間ベクトルの成分表示］

$\mathrm{A}(1,0,-2),\ \mathrm{B}(0,3,-1),\ \mathrm{C}(2,1,0)$ のとき

(1) $\overrightarrow{\mathrm{AB}}$ の成分表示を求め，$|\overrightarrow{\mathrm{AB}}|$ を求めてみましょう。

(2) $2\overrightarrow{\mathrm{AB}}+\overrightarrow{\mathrm{CB}}$ の成分表示を求めてみましょう。

解 (1) $\overrightarrow{\mathrm{AB}}=(0-1, 3-0, -1-(-2))=(-1, 3, 1)$

$|\overrightarrow{\mathrm{AB}}|=\sqrt{(-1)^2+3^2+1^2}=\sqrt{11}$

(2) $2\overrightarrow{\mathrm{AB}}+\overrightarrow{\mathrm{CB}}=2(-1,3,1)+(0-2,3-1,-1-0)$

$=(2\cdot(-1), 2\cdot 3, 2\cdot 1)+(-2,2,-1)$

$=(-2,6,2)+(-2,2,-1)$

$=(-2-2, 6+2, 2-1)=(-4,8,1)$ （解終）

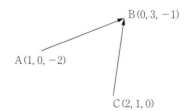

原理は平面ベクトルとまったく同じで〜す。

問題 6.3 （解答は p.179）

$\mathrm{P}(3,-1,1),\ \mathrm{Q}(-1,2,4),\ \mathrm{R}(0,1,-2)$ について

(1) $|\overrightarrow{\mathrm{PQ}}+\overrightarrow{\mathrm{PR}}|$ を求めてください。

(2) $2\overrightarrow{\mathrm{QR}}-3\overrightarrow{\mathrm{PR}}$ を求めてください。

2つの空間ベクトル $\boldsymbol{a}, \boldsymbol{b}$ について,なす角を $\theta\,(0 \leqq \theta \leqq \pi)$ とするとき

$$\boldsymbol{a} \cdot \boldsymbol{b} = |\boldsymbol{a}||\boldsymbol{b}|\cos\theta$$

を $\boldsymbol{a}$ と $\boldsymbol{b}$ の内積といいます。内積は実数値となります。

成分で求めるときは,$\boldsymbol{a} = (a_1, a_2, a_3)$,$\boldsymbol{b} = (b_1, b_2, b_3)$ のとき

$$\boldsymbol{a} \cdot \boldsymbol{b} = a_1 b_1 + a_2 b_2 + a_3 b_3$$

となります。

$\theta = 90°$ のとき $\cos 90° = 0$ なので,ゼロベクトルでない $\boldsymbol{a}, \boldsymbol{b}$ について,次の同値関係(垂直条件)が成り立ちます。

$$\boldsymbol{a} \perp \boldsymbol{b} \iff \boldsymbol{a} \cdot \boldsymbol{b} = 0$$

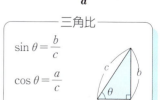

― 三角比 ―

$\sin\theta = \dfrac{b}{c}$

$\cos\theta = \dfrac{a}{c}$

$\tan\theta = \dfrac{b}{a}$

■ $\boldsymbol{a} \cdot \boldsymbol{b}$
$\quad = a_1 b_1 + a_2 b_2 + a_3 b_3$

■ $\cos\theta = \dfrac{\boldsymbol{a} \cdot \boldsymbol{b}}{|\boldsymbol{a}||\boldsymbol{b}|}$

例題 6.4 [空間ベクトルの内積]

$\boldsymbol{a} = (2, 0, 2)$,$\boldsymbol{b} = (0, 1, 1)$ について

(1) 内積 $\boldsymbol{a} \cdot \boldsymbol{b}$ を求めてみましょう。

(2) $\boldsymbol{a}, \boldsymbol{b}$ のなす角 θ を求めてみましょう。

― 垂直条件 ―

■ $\boldsymbol{a} \perp \boldsymbol{b} \iff \boldsymbol{a} \cdot \boldsymbol{b} = 0$

【解】(1) 内積の成分表示を使って

$$\boldsymbol{a} \cdot \boldsymbol{b} = 2 \cdot 0 + 0 \cdot 1 + 2 \cdot 1 = 2$$

(2) 先に $|\boldsymbol{a}|, |\boldsymbol{b}|$ を求めておきます。

$$|\boldsymbol{a}| = \sqrt{2^2 + 0^2 + 2^2} = \sqrt{8} = 2\sqrt{2}$$

$$|\boldsymbol{b}| = \sqrt{0^2 + 1^2 + 1^2} = \sqrt{2}$$

これより $\cos\theta$ の値を求めると

$$\cos\theta = \frac{\boldsymbol{a} \cdot \boldsymbol{b}}{|\boldsymbol{a}||\boldsymbol{b}|} = \frac{2}{2\sqrt{2} \cdot \sqrt{2}} = \frac{1}{2}$$

$0 \leqq \theta \leqq \pi$ なので

$$\theta = \frac{\pi}{3}\ (= 60°)$$

(解終)

― 内積の性質 ―

■ $\boldsymbol{a} \cdot \boldsymbol{b} = \boldsymbol{b} \cdot \boldsymbol{a}$

■ $\boldsymbol{a} \cdot (\boldsymbol{b} + \boldsymbol{c}) = \boldsymbol{a} \cdot \boldsymbol{b} + \boldsymbol{a} \cdot \boldsymbol{c}$

■ $(k\vec{a}) \cdot \vec{b} = k(\vec{a} \cdot \vec{b})$
$\qquad\qquad = \vec{a} \cdot (k\vec{b})$

(k:実数)

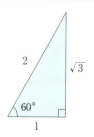

問題 6.4 (解答は p.179)

$\boldsymbol{a} = (1, -2, 1)$,$\boldsymbol{b} = (-4, 2, 2)$ について

(1) 内積 $\boldsymbol{a} \cdot \boldsymbol{b}$ を求めてください。

(2) $\boldsymbol{a}, \boldsymbol{b}$ のなす角 $\theta\,(0 \leqq \theta \leqq \pi)$ を求めてください。

とくとく情報［ベクトルの外積］

ベクトルの"内積"を定義しましたが，ベクトルの"外積"というものもあります。早速2つのベクトル a, b の外積を紹介しましょう。

a, b が平行でなく，ともにゼロベクトルでないとき，a, b 両ベクトルの始点を合わせ，a, b を2辺とする平行四辺形をつくり，その面積を S としておきます。次に，a を b へ回転角の小さい方向へ回転させて重ねるときに右ねじが進む方向を定めます。これで準備ができました。

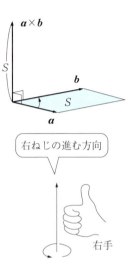

右ねじの進む方向

右手

今，定めた右ねじの方向をもち，a と b に垂直で大きさ S のベクトルを a と b の**外積**といい，

$$a \times b$$

で表わします。a, b が平行であったりゼロベクトルのときは $a \times b = 0$ としておきます。

2つのベクトルの内積 $a \cdot b$ は1つの値なので，**スカラー積**と呼ばれるのに対し，外積 $a \times b$ はベクトルなので**ベクトル積**と呼ばれています。

外積の性質の一部を紹介しておきましょう。内積と少し異なるので，注意が必要です。

$$a \times b = -b \times a$$
$$(ka) \times b = k(a \times b) = a \times (kb) \quad (k：定数)$$
$$a \times (b + c) = (a \times b) + (a \times c)$$
$$(a + b) \times c = (a \times c) + (b \times c)$$
$$a \times (b \times c) \neq (a \times b) \times c$$

力や速度のような多くの物理量は，内積や外積などを使ってベクトルで表現することができます。ベクトルの考え方は工科系ではとても便利で有用な数学的ツールなのです。

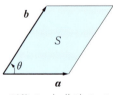

面積 $S = |a||b| \sin \theta$

・内積はスカラー
・外積はベクトル

〈3〉 空間における図形への応用

■ 2 点間の距離

Oを原点とする座標空間にある2点 $A(a_1, a_2, a_3)$, $B(b_1, b_2, b_3)$ について，2点間の距離 $\overline{AB}$ はベクトル $\overrightarrow{AB}$ の長さに他なりません。したがって

$$\overline{AB} = \sqrt{(b_1-a_1)^2 + (b_2-a_2)^2 + (b_3-a_3)^2}$$

という式が成り立ちます。

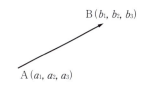

> 例題 6.5 ［空間における 2 点間の距離］
>
> Oを原点とする座標空間に
>
> $A(2,1,0)$, $B(0,1,1)$, $C(1,1,3)$
>
> があり，右図のような平行六面体 OAFB-CEGH を考えます。次の2点間の距離を求めてみましょう。
>
> (1) $\overline{OF}$　　(2) $\overline{AH}$

解 ベクトルを使って求めていきましょう。考えている立体は平行六面体なので，各辺は $\overrightarrow{OA}$, $\overrightarrow{OB}$, $\overrightarrow{OC}$ のいずれかに一致します。

(1) $\overrightarrow{OF} = \overrightarrow{OA} + \overrightarrow{AF} = \overrightarrow{OA} + \overrightarrow{OB}$

$\qquad = (2,1,0) + (0,1,1) = (2,2,1)$

$\overline{OF} = |\overrightarrow{OF}|$

$\qquad = \sqrt{2^2 + 2^2 + 1^2} = \sqrt{9} = 3$

(2) H の座標を先に求めます。

$\overrightarrow{OH} = \overrightarrow{OB} + \overrightarrow{BH} = \overrightarrow{OB} + \overrightarrow{OC}$

$\qquad = (0,1,1) + (1,1,3) = (1,2,4)$

これより $H(1,2,4)$ なので

$\overline{AH} = |\overrightarrow{AH}|$

$\qquad = \sqrt{(1-2)^2 + (2-1)^2 + (4-0)^2}$

$\qquad = \sqrt{(-1)^2 + 1^2 + 4^2} = \sqrt{1+1+16}$

$\qquad = \sqrt{18} = 3\sqrt{2}$

（解終）

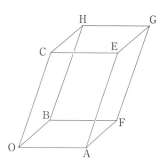

問題 6.5 （解答は p.179）

4点 $A(1,1,-1)$, $B(4,3,0)$, $C(2,3,2)$, $D(0,1,2)$ があり，平行六面体 ABFC-DEGH を考えます。$\overline{BG}$ および $\overline{DF}$ を求めてください。

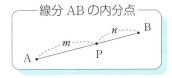
線分 AB の内分点

■ 空間における線分の内分点

$m>0$, $n>0$ とし，O を原点とする座標空間にある線分 AB を
$$m:n \text{ に内分する点 P}$$
を，ベクトルの考え方を使って求めてみましょう。考え方は平面ベクトルの場合とまったく同じです。

$\overrightarrow{OA}=\boldsymbol{a}$, $\overrightarrow{OB}=\boldsymbol{b}$ とすると $\overrightarrow{AB}=\boldsymbol{b}-\boldsymbol{a}$ なので

$$\overrightarrow{AP}=\frac{m}{m+n}\overrightarrow{AB}=\frac{m}{m+n}(\boldsymbol{b}-\boldsymbol{a})$$

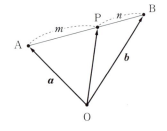

となります。したがって
$$\overrightarrow{OP}=\overrightarrow{OA}+\overrightarrow{AP}=\boldsymbol{a}+\frac{m}{m+n}(\boldsymbol{b}-\boldsymbol{a})$$

$$\therefore \quad \overrightarrow{OP}=\frac{1}{m+n}(n\boldsymbol{a}+m\boldsymbol{b})$$

$A(a_1, a_2, a_3)$, $B(b_1, b_2, b_3)$ のとき，$\overrightarrow{OP}$ を成分表示すれば点 P の座標が次のように求まります。

$$\overrightarrow{OP}=\left(\frac{na_1+mb_1}{m+n}, \frac{na_2+mb_2}{m+n}, \frac{na_3+mb_3}{m+n}\right)$$

$$P\left(\frac{na_1+mb_1}{m+n}, \frac{na_2+mb_2}{m+n}, \frac{na_3+mb_3}{m+n}\right)$$

これより，$m=n=1$ とすれば線分 AB の中点 M の座標がすぐに求まります。

また，内分点の公式を利用して △ABC の重心 G の座標の公式も求めることができます（例題 6.6 参照）。

$A(a_1, a_2, a_3)$, $B(b_1, b_2, b_3)$ のとき，
線分 AB の中点 M
$$M\left(\frac{a_1+b_1}{2}, \frac{a_2+b_2}{2}, \frac{a_3+b_3}{2}\right)$$

$A(a_1, a_2, a_3)$, $B(b_1, b_2, b_3)$, $C(c_1, c_2, c_3)$ のとき，△ABC の重心 G
$$G\left(\frac{a_1+a_2+a_3}{3}, \frac{b_1+b_2+b_3}{3}, \frac{c_1+c_2+c_3}{3}\right)$$

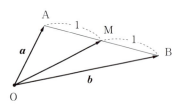

$$\overrightarrow{OM}=\frac{1}{2}(\boldsymbol{a}+\boldsymbol{b})$$

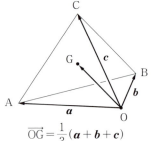

$$\overrightarrow{OG}=\frac{1}{3}(\boldsymbol{a}+\boldsymbol{b}+\boldsymbol{c})$$

例題 6.6 [空間における線分の内分点]

O を原点とする座標空間に A(1, 0, 2), B(0, 2, 3) があります。
(1) 線分 AB の中点 M の座標を求めてみましょう。
(2) 線分 OM を 2：1 に内分する点 G の座標を求めてみましょう。

解 空間の図形もなるべく図を描きましょう。

(1) 線分 AB の中点 M は AB を 1：1 に内分する点です。各成分を加えて 2 で割ればよいので

$$M\left(\frac{1+0}{2}, \frac{0+2}{2}, \frac{2+3}{2}\right)$$

$$\therefore \quad M\left(\frac{1}{2}, 1, \frac{5}{2}\right)$$

(2) O(0, 0, 0) なので, 内分点の公式において $m=2$, $n=1$ とすると G の各座標は

$$x \text{ 座標} = \frac{1 \cdot 0 + 2 \cdot \frac{1}{2}}{2+1} = \frac{1}{3}$$

$$y \text{ 座標} = \frac{1 \cdot 0 + 2 \cdot 1}{2+1} = \frac{2}{3}$$

$$z \text{ 座標} = \frac{1 \cdot 0 + 2 \cdot \frac{5}{2}}{2+1} = \frac{5}{3}$$

これより

$$G\left(\frac{1}{3}, \frac{2}{3}, \frac{5}{3}\right)$$

（解終）

G は △ABC の重心ね。重心を求める公式を使った結果と比べてみて。

> A(a_1, a_2, a_3), B(b_1, b_2, b_3) のとき
> 線分 AB を $m : n$ に内分する点 P
> $$P\left(\frac{na_1 + mb_1}{m+n}, \frac{na_2 + mb_2}{m+n}, \frac{na_3 + mb_3}{m+n}\right)$$

問題 6.6 （解答は p.179）

座標空間に 3 点 A(2, −1, 3), B(−3, −2, 4), C(1, 3, −2) があります。
(1) 線分 AB の中点 M の座標を求めてください。
(2) 線分 MC を 1：2 に内分する点 G の座標を求めてください。

線分 AB の外分点

■ $m > n > 0$ のとき

■ $n > m > 0$ のとき

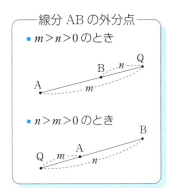

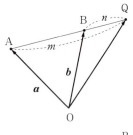

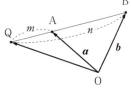

■ 空間における線分の外分点

今度は，$m > 0, n > 0, m \neq n$ とし，O を原点とする座標空間にある線分 AB を

$$m : n \text{ に外分する点 Q}$$

を，ベクトルの考え方を使って求めてみましょう。

線分の外分点は少しわかりづらいので，左の図をよく見てください。

$\overrightarrow{OA} = \boldsymbol{a}$，$\overrightarrow{OB} = \boldsymbol{b}$ としておきます。

線分 AB の外分点 Q は直線 AB 上にあります。

$m > n$ のとき

$\overrightarrow{AQ}$ は $\overrightarrow{AB}$ を $\dfrac{m}{m-n}$ 倍したベクトルになるので

$$\overrightarrow{AQ} = \dfrac{m}{m-n} \overrightarrow{AB}$$

$n > m$ のとき

$\overrightarrow{AQ}$ は $\overrightarrow{BA}$ を $\dfrac{m}{n-m}$ 倍したベクトルになるので

$$\overrightarrow{AQ} = \dfrac{m}{n-m} \overrightarrow{BA} = \dfrac{m}{n-m} (-\overrightarrow{AB}) = \dfrac{m}{m-n} \overrightarrow{AB}$$

いずれの場合でも $\overrightarrow{AQ}$ は $\overrightarrow{AB}$ を $\dfrac{m}{m-n}$ 倍したベクトルになり

$$\overrightarrow{AQ} = \dfrac{m}{m-n} \overrightarrow{AB} = \dfrac{m}{m-n} (\boldsymbol{b} - \boldsymbol{a})$$

となります。これより

$$\overrightarrow{OQ} = \overrightarrow{OA} + \overrightarrow{AQ} = \boldsymbol{a} + \dfrac{m}{m-n} (\boldsymbol{b} - \boldsymbol{a})$$

$$\therefore \quad \overrightarrow{OQ} = \dfrac{1}{m-n} (-n\boldsymbol{a} + m\boldsymbol{b})$$

$A(a_1, a_2, a_3)$，$B(b_1, b_2, b_3)$ のとき $\overrightarrow{OQ}$ を成分表示すれば点 Q の座標が次のように求まります。

$$\overrightarrow{OQ} = \left(\dfrac{-na_1 + mb_1}{m-n}, \dfrac{-na_2 + mb_2}{m-n}, \dfrac{-na_3 + mb_3}{m-n} \right)$$

$$Q\left(\dfrac{-na_1 + mb_1}{m-n}, \dfrac{-na_2 + mb_2}{m-n}, \dfrac{-na_3 + mb_3}{m-n} \right)$$

内分点の公式と外分点の公式をよく比べてみてね。

> $A(a_1, a_2, a_3), B(b_1, b_2, b_3)$ のとき
> 線分 AB を $m : n$ に内分する点 P
> $$P\left(\dfrac{na_1 + mb_1}{m+n}, \dfrac{na_2 + mb_2}{m+n}, \dfrac{na_3 + mb_3}{m+n} \right)$$

〈3〉 空間における図形への応用 77

例題 6.7 [空間における線分の外分点]

O を原点とする座標空間に A(1, 1, −2), B(−1, 3, 2) があります。
(1) 線分 AB を 2:1 に外分する点 C を求めてみましょう。
(2) 線分 OB を 2:3 に外分する点 D を求めてみましょう。

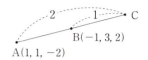

$\overline{AC} : \overline{BC} = 2:1$

解 図を描いてから公式を使いましょう。

(1) $m = 2$, $n = 1$ の場合なので C の各座標は

x 座標 $= \dfrac{-1 \cdot 1 + 2 \cdot (-1)}{2 - 1} = \dfrac{-3}{1} = -3$

y 座標 $= \dfrac{-1 \cdot 1 + 2 \cdot 3}{2 - 1} = \dfrac{5}{1} = 5$

z 座標 $= \dfrac{-1 \cdot (-2) + 2 \cdot 2}{2 - 1} = \dfrac{6}{1} = 6$

◯ 点 C は直線 AB 上に A, B, C の順に並んでいます。

これより

C($-3, 5, 6$)

(2) $m = 2$, $n = 3$ として D の座標を求めると

x 座標 $= \dfrac{-3 \cdot 0 + 2 \cdot (-1)}{2 - 3} = \dfrac{-2}{-1} = 2$

y 座標 $= \dfrac{-3 \cdot 0 + 2 \cdot 3}{2 - 3} = \dfrac{6}{-1} = -6$

z 座標 $= \dfrac{-3 \cdot 0 + 2 \cdot 2}{2 - 3} = \dfrac{4}{-1} = -4$

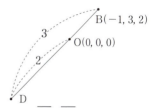

$\overline{OD} : \overline{BD} = 2:3$

◯ 点 D は直線 OB 上に D, O, B の順に並んでいます。

これより

D($2, -6, -4$) （解終）

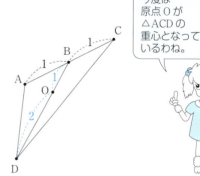

今度は原点 O が △ACD の重心となっているわね。

問題 6.7 （解答は p.179）

座標空間に A(2, 2, −1), B(2, 0, −3), C(1, −1, 2) があります。
(1) 線分 AB を 3:2 に外分する点 D を求めてください。
(2) 線分 DC を 1:2 に外分する点 E を求めてください。

とくとく情報［空間の基本ベクトル］

空間における直交座標系 O-xyz に，次の3つの特別なベクトルを定めます。

$$\bm{i} = (1,0,0), \quad \bm{j} = (0,1,0), \quad \bm{k} = (0,0,1)$$

これらのベクトルはすべて大きさが1で，互いに垂直であり，始点を原点 O にとればそれぞれ x 軸，y 軸，z 軸上にあります（下図）。

このとき，空間における任意のベクトル

$$\bm{a} = (a_1, a_2, a_3)$$

は，$\bm{i}, \bm{j}, \bm{k}$ を使い

$$\bm{a} = a_1 \bm{i} + a_2 \bm{j} + a_3 \bm{k}$$

と，$\bm{a}$ の成分を係数としてただ一通りに表わすことができるので，$\bm{i}, \bm{j}, \bm{k}$ を基本ベクトルといいます。また，$\bm{a}$ のこのような表わし方を $\bm{i}, \bm{j}, \bm{k}$ による線形結合または1次結合といいます。（線形代数ではこの3つのベクトルを標準ベクトルともいい，$\bm{e}_1, \bm{e}_2, \bm{e}_3$ の記号も使います。）

この表示方法を使えば，いろいろなベクトルの計算を数と同じように扱うことができます。ただし，いつも数と同じ法則が成り立つとは限らないので注意が必要ですが，成分表示の煩雑さから解放され，見通しよくベクトル計算を行うことができます。

基本ベクトルのお互いの関係を少し紹介しておきましょう（・は内積，×は外積です）。

$$\bm{i} \cdot \bm{i} = \bm{j} \cdot \bm{j} = \bm{k} \cdot \bm{k} = 1, \quad \bm{i} \cdot \bm{j} = \bm{j} \cdot \bm{k} = \bm{k} \cdot \bm{i} = 0$$

$$\bm{i} \times \bm{j} = \bm{k}, \quad \bm{j} \times \bm{k} = \bm{i}, \quad \bm{k} \times \bm{i} = \bm{j}$$

$$\bm{i} \times \bm{i} = \bm{j} \times \bm{j} = \bm{k} \times \bm{k} = \bm{0}$$

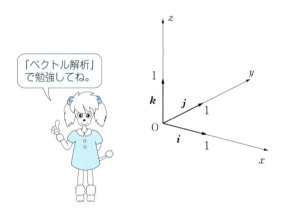

「ベクトル解析」で勉強してね。

❼ 複素平面と極形式

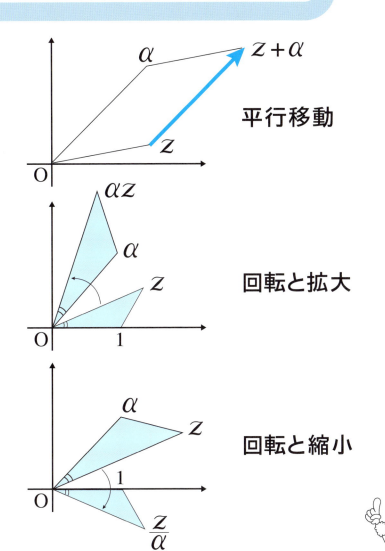

平行移動

回転と拡大

回転と縮小

複素数を平面上の点ととらえることによって数の演算を図形の動きと解釈できるのよ。

〈1〉 複素平面

複素数とは，虚数単位 i を使って
$$z = a + bi \quad (a, b \text{ は実数})$$
と表わされる数でした。
a を z の実部，b を z の虚部
といいます。また，z に対して
$$\bar{z} = a - bi \text{ を } z \text{ の共役複素数}$$
といいます。

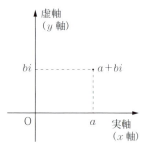

複素数 $z = a + bi$ を左図のように xy 平面上に図示することができます。このような複素数を対応させた座標平面を
ガウス平面 または 複素数平面，複素平面
といいます。そして特に横軸を実軸，縦軸を虚軸といいます。

例題 7.1 [複素平面]

$z = -1 + 2i$ のとき，次の複素数をガウス平面上に示してみましょう。

(1) z (2) $2z$ (3) $\bar{z}$
(4) $-\bar{z}$ (5) $z - 2$ (6) iz

複素数には実数と同じような大小の関係はつけられないのだけれど，便宜上
$\cdots, -2i, -i, 0, i, 2i, \cdots$
と虚軸上に並べてあるのよ。

【解】 複素数 $z = a + bi$ に対して点 (a, b) を図示すればよいのです。

(1) $z = -1 + 2i$
(2) $2z = 2(-1 + 2i) = -2 + 4i$
(3) 共役複素数は，虚部の符号を変えれば求まるので
$$\bar{z} = -1 - 2i$$
(4) $-\bar{z} = -(-1 - 2i) = 1 + 2i$
(5) $z - 2 = (-1 + 2i) - 2 = -3 + 2i$
(6) $iz = i(-1 + 2i) = -i + 2i^2$
$$= -i + 2 \cdot (-1) = -2 - i$$

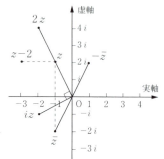

演算の結果と，z との位置関係をよく見ておきましょう。 (解終)

問題 7.1 (解答は p.179)

次の複素数をガウス平面上に図示してください。

(1) $w_1 = 2 + i$ のとき，w_1, $\overline{w_1}$, $-i\overline{w_1}$, $2\overline{w_1}$, $w_1 + i$

(2) $w_2 = -4 - 2i$ のとき，w_2, $\overline{w_2}$, $-\overline{w_2}$, $\frac{1}{2}w_2$, $w_2 + (4 + 6i)$

〈2〉 極 形 式

ガウス平面上で $z=a+bi$ の表わす点を P とし，実軸の正方向からの OP のなす角を θ とします。このとき

OP の長さを z の**絶対値**，θ を z の**偏角**

といい，それぞれ
$$|z|=\sqrt{a^2+b^2}, \quad \arg z=\theta$$
とかきます。θ は通常 $-\pi<\theta\leqq\pi$ の範囲で表示します。

複素数 z を

絶対値 $r=|z|$，偏角 $\theta=\arg z$

を使って表わした
$$z=r(\cos\theta+i\sin\theta) \quad (r\geqq 0)$$
を，z の**極形式**といいます。

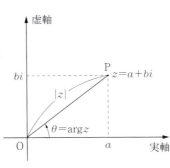

- $\overline{z_1+z_2}=\overline{z_1}+\overline{z_2}$
- $\overline{z_1 z_2}=\overline{z_1}\,\overline{z_2}$
- $\overline{\left(\dfrac{z_2}{z_1}\right)}=\dfrac{\overline{z_2}}{\overline{z_1}}$ $(z_1\neq 0)$
- $|z_1 z_2|=|z_1||z_2|$
- $\left|\dfrac{z_2}{z_1}\right|=\dfrac{|z_2|}{|z_1|}$
- $z\bar{z}=|z|^2$

例題 7.2 [極形式 1]

次の複素数について絶対値と偏角を求め，さらに極形式で表わしてみましょう。

(1) $z_1=1+i$ (2) $z_2=-i$

解 ガウス平面上に z を表示し，$|z|$ と $\arg z$ を求めましょう。$\arg z$ は 1 通りには決まりませんが，$-\pi<\theta\leqq\pi$ の範囲で示しておきます。

(1) $z_1=1+1\cdot i$ なので
$$|z_1|=\sqrt{1^2+1^2}=\sqrt{2}, \quad \arg z_1=\theta_1=\frac{\pi}{4}$$
$$\therefore \quad z_1=\sqrt{2}\left(\cos\frac{\pi}{4}+i\sin\frac{\pi}{4}\right)$$

(2) $z_2=-i=0+(-1)i$ なので
$$|z_2|=\sqrt{0^2+(-1)^2}=1, \quad \arg z_2=\theta_2=-\frac{\pi}{2}$$
$$\therefore \quad z_2=1\cdot\left\{\cos\left(-\frac{\pi}{2}\right)+i\sin\left(-\frac{\pi}{2}\right)\right\}$$
$$=\cos\left(-\frac{\pi}{2}\right)+i\sin\left(-\frac{\pi}{2}\right)$$

(解終)

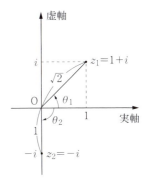

問題 7.2 （解答は p.180）

$w_1=\sqrt{3}-i$，$w_2=-1$ を極形式で表わしてください。

0 でない 2 つの複素数 z_1, z_2 が

$$z_1 = r_1(\cos\theta_1 + i\sin\theta_1)$$
$$z_2 = r_2(\cos\theta_2 + i\sin\theta_2)$$

と表わされているとき，三角関数の加法定理を使うことにより，次のことが成立します．

絶対値は積，偏角は和 ➡

絶対値は商，偏角は差 ➡

―――― 極形式による積と商 ――――
- $z_1 z_2 = r_1 r_2 \{\cos(\theta_1 + \theta_2) + i\sin(\theta_1 + \theta_2)\}$
- $\dfrac{z_2}{z_1} = \dfrac{r_2}{r_1} \{\cos(\theta_2 - \theta_1) + i\sin(\theta_2 - \theta_1)\}$

例題 7.3 [極形式 2]

$z_1 = i,\ z_2 = 1 + \sqrt{3}\,i$ とするとき

(1) z_1 と z_2 を極形式で表わしてみましょう．

(2) $z_1 z_2,\ \dfrac{z_2}{z_1}$ の値を極形式を使って求めてみましょう．

[解] (1) $|z_1| = \sqrt{0^2 + 1^2} = 1,\quad \arg z_1 = \dfrac{\pi}{2}$

$|z_2| = \sqrt{1^2 + (\sqrt{3})^2} = 2,\quad \arg z_2 = \dfrac{\pi}{3}$ $\Bigg\}$ より

z_1 の 1 はなくてもよい ➡

$z_1 = 1 \cdot \left(\cos\dfrac{\pi}{2} + i\sin\dfrac{\pi}{2}\right),\quad z_2 = 2\left(\cos\dfrac{\pi}{3} + i\sin\dfrac{\pi}{3}\right)$

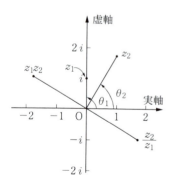

(2) 極形式を使って積と商を求めると

$z_1 z_2 = 1 \cdot 2 \cdot \left\{\cos\left(\dfrac{\pi}{2} + \dfrac{\pi}{3}\right) + i\sin\left(\dfrac{\pi}{2} + \dfrac{\pi}{3}\right)\right\}$

$= 2\left(\cos\dfrac{5}{6}\pi + i\sin\dfrac{5}{6}\pi\right) = 2\left(-\dfrac{\sqrt{3}}{2} + i\dfrac{1}{2}\right)$

$= -\sqrt{3} + i$

$\dfrac{z_2}{z_1} = \dfrac{2}{1}\left\{\cos\left(\dfrac{\pi}{3} - \dfrac{\pi}{2}\right) + i\sin\left(\dfrac{\pi}{3} - \dfrac{\pi}{2}\right)\right\}$

$= 2\left\{\cos\left(-\dfrac{\pi}{6}\right) + i\sin\left(-\dfrac{\pi}{6}\right)\right\} = 2\left\{\dfrac{\sqrt{3}}{2} + i\left(-\dfrac{1}{2}\right)\right\}$

$= \sqrt{3} - i$ （解終）

問題 7.3 （解答は p. 180）

$w_1 = \sqrt{3} - i,\ w_2 = 2i$ のとき，$w_1 w_2,\ \dfrac{w_2}{w_1}$ の値を極形式を利用して求めてください．

一般に，n を自然数とするとき，次の**ド・モアブルの定理**が成立します．

――― ド・モアブルの定理 ―――
- $(\cos\theta + i\sin\theta)^n = \cos n\theta + i\sin n\theta$
- $(\cos\theta + i\sin\theta)^{-n} = \cos n\theta - i\sin n\theta$

例題 7.4 [ド・モアブルの定理]

ド・モアブルの定理を使って，次の値を求めてみましょう．

(1) $(1+i)^{10}$　　(2) $\dfrac{1}{(1-\sqrt{3}\,i)^4}$

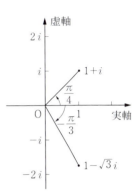

解 (1) まず極形式に直してから 10 乗すると

$$与式 = \left\{\sqrt{2}\left(\cos\frac{\pi}{4} + i\sin\frac{\pi}{4}\right)\right\}^{10} = (2^{\frac{1}{2}})^{10}\left(\cos\frac{\pi}{4} + i\sin\frac{\pi}{4}\right)^{10}$$

ド・モアブルの定理を使うと

$$= 2^5\left\{\cos\left(\frac{\pi}{4}\times 10\right) + i\sin\left(\frac{\pi}{4}\times 10\right)\right\}$$

$$= 2^5\left(\cos\frac{5}{2}\pi + i\sin\frac{5}{2}\pi\right) = 2^5(0 + i\cdot 1) = 2^5 i = 32i$$

(1)
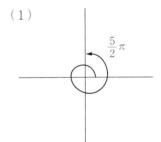

(2) 同様にして

$$与式 = (1-\sqrt{3}\,i)^{-4} = \left[2\left\{\cos\left(-\frac{\pi}{3}\right) + i\sin\left(-\frac{\pi}{3}\right)\right\}\right]^{-4}$$

$$= 2^{-4}\left\{\cos\left(-\frac{\pi}{3}\right) + i\sin\left(-\frac{\pi}{3}\right)\right\}^{-4}$$

$$= \frac{1}{2^4}\left\{\cos\left(-\frac{\pi}{3}\times 4\right) - i\sin\left(-\frac{\pi}{3}\times 4\right)\right\}$$

$$= \frac{1}{2^4}\left\{\cos\left(-\frac{4}{3}\pi\right) - i\sin\left(-\frac{4}{3}\pi\right)\right\}$$

$$= \frac{1}{2^4}\left(-\frac{1}{2} - i\frac{\sqrt{3}}{2}\right)$$

$$= -\frac{1}{2^5}(1+\sqrt{3}\,i) = -\frac{1+\sqrt{3}\,i}{32}$$

（解終）

(2)
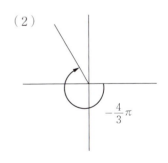

問題 7.4（解答は p.180）

ド・モアブルの定理を使って，次の値を求めてください．

(1) $(\sqrt{3}-3i)^8$　　(2) $\dfrac{1}{(1+i)^5}$

とくとく情報[オイラーの公式]

　地上で起こっていることを高い位置から眺めるとよくわかることがあります。数学でも同じです。

　独立変数,従属変数ともに実数である関数を**実関数**といいますが,変数を複素数にまで拡張して考えると実数で考えただけではよく見えなかった実関数の性質が見えてきます。

　独立変数,従属変数ともに複素数である関数を**複素関数**といいます。複素関数では e^x, $\log x$, $\sin x$, $\cos x$, $\tan x$ もみな複素変数 z に拡張します。

　広範囲な数学の分野に影響を与えた天才数学者オイラー(1707〜1783)は,複素関数について**オイラーの公式**と呼ばれている次の公式を発見しました。

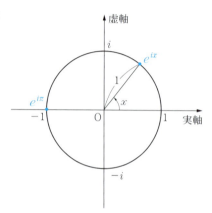

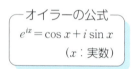

オイラーの公式
$$e^{ix} = \cos x + i \sin x$$
(x:実数)

この式において,$x=\pi$ とおくと,
興味深い関係式
$$e^{i\pi} = -1$$
が得られます。この関係式はオイラーが導入に貢献した3つの重要な記号
$$e, \quad i, \quad \pi$$
が象徴的に入っています。

　オイラーの公式より
$$\sin x = \frac{e^{ix} - e^{-ix}}{2i}, \quad \cos x = \frac{e^{ix} + e^{-ix}}{2}$$
という式が導けますが,この式をもとにして複素変数 z に対して複素三角関数を次のように定義します。

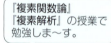

$$\sin z = \frac{e^{iz} - e^{-iz}}{2i}, \quad \cos z = \frac{e^{iz} + e^{-iz}}{2}, \quad \tan z = \frac{\sin z}{\cos z}$$

複素数の世界では指数関数と三角関数は密接に関連づいているのです。

❽ 極限

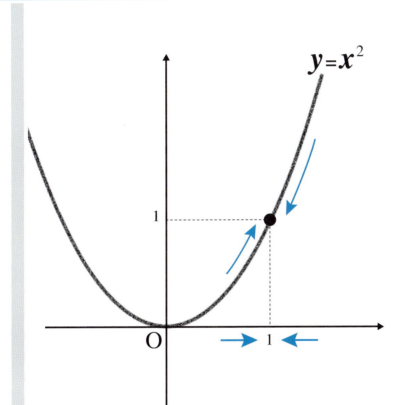

極限の考え方は
ちょっとむずかしいけれど
極限なしでは, 微分積分は
語れないのよ。

〈1〉 関数の収束と発散

関数 $y=f(x)$ において，x が p 以外の値をとりながら限りなく p に近づくとき，$f(x)$ の値が一定の値 q に限りなく近づくならば

$$x \to p \quad \text{のとき} \quad f(x) \text{ は } q \text{ に 収束する}$$

といい，

$$\lim_{x \to p} f(x) = q$$

とかきます。また q を $x \to p$ のときの $f(x)$ の 極限値 といいます。

たとえば関数 $y=x^2$ を考えてみましょう。x を 1 以外の値をとりながら限りなく 1 に近づけてみます。このとき，x は $x>1$ の場合も $x<1$ の場合も考えます。すると y の値は x の変化につれ，どんどん と限りなく 1 に近づいていきます。ですから

$$\lim_{x \to 1} x^2 = 1$$

です。

このように関数が $x=p$ を含め，その前後で連続的に変化しているところでは，

$$\lim_{x \to p} f(x) = f(p) \quad \cdots (☆)$$

となります。

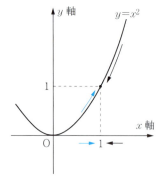

x	$y=x^2$
⋮	⋮
0.9	0.81
0.99	0.9801
0.999	0.998001
0.9999	0.99980001
0.99999	0.99998000
⋮	⋮
↓	↓
1	**1**
↑	↑
⋮	⋮
1.00001	1.00002000
1.0001	1.00020001
1.001	1.002001
1.01	1.0201
1.1	1.21
⋮	⋮

（小数第 9 位以下切り捨て）

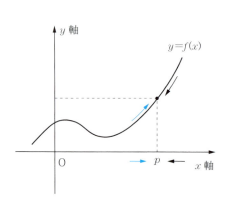

実は，この（☆）の式は関数が連続であることの定義なので〜す。

〈1〉 関数の収束と発散 87

しかし，関数が連続的に変化していないところでは，様子が違ってきます。

たとえば，電気信号などに現われる右のグラフをもつ関数を考えてみましょう。この関数を $y=f(x)$ とし，$x\to 0$ のときの値を考えてみます。すると

$x<0$ で $x\to 0$ のとき（$x\to 0-0$ とかきます），$f(x)\to 0$

$x>0$ で $x\to 0$ のとき（$x\to 0+0$ とかきます），$f(x)\to 1$

となってしまいます。したがって，$x\to 0$ のとき $f(x)$ は一定の値には近づかないので

$x\to 0$ のとき $f(x)$ は収束しない

または

$x\to 0$ のとき $f(x)$ の極限値は存在しない

ということになります。

	x	$y=f(x)$
	⋮	⋮
	-0.1	0
	-0.01	0
$x<0$	-0.001	0
	-0.0001	0
	-0.00001	0
	⋮	⋮
	↓	↓
	0	**?**
	↑	↑
	⋮	⋮
	-0.00001	1
	-0.0001	1
$x>0$	-0.001	1
	-0.01	1
	-0.1	1
	⋮	⋮

例題 8.1 [極限値 1]

次の極限値を求めてみましょう。

(1) $\displaystyle\lim_{x\to 0}(2x+1)$ 　　(2) $\displaystyle\lim_{x\to 1}f(x)$, $f(x)=\begin{cases}1 & (x\leq 1)\\ 0 & (x>1)\end{cases}$

解 (1) $y=2x+1$ のグラフはどこでも連続なので

$$\lim_{x\to 0}(2x+1)=1$$

(2) $y=f(x)$ のグラフを描くと右下のようになります。

$x\to 1-0$ のとき　$f(x)\to 1$

$x\to 1+0$ のとき　$f(x)\to 0$

なので

$\displaystyle\lim_{x\to 1}f(x)$ は存在しない

となります。　　　　　　（解終）

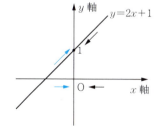

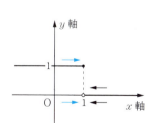

問題 8.1 （解答は p.180）

次の極限値を求めてください。

(1) $\displaystyle\lim_{x\to -1}x^2$ 　(2) $\displaystyle\lim_{x\to 0}f(x)$, $f(x)=\begin{cases}-x & (x<0)\\ x & (x\geq 0)\end{cases}$ 　(3) $\displaystyle\lim_{x\to 1}g(x)$, $g(x)=\begin{cases}x & (x\neq 1)\\ 0 & (x=1)\end{cases}$

x が限りなく大きくなることを

$$x \to \infty \quad \text{または} \quad x \to +\infty$$

とかきます。また x が負の値をとりながら絶対値が限りなく大きくなることを

$$x \to -\infty$$

とかきます。

関数 $y = f(x)$ について，$x \to p$ のとき $f(x)$ の値が限りなく大きくなるとき

$f(x)$ は（正の）無限大に発散する

といい

$$\lim_{x \to p} f(x) = \infty \quad (\text{または } +\infty)$$

とかきます。逆に $x \to p$ のとき，$f(x)$ の値が負の値で，絶対値が限りなく大きくなるとき

$f(x)$ は負の無限大に発散する

といい

$$\lim_{x \to p} f(x) = -\infty$$

とかきます。

たとえば関数 $y = \dfrac{1}{x}$ において $x \to +\infty$, $x \to -\infty$ のときを考えると，分母の絶対値は両方の場合とも限りなく大きくなるので，$\dfrac{1}{x}$ の絶対値は限りなく小さくなり

$$\lim_{x \to +\infty} \frac{1}{x} = 0 \quad (\text{ただし正の値をとりながら限りなく 0 に近づく})$$

$$\lim_{x \to -\infty} \frac{1}{x} = 0 \quad (\text{ただし負の値をとりながら限りなく 0 に近づく})$$

となります。

また

$$\lim_{x \to 0+0} \frac{1}{x} = +\infty$$

$$\lim_{x \to 0-0} \frac{1}{x} = -\infty$$

です。

∞ は無限大
+∞ は正の（またはプラスの）無限大
−∞ は負の（またはマイナスの）無限大
とよみま〜す。

x	$y = \dfrac{1}{x}$
0	±∞
↑	↑
⋮	⋮
±0.00001	±100000
±0.0001	±10000
±0.001	±1000
±0.01	±100
±0.1	±10
⋮	⋮
±10	±0.1
±100	±0.01
±1000	±0.001
±10000	±0.0001
⋮	⋮
↓	↓
±∞	**0**

（複号同順）

例題 8.2 [極限値 2]

次の極限を考えてみましょう。

(1) $\displaystyle\lim_{x \to +\infty} \frac{1}{x^2}$ (2) $\displaystyle\lim_{x \to -\infty} \left(1 - \frac{1}{x^2}\right)$ (3) $\displaystyle\lim_{x \to 0} \frac{1}{x^2}$

解 (1) $x \to +\infty$ のとき,$x^2 \to +\infty$ なので $\dfrac{1}{x^2} \to +0$ となります。

つまり $\displaystyle\lim_{x \to +\infty} \frac{1}{x^2} = 0$

(2) $x \to -\infty$ のとき,$x^2 \to +\infty$ となり $\dfrac{1}{x^2} \to +0$ となります。

したがって $1 - \dfrac{1}{x^2} \to 1$ なので

$$\lim_{x \to -\infty}\left(1 - \frac{1}{x^2}\right) = 1$$

(3) $x \to 0$ のとき $x^2 \to +0$ なので $\dfrac{1}{x^2} \to +\infty$ となります。

したがって $\displaystyle\lim_{x \to 0} \frac{1}{x^2} = +\infty$ (解終)

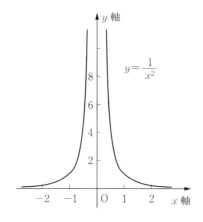

$\dfrac{1}{x^2} \to +0$ は
正の値をとりながら
0 に限りなく近づく
という記号です。

問題 8.2 （解答は p.180）

次の極限を考えてください。

(1) $\displaystyle\lim_{x \to +\infty} \frac{1}{x+1}$ (2) $\displaystyle\lim_{x \to -\infty} \frac{1}{x^3}$ (3) $\displaystyle\lim_{x \to 0}\left(1 - \frac{1}{x^2}\right)$

―― 極限値の性質 ――

$\lim_{x \to p} f(x) = q$,

$\lim_{x \to p} g(x) = r$

と収束すれば

- $\lim_{x \to p} \{f(x) \pm g(x)\}$

  $= q \pm r$　（複号同順）

- $\lim_{x \to p} k f(x) = kq$

- $\lim_{x \to p} \dfrac{f(x)}{g(x)} = \dfrac{q}{r}$ 　$(r \neq 0)$

例題 8.3 [極限値 3]

$f(x) = x^3 - 2x^2 - x + 1$ のとき，次の極限を考えてみましょう。

(1) $\lim_{x \to 0} f(x)$ 　　(2) $\lim_{x \to +\infty} f(x)$ 　　(3) $\lim_{x \to -\infty} f(x)$

解　(1) $x \to 0$ のとき $f(x)$ の各項は

$$x^3 \to 0, \quad x^2 \to 0, \quad x \to 0, \quad 1 \to 1$$

とそれぞれ極限値をもつので，左の性質より

$$\lim_{x \to 0} f(x) = 0 - 2 \cdot 0 - 0 + 1 = 1$$

(2) $x \to +\infty$ のとき，$f(x)$ のはじめの 3 項はそれぞれ極限値をもたないので (1) のようには単純にいきません。次のように変形して考えましょう。

$$\lim_{x \to +\infty} (x^3 - 2x^2 - x + 1) = \lim_{x \to +\infty} x^3 \left(1 - \frac{2x^2}{x^3} - \frac{x}{x^3} + \frac{1}{x^3}\right)$$

$$= \lim_{x \to +\infty} x^3 \left(1 - \frac{2}{x} - \frac{1}{x^2} + \frac{1}{x^3}\right)$$

$x \to +\infty$ のとき $\dfrac{1}{x} \to +0$, $\dfrac{1}{x^2} \to +0$, $\dfrac{1}{x^3} \to +0$ なので

$$1 - \frac{2}{x} - \frac{1}{x^2} + \frac{1}{x^3} \to 1 - 2(+0) - (+0) + (+0) = 1$$

となります。一方，$x^3 \to +\infty$ なので，$f(x)$ については

$$\lim_{x \to +\infty} f(x) = \boxed{+\infty}$$

(3) $x \to -\infty$ のときも (2) と同様に考えます。

$x \to -\infty$ のとき $\dfrac{1}{x} \to -0$, $\dfrac{1}{x^2} \to +0$, $\dfrac{1}{x^3} \to -0$ なので

$$1 - \frac{2}{x} - \frac{1}{x^2} + \frac{1}{x^3} \to 1 - 2(-0) - (+0) + (-0) = 1$$

となります。一方，$x^3 \to -\infty$ なので，$f(x)$ については

$$\lim_{x \to -\infty} f(x) = \boxed{-\infty}$$

（解終）

$\infty + \infty = \infty$
だけど
$\infty - \infty = 0$
とは限らないわよ。

問題 8.3 （解答は p.181）

$g(x) = 2 - x + 3x^2 - x^3$ のとき，次の極限を考えてください。

(1) $\lim_{x \to 0} g(x)$ 　　(2) $\lim_{x \to +\infty} g(x)$ 　　(3) $\lim_{x \to -\infty} g(x)$

いままで学んできた三角関数，指数関数，対数関数の極限については次のことが成り立ちます。

$y = \sin x$	$y = \cos x$	$y = \tan x$
$\lim_{x \to 0} \sin x = 0$	$\lim_{x \to 0} \cos x = 1$	$\lim_{x \to 0} \tan x = 0$
$\lim_{x \to +\infty} \sin x =$ なし	$\lim_{x \to +\infty} \cos x =$ なし	$\lim_{x \to \frac{\pi}{2}-0} \tan x = +\infty$
$\lim_{x \to -\infty} \sin x =$ なし	$\lim_{x \to -\infty} \cos x =$ なし	$\lim_{x \to \frac{\pi}{2}+0} \tan x = -\infty$

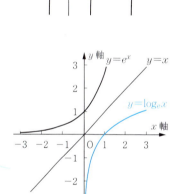

関数 $y = \sin x$, $y = \cos x$ において $x \to +\infty$ または $x \to -\infty$ とするとき，y の値は -1 と 1 の間のすべての値をくり返しとり続けます（右上のグラフを参照してください）。このように一定の値には収束しないので，極限値は存在しません。このような状態を **振動する** ということもあります。

関数 $y = e^x$ と $y = \log_e x$ の極限についても，グラフの特徴と照らし合わせて理解するとよいでしょう。

$y = e^x$	$y = \log_e x$
$\lim_{x \to 0} e^x = 1$	$\lim_{x \to 0+0} \log_e x = -\infty$
$\lim_{x \to +\infty} e^x = +\infty$	$\lim_{x \to +\infty} \log_e x = +\infty$
$\lim_{x \to -\infty} e^x = +0$	

- $x \to a+0$ は
  x を a より大きい右側から a に近づけること
- $x \to a-0$ は
  x を a より小さい左側から a に近づけること

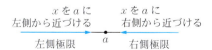

グラフの特徴をよく覚えておいてね。

〈2〉 関数の極限公式

　ここでは三角関数や指数関数，対数関数の導関数を求めるときに必要な極限公式を3つ紹介しておきます。グラフと照らし合わせて理解しておきましょう。（きちんとした証明はなかなか大変です。）

　はじめは三角関数に関する次の極限です。

$$\lim_{x \to 0} \frac{\sin x}{x} = 1$$

　$y=x$ と $y=\sin x$ の $x=0$ 付近のグラフを比べてみてください。$x=0$ では両方とも値は0ですが，その近くでも2つのグラフはほとんど一致してしまいます。ですから，$x \to 0$ のとき，$\sin x$ と x の比 $\dfrac{\sin x}{x}$ は1に限りなく近づいていきます。数値で比較しても確かめられます。ただし，x はラジアン単位でないと成立しないので気をつけてください。

x	$\sin x$
⋮	⋮
± 0.1	± 0.099833
± 0.01	± 0.009999
± 0.001	± 0.000999
± 0.0001	± 0.000099
± 0.00001 ＊	± 0.00001 ＊
⋮	⋮
↓	↓
0	0

（小数第7位以下切り捨て）

＊　$x = \pm 0.00001$ では x と $\sin x$ の値の違いが電卓の計算の誤差内であるため，両方の値が一致してしまいました。（誤差は電卓の機種により多少差があります。）

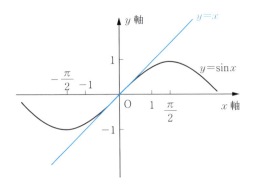

詳しい証明は『微分積分』で勉強してね。

〈2〉 関数の極限公式

x	e^x-1
⋮	⋮
-0.1	-0.095162
-0.01	-0.009950
-0.001	-0.000999
-0.0001	-0.000099
-0.00001	-0.000009
⋮	⋮
↓	↓
0	0
↑	↑
⋮	⋮
0.00001 *	0.00001 *
0.0001	0.000100
0.001	0.001000
0.01	0.010050
0.1	0.105170
⋮	⋮

（小数第7位以下切り捨て）
＊は左頁の注と同じ

2つ目は指数関...

$y=x$ と $y=e^x-1$ の...
$y=e^x$ を y 軸下方へ1だ...
両方とも値は0ですが，$x=$...
ど一致していることが見てと...
数関数の性質から出て来たも...

$y=e^x$ は $x=0$ での接線の...
の特別な指数関数でした。$y=e^x$...
行移動しただけなので，$y=e^x-1$...
とんど一致しているのです。右の数...

x	$(1+x)^{\frac{1}{x}}$
⋮	⋮
0.1	2.593742
0.01	2.704813
0.001	2.716923
0.0001	2.718145
0.00001	2.718268
⋮	⋮
↓	↓
0	e

（小数第7位以下切り捨て）

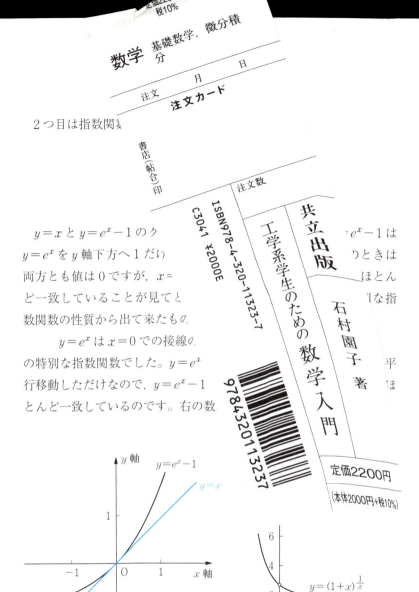

最後は特別な数 e に関する極限です。

$$\lim_{x\to 0}(1+x)^{\frac{1}{x}}=e$$

● $e=2.718281828\cdots$

この極限公式は特別な数 e の定義式ともいえる式です。
　関数 $f(x)=(1+x)^{\frac{1}{x}}$ について，$x\to 0$ のときの値の変化を調べて収束することを示すのですが，この証明はなかなか大変です。右上の数表（$x>0$ のときのみ）で確かめてください。

⟨3⟩ 無限級数

ここでは
$$1-1+1-1+\cdots$$
$$1-\frac{1}{3}+\frac{1}{5}-\frac{1}{7}\cdots$$
のように，数を無限に…

はじめに，無限に続く…
$$a_1, a_2, a_3, \cdots, a_n, \cdots$$
があるとします。この…
$$a_1 + a_2 + a_3 + \cdots$$
を**無限級数**といいます…

この式は，記号 Σ と，
$$\sum_{n=1}^{\infty} a_n$$
ともかきます。

Σ はギリシア文字 σ(シグマ) の大文字 ➡

たとえば，よく知っている循環小数
$$0.\dot{9} = 0.999\cdots$$
は，無限に続く数列 $\{9 \times 10^{-n}\}$，つまり
$$0.9, 0.09, 0.009, \cdots, 9 \times 10^{-n}, \cdots$$
の項を全部加えた無限級数
$$0.9 + 0.09 + 0.009 + \cdots + 9 \times 10^{-n} + \cdots$$
$$= \sum_{n=1}^{\infty} (9 \times 10^{-n})$$
で表わすことができます。

それでは，無限に加えた結果の和はどうなるのでしょう。はたして循環小数
$$0.999\cdots$$
は，どんな数なのでしょう。

有理数は必ず分数で表わすことができるのよ。だから循環小数も分数で表わされるはずね。

無限級数
$$a_1 + a_2 + \cdots + a_n + \cdots \quad (*)$$
は無限個の和なので，次のように極限を使って収束，発散を定義します。

まず，（＊）のはじめの n 項までの有限個の和を
$$S_n = \sum_{k=1}^{n} a_k = a_1 + a_2 + \cdots + a_n$$
とし，第 n 項までの部分和といいます。

そして部分和からなる数列 $\{S_n\}$
$$S_1, S_2, S_3, \cdots, S_n, \cdots$$
について
$$\lim_{n \to \infty} S_n$$
が収束するとき，その極限値 S を無限級数（＊）の和といい，
$$S = \sum_{n=1}^{\infty} a_n$$
とかきます。また，
$$\lim_{n \to \infty} S_n$$
が発散するとき，無限級数（＊）は発散するといいます。

無限級数は
収束しなければ
"和"としての意味は
ないのよ。

無限級数には次の性質があります。

> $\sum_{n=1}^{\infty} a_n$, $\sum_{n=1}^{\infty} b_n$ がともに収束するとき
> - $\sum_{n=1}^{\infty} k a_n = k \sum_{n=1}^{\infty} a_n$ （k は定数）
> - $\sum_{n=1}^{\infty} (a_n \pm b_n) = \sum_{n=1}^{\infty} a_n \pm \sum_{n=1}^{\infty} b_n$ （複号同順）

無限級数の収束，発散が比較的容易に調べられる場合もありますが，各項が簡単な分数でも，思わぬ値に収束する場合があります。このような場合には調べるのが大変になります。以下に一例を挙げておきましょう。

> - $1 + \dfrac{1}{2} + \dfrac{1}{3} + \dfrac{1}{4} + \cdots$ 　発散
> - $1 - \dfrac{1}{3} + \dfrac{1}{5} - \dfrac{1}{7} + \cdots = \dfrac{\pi}{4}$
> - $1 + \dfrac{1}{2^2} + \dfrac{1}{3^2} + \dfrac{1}{4^2} + \cdots = \dfrac{\pi^2}{6}$

■無限等比級数

初項 a, 公比 r の無限等比数列 $\{ar^{n-1}\}$, つまり

$$a, ar, ar^2, \cdots, ar^{n-1}, \cdots$$

からつくった無限級数

$$a + ar + ar^2 + \cdots + ar^{n-1} + \cdots = \sum_{n=1}^{\infty} ar^{n-1}$$

を<u>無限等比級数</u>といいます。

例題 8.4［無限等比級数 1］

（1）次の無限等比級数について

$$1 + \frac{1}{2} + \frac{1}{4} + \frac{1}{8} + \cdots \quad ①$$

（ⅰ） Σ の記号を用いてかき直してみましょう。
（ⅱ） 第 n 項までの部分和 S_n を求めてみましょう。
（ⅲ） $\lim_{n\to\infty} S_n$ を調べ，収束する場合には和を求めてみましょう。

（2）循環小数 $0.\dot{9}$ はどんな数に収束するのか調べてみましょう。

【解】 （1）①は

$$1 + \frac{1}{2} + \left(\frac{1}{2}\right)^2 + \left(\frac{1}{2}\right)^3 + \cdots$$

とかけるので，

初項 1, 公比 $\frac{1}{2}$

の無限等比級数です。

（ⅰ）等比数列の一般項 a_n は

$$a_n = 1 \cdot \left(\frac{1}{2}\right)^{n-1} = \frac{1}{2^{n-1}}$$

なので，①を Σ を使ってかくと次のようになります。

$$\sum_{n=1}^{\infty} \frac{1}{2^{n-1}}$$

（ⅱ）初項 1, 公比 $\frac{1}{2}$ の等比数列の初項から第 n 項までの和 S_n は

$$S_n = \frac{1 \cdot \left\{1 - \left(\frac{1}{2}\right)^n\right\}}{1 - \frac{1}{2}} = \frac{1 - \left(\frac{1}{2}\right)^n}{\frac{1}{2}}$$

$$= \left\{1 - \left(\frac{1}{2}\right)^n\right\} \times \frac{2}{1} = 2\left(1 - \frac{1}{2^n}\right)$$

Σの記号に慣れてね。

等比数列 $\{ar^{n-1}\}$
$$S_n = \begin{cases} \dfrac{a(1-r^n)}{1-r} & (r \neq 1) \\ na & (r = 1) \end{cases}$$

（ⅲ）S_n の極限を考えます。

$$\lim_{n\to\infty} S_n = \lim_{n\to\infty} 2\left(1-\frac{1}{2^n}\right)$$

ここで

$$\lim_{n\to\infty} \frac{1}{2^n} = 0$$

なので

$$\lim_{n\to\infty} S_n = 2(1-0) = 2 \quad (収束)$$

となります。これより

$$1 + \frac{1}{2} + \frac{1}{4} + \frac{1}{8} + \cdots = 2$$

◉ $n \to \infty$ のとき
2^n は限りなく大きくなるので $\frac{1}{2^n}$ は限りなく 0 に近づきます。

（2）（1）と同じ手順で調べます。

$$0.\dot{9} = 0.999\cdots$$
$$= 0.9 + 0.09 + \cdots + 9 \times 10^{-n} + \cdots = \sum_{n=1}^{\infty}(9 \times 10^{-n})$$

これは初項 9×10^{-1}，公比 10^{-1} の無限等比級数です。

第 n 項までの和 S_n は

$$S_n = \sum_{k=1}^{n}(9 \times 10^{-k}) = \frac{\frac{9}{10}\left\{1-\left(\frac{1}{10}\right)^n\right\}}{1-\frac{1}{10}} = 1 - \frac{1}{10^n}$$

◉ $10^{-1} = \frac{1}{10}$

$9 \times 10^{-1} = \frac{9}{10}$

S_n の極限を考えます。

$$\lim_{n\to\infty} S_n = \lim_{n\to\infty}\left(1-\frac{1}{10^n}\right) = 1 - 0 = 1 \quad (収束)$$

◉ $\lim_{n\to\infty} \frac{1}{10^n} = 0$

これより次の結果となりました。

$$0.\dot{9} = 1 \qquad\qquad (解終)$$

循環小数 $0.999\cdots$ は 1 に収束したわね。予想通りだったかしら？

> 無限数列 $\{a_n\}, \{b_n\}$ について
> $\lim_{n\to\infty} a_n, \lim_{n\to\infty} b_n$ が収束するとき
> - $\lim_{n\to\infty} k a_n = k \lim_{n\to\infty} a_n$
> - $\lim_{n\to\infty} (a_n \pm b_n) = \lim_{n\to\infty} a_n \pm \lim_{n\to\infty} b_n$ （複号同順）

問題 8.4 （解答は p.181）

（1）次の無限等比級数について，和が存在すれば求めてください。

$$1 - \frac{1}{2} + \frac{1}{4} - \frac{1}{8} + \cdots$$

（2）循環小数 $0.\dot{3}$ はどんな数に収束するのか調べてください。

98 　8. 極　　限

例題 8.5 [無限等比級数 2]

次の無限等比級数について，和が存在すれば求めてみましょう。

(1) $1+2+2^2+2^3+\cdots$

(2) $1-2+2^2-2^3+\cdots$

解 (1) この級数は

　　初項 1，　公比 2

の無限等比級数なので

$$\sum_{n=1}^{\infty} 1 \cdot 2^{n-1} = \sum_{n=1}^{\infty} 2^{n-1}$$

とかけます。第 n 項までの和 S_n は

$$S_n = \sum_{k=1}^{n} 2^{k-1} = \frac{1 \cdot (1-2^n)}{1-2} = \frac{1-2^n}{-1} = 2^n - 1$$

となるので，$n \to \infty$ のときを調べると

$$\lim_{n \to \infty} S_n = \lim_{n \to \infty}(2^n - 1)$$

となり，正の無限大に発散して収束しません。したがって，この無限等比級数には 和は存在しません。

(2) この級数は

$$1+(-2)+(-2)^2+(-2)^3+\cdots = \sum_{n=1}^{\infty}(-2)^{n-1}$$

とかけるので

　　初項 1，　公比 (-2)

の無限等比級数です。第 n 項までの和 S_n を求めると

$$S_n = \sum_{k=1}^{n}(-2)^{k-1} = \frac{1 \cdot \{1-(-2)^n\}}{1-(-2)} = \frac{1}{3}\{1-(-2)^n\}$$

となります。ここで $n \to \infty$ のときを調べますが

　　n が偶数のとき　$(-2)^n = 2^n\ \to\ +\infty\ \ (n \to \infty)$

　　n が奇数のとき　$(-2)^n = -2^n \to\ -\infty\ \ (n \to \infty)$

となるので，$n \to \infty$ のとき $|S_n| \to \infty$ となり，S_n も収束しません。したがって，和も存在しません。　　　　　　　　　　　　　　　　　　　（解終）

一般に無限等比級数については，下の定理が成立しています。

無限等比級数

$\sum_{n=1}^{\infty} ar^{n-1}\ (a \neq 0)$

- $|r|<1$ のとき　収束
- $|r| \geq 1$ のとき　発散

問題 8.5 （解答は p. 181）

次の無限等比級数について，和が存在すれば求めてください。

(1) $1+\dfrac{3}{2}+\dfrac{9}{4}+\dfrac{27}{8}+\cdots$

(2) $1-\dfrac{3}{2}+\dfrac{9}{4}-\dfrac{27}{8}+\cdots$

❾ 微分

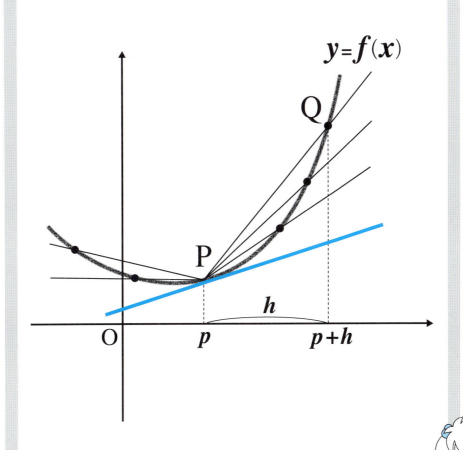

さまざまな現象を数学を使って処理するときには、微分の考え方が欠かせません。

〈1〉 微分係数

関数 $y=f(x)$ をより詳しく知るために，x の値の変化につれて y はどのように変化するか調べてみましょう。

$y=f(x)$ のグラフ上の少し離れた2点
$$P(p, f(p)), \quad Q(p+h, f(p+h))$$
を考えます。この2点について

x 座標の変化は p から $p+h$　　なので　h
y 座標の変化は $f(p)$ から $f(p+h)$　なので　$f(p+h)-f(p)$

です。すると P と Q の間の $f(x)$ の変化の割合は
$$\frac{f(p+h)-f(p)}{h}$$
となります。これを $x=p$ から $x=p+h$ までの

<u>平均変化率</u>

といいます。

平均変化率は直線 PQ の傾きを表わしています。

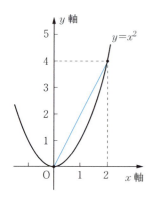

例題 9.1 [平均変化率]

次の平均変化率を求めてみましょう。

(1) 関数 $y=x^2$ について，$x=0$ から $x=2$ までの平均変化率

(2) 関数 $y=\sin x$ について，$x=0$ から $x=\frac{\pi}{3}$ までの平均変化率

解 (1) $f(x)=x^2$ とおいておきます。

$$\text{平均変化率} = \frac{y\text{座標の変化}}{x\text{座標の変化}} = \frac{f(2)-f(0)}{2-0} = \frac{2^2-0^2}{2} = \frac{4}{2} = 2$$

(2) $f(x)=\sin x$ とおくと同様に

$$\text{平均変化率} = \frac{f\left(\frac{\pi}{3}\right)-f(0)}{\frac{\pi}{3}-0} = \frac{\sin\frac{\pi}{3}-\sin 0}{\frac{\pi}{3}} = \frac{\frac{\sqrt{3}}{2}-0}{\frac{\pi}{3}}$$

$$= \frac{\sqrt{3}}{2} \times \frac{3}{\pi} = \boxed{\frac{3\sqrt{3}}{2\pi}}$$

（解終）

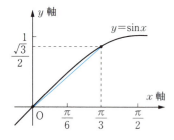

問題 9.1 （解答は p. 181）

(1) 関数 $y=(x-1)^2$ について，$x=1$ から $x=3$ までの平均変化率を求めてください。

(2) 関数 $y=e^x$ について，$x=0$ から $x=1$ までの平均変化率を求めてください。

次に，点Pと点Qのx座標の差hを限りなく0に近づけてみましょう。つまり$h \to 0$としてみます。

このとき，PとQの間の平均変化率の極限

$$\lim_{h \to 0} \frac{f(p+h) - f(p)}{h} \quad (☆)$$

はどうなるでしょう。

平均変化率は直線PQの傾きを表わしていたので，もし（☆）の極限値が存在するなら，それは直線PQの傾きが限りなく近づく値です。それは点Pにおける**接線**の傾きとなります。

$y = f(x)$において，（☆）の極限値が存在するとき，

$y = f(x)$は$x = p$において**微分可能**である

といいます。また，その極限値を$f'(p)$で表わし，

$f(x)$の$x = p$における**微分係数**

といいます。

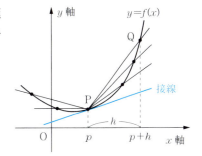

――― 微分係数 ―――
$$f'(p) = \lim_{h \to 0} \frac{f(p+h) - f(p)}{h}$$

$y = f(x)$が$x = p$で微分可能ということは，その点で接線が引けるということです。そして，接線の傾きが微分係数$f'(p)$なのです。

またこのとき，曲線はその点において連続でなめらかになっています。下左図の曲線のように$x = p$で切れていたり，また下右図の曲線のように$x = p$でとんがったりしていないということです。曲線がとんがっている点では接線は引けません。

$h \to 0$のとき
$h > 0,\ h < 0$
の両方を考えるのよ。

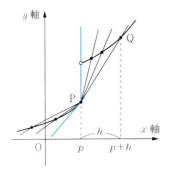
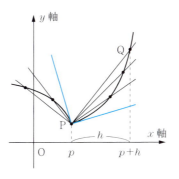

微分係数

- $f'(p) = \lim_{h \to 0} \dfrac{f(p+h) - f(p)}{h}$

$f(x) = x^2$

x のところに $p+h$ を代入

$f(p+h) = (p+h)^2$

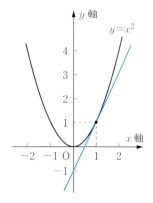

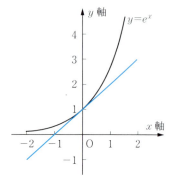

例題 9.2 [微分係数]

（1） $y = x^2$ の $x = 1$ における微分係数 $f'(1)$ を求めてみましょう。

（2） $y = e^x$ の $x = 0$ における微分係数 $f'(0)$ を求めてみましょう。

解 （1） $f(x) = x^2$ とおきます。微分係数の定義の式において $p = 1$ として計算すると

$$f'(1) = \lim_{h \to 0} \dfrac{f(1+h) - f(1)}{h}$$
$$= \lim_{h \to 0} \dfrac{(1+h)^2 - 1^2}{h} = \lim_{h \to 0} \dfrac{(1 + 2h + h^2) - 1}{h}$$
$$= \lim_{h \to 0} \dfrac{2h + h^2}{h} = \lim_{h \to 0} \dfrac{h(2+h)}{h}$$
$$= \lim_{h \to 0} (2 + h) = 2$$

（2） $f(x) = e^x$ とおきます。$p = 0$ のときなので

$$f'(0) = \lim_{h \to 0} \dfrac{f(0+h) - f(0)}{h} = \lim_{h \to 0} \dfrac{f(h) - f(0)}{h}$$
$$= \lim_{h \to 0} \dfrac{e^h - e^0}{h} = \lim_{h \to 0} \dfrac{e^h - 1}{h}$$

極限公式より

$$= 1 \qquad\qquad\qquad\qquad\qquad\qquad \text{（解終）}$$

極限公式

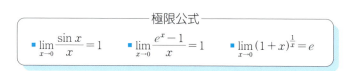

- $\lim_{x \to 0} \dfrac{\sin x}{x} = 1$
- $\lim_{x \to 0} \dfrac{e^x - 1}{x} = 1$
- $\lim_{x \to 0} (1+x)^{\frac{1}{x}} = e$

問題 9.2 （解答は p.181）

（1） $y = x^2$ の $x = -2$ における微分係数 $f'(-2)$ を求めてください。

（2） $y = \log x$ の $x = 1$ における微分係数 $f'(1)$ を求めてください。

（3） $y = \sin x$ の $x = 0$ における微分係数 $f'(0)$ を求めてください。

⟨2⟩ 導関数

関数 $y=f(x)$ に対して，$x=p$ における微分係数 $f'(p)$ を定義しました。p の値がいろいろ変われば，それにつれて $f'(p)$ の値もいろいろと変化します。そこで一般的に

　　　x の値に微分係数 $f'(x)$ を対応させる関数

を考えます。この関数 $y=f'(x)$ を $y=f(x)$ の

　　　導関数　　または　　**微分**

といいます。つまり，微分係数の p を変数 x にかえた

$$f'(x)=\lim_{h\to 0}\frac{f(x+h)-f(x)}{h}$$

が導関数の定義式です。$y=f(x)$ の導関数は $f'(x)$ の他に

　　　y',　　$\dfrac{dy}{dx}$,　　$\dfrac{df}{dx}$,　　$\dfrac{d}{dx}f(x)$

などの記号も使われます。また，導関数を求めることを**微分する**といいます。

---- 導関数 ----
■ $f'(x)$
$=\lim_{h\to 0}\dfrac{f(x+h)-f(x)}{h}$

$\dfrac{d}{dx}$ は "x で微分せよ" という命令で〜す。

例題 9.3 [導関数 1]

定義に従って，次の関数の導関数を求めてみましょう。
（1）　$f(x)=k$　（定数）　　（2）　$f(x)=x^2$

解　$f'(x)$ の定義に代入して計算します。

（1）　$f'(x)=\lim_{h\to 0}\dfrac{f(x+h)-f(x)}{h}$

　　　　　　$=\lim_{h\to 0}\dfrac{k-k}{h}=\lim_{h\to 0}\dfrac{0}{h}=\lim_{h\to 0}0=0$

（2）　$f'(x)=\lim_{h\to 0}\dfrac{f(x+h)-f(x)}{h}=\lim_{h\to 0}\dfrac{(x+h)^2-x^2}{h}$

　　　　　　$=\lim_{h\to 0}\dfrac{(x^2+2xh+h^2)-x^2}{h}=\lim_{h\to 0}\dfrac{2xh+h^2}{h}$

　　　　　　$=\lim_{h\to 0}\dfrac{h(2x+h)}{h}=\lim_{h\to 0}(2x+h)=2x$　　　　（解終）

$f(x)=k$
↓ x のところに $x+h$ を代入
$f(x+h)=k$

問題 9.3 （解答は p.182）

$f'(x)$ の定義式に代入して，次のことを導いてください。
（1）　$f(x)=x$ のとき $f'(x)=1$　　（2）　$f(x)=x^3$ のとき $f'(x)=3x^2$

例題 9.4 [導関数 2]

定義に従って，次の関数の導関数を求めてみましょう。

（1） $f(x) = \sin x$　　（2） $f(x) = \log x$

log x は自然対数

導関数
- $f'(x) = \lim\limits_{h \to 0} \dfrac{f(x+h) - f(x)}{h}$

$\sin \alpha - \sin \beta = 2 \cos \dfrac{\alpha + \beta}{2} \sin \dfrac{\alpha - \beta}{2}$

解 $f'(x)$ の定義に代入して求めます。

（1） $f'(x) = \lim\limits_{h \to 0} \dfrac{f(x+h) - f(x)}{h} = \lim\limits_{h \to 0} \dfrac{\sin(x+h) - \sin x}{h}$

ここで三角関数の公式（p.65）を用いて差を積に直します。

$$= \lim_{h \to 0} \dfrac{2 \cos \dfrac{(x+h)+x}{2} \sin \dfrac{(x+h)-x}{2}}{h}$$

$$= \lim_{h \to 0} \dfrac{2 \cos \dfrac{2x+h}{2} \sin \dfrac{h}{2}}{h}$$

さらに，極限公式が使えるように変形します。

$$= \lim_{h \to 0} \cos\left(x + \dfrac{h}{2}\right) \dfrac{\sin \dfrac{h}{2}}{\dfrac{h}{2}} = \cos x \cdot 1 = \boxed{\cos x}$$

極限公式
- $\lim\limits_{x \to 0} \dfrac{\sin x}{x} = 1$
- $\lim\limits_{x \to 0} \dfrac{e^x - 1}{x} = 1$
- $\lim\limits_{x \to 0} (1 + x)^{\frac{1}{x}} = e$

（2） $f'(x) = \lim\limits_{h \to 0} \dfrac{f(x+h) - f(x)}{h} = \lim\limits_{h \to 0} \dfrac{\log(x+h) - \log x}{h}$

対数法則を用いて変形すると

$\dfrac{x+h}{x} = \dfrac{x}{x} + \dfrac{h}{x} = 1 + \dfrac{h}{x}$

$$= \lim_{h \to 0} \dfrac{\log \dfrac{x+h}{x}}{h} = \lim_{h \to 0} \dfrac{1}{h} \log\left(1 + \dfrac{h}{x}\right)$$

$$= \lim_{h \to 0} \log\left(1 + \dfrac{h}{x}\right)^{\frac{1}{h}} = \lim_{h \to 0} \log\left\{\left(1 + \dfrac{h}{x}\right)^{\frac{x}{h}}\right\}^{\frac{1}{x}}$$

$$= \lim_{h \to 0} \dfrac{1}{x} \log\left(1 + \dfrac{h}{x}\right)^{\frac{x}{h}}$$

$$= \lim_{h \to 0} \dfrac{1}{x} \log\left(1 + \dfrac{h}{x}\right)^{\frac{1}{\frac{h}{x}}}$$

対数法則
- $\log_a pq = \log_a p + \log_a q$
- $\log_a \dfrac{p}{q} = \log_a p - \log_a q$
- $\log_a q^p = p \log_a q$

ここで極限公式を用いると

$$= \dfrac{1}{x} \log e = \dfrac{1}{x} \cdot 1 = \boxed{\dfrac{1}{x}} \qquad (解終)$$

数学の勉強では，自然対数は底 e を省略して $\log x$ とかきま〜す。

問題 9.4 （解答は p.182）

定義に従って，次の関数の導関数を求めてください。

（1） $f(x) = \cos x$　　（2） $f(x) = e^x$

⟨3⟩ 微分計算

例題 9.3, 問題 9.3 と例題 9.4, 問題 9.4 より右の公式が導けました（第 2 式については，任意の自然数 n についても成立します）。

一般的に導関数について，次の公式が成立します。

> - $\{f(x) \pm g(x)\}' = f'(x) \pm g'(x)$ （複号同順）
> - $\{kf(x)\}' = kf'(x)$ （k は定数）

――― 微分 ―――
- $k' = 0$ （k は定数）
- $(x^n)' = nx^{n-1}$
  $(n = 1, 2, 3, \cdots)$
- $(\sin x)' = \cos x$
- $(\cos x)' = -\sin x$
- $(e^x)' = e^x$
- $(\log x)' = \dfrac{1}{x}$

例題 9.5 [微分の基本計算 1]

次の関数を微分してみましょう。

(1) $y = x^2 - 3x + 4$　　　(2) $y = 2x^3 + 5x - 1$

(3) $y = 1 - x + 2x^2 - 3x^3$　　　(4) $y = x^4 + x^8$

[解] まずバラバラにしてから微分しましょう。

(1) $y' = (x^2 - 3x + 4)'$
$= (x^2)' - (3x)' + 4' = (x^2)' - 3 \cdot x' + 4'$
$= 2x - 3 \cdot 1 + 0 = \underline{2x - 3}$

(2) $y' = (2x^3 + 5x - 1)'$
$= (2x^3)' + (5x)' - 1' = 2(x^3)' + 5 \cdot x' - 1'$
$= 2 \cdot 3x^2 + 5 \cdot 1 - 0 = \underline{6x^2 + 5}$

(3) $y' = (1 - x + 2x^2 - 3x^3)'$
$= 1' - x' + 2(x^2)' - 3(x^3)'$
$= 0 - 1 + 2 \cdot 2x - 3 \cdot 3x^2$
$= \underline{-1 + 4x - 9x^2}$

(4) $y' = (x^4 + x^8)'$
$= (x^4)' + (x^8)'$
$= \underline{4x^3 + 8x^7}$ （解終）

慣れてきたら，いちいちバラバラにした式をかかなくてもいいわよ。

問題 9.5 （解答は p.182）

次の関数を微分してください。

(1) $y = 4x^2 + 2x - 5$　　　(2) $y = 2 + 4x^2 - x^3$　　　(3) $y = x^{10} - 2x^5$

― 微分 ―
- $k' = 0$ （k は定数）
- $(x^n)' = nx^{n-1}$
  $(n = 1, 2, 3, \cdots)$
- $(\sin x)' = \cos x$
- $(\cos x)' = -\sin x$
- $(e^x)' = e^x$
- $(\log x)' = \dfrac{1}{x}$

例題 9.6 ［微分の基本計算 2］

次の関数を微分してみましょう。

(1) $y = 4x + \cos x$　　(2) $y = \sin x - 3\cos x + 1$

(3) $y = 2e^x + x^2$　　(4) $y = 4x^3 - 2\log x$

解 慣れるまで，ていねいに微分しましょう。

(1) $y' = (4x + \cos x)'$
$= 4(x)' + (\cos x)'$
$= 4\cdot 1 + (-\sin x) = 4 - \sin x$

(2) $y' = (\sin x - 3\cos x + 1)'$
$= (\sin x)' - 3(\cos x)' + 1'$
$= \cos x - 3(-\sin x) + 0 = \cos x + 3\sin x$

(3) $y' = (2e^x + x^2)'$
$= 2(e^x)' + (x^2)' = 2e^x + 2x$

(4) $y' = (4x^3 - 2\log x)'$
$= 4(x^3)' - 2(\log x)'$
$= 4\cdot 3x^2 - 2\cdot \dfrac{1}{x} = 12x^2 - \dfrac{2}{x}$

（解終）

（4）は $x > 0$ の範囲で定義されています。

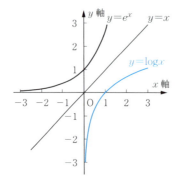
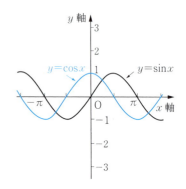

問題 9.6 （解答は p.182）

次の関数を微分してください。

(1) $y = 5\sin x + 3\cos x$　　(2) $y = 4\cos x + 3e^x - 1$　　(3) $y = 3x^3 - 2\sin x$

(4) $y = x + 3\log x$　　(5) $y = 5e^x - 2\log x + 3$

〈3〉 微分計算

さらに，導関数について次の"積の微分公式"，"商の微分公式"が成立します。

---積の微分公式---
- $\{f(x)g(x)\}' = f'(x)g(x) + f(x)g'(x)$

---商の微分公式---
- $\left\{\dfrac{1}{g(x)}\right\}' = -\dfrac{g'(x)}{\{g(x)\}^2}$
- $\left\{\dfrac{f(x)}{g(x)}\right\}' = \dfrac{f'(x)g(x) - f(x)g'(x)}{\{g(x)\}^2}$

例題 9.7 [積の微分公式]

積の微分公式を利用して次の関数を微分してみましょう。

(1) $y = xe^x$　　(2) $y = x^2 \sin x$
(3) $y = e^x \cos x$　　(4) $y = x^2 \log x$

- $(k)' = 0$ （k は定数）
- $(x^n)' = nx^{n-1}$
  　　　　$(n = 1, 2, 3, \cdots)$
- $(\sin x)' = \cos x$
- $(\cos x)' = -\sin x$
- $(e^x)' = e^x$
- $(\log x)' = \dfrac{1}{x}$

解 上の積の微分公式を見ながら微分しましょう。

(1) $y' = (xe^x)' = x'e^x + x(e^x)'$
$= 1 \cdot e^x + xe^x = e^x + xe^x = (1+x)e^x$

(2) $y' = (x^2 \sin x)' = (x^2)' \sin x + x^2 (\sin x)'$
$= 2x \sin x + x^2 \cos x = x(2\sin x + x\cos x)$

(3) $y' = (e^x \cos x)' = (e^x)' \cos x + e^x (\cos x)'$
$= e^x \cos x + e^x (-\sin x)$
$= e^x \cos x - e^x \sin x = (\cos x - \sin x)e^x$

警告！
$\{f(x)g(x)\}' \neq f'(x)g'(x)$

(4) $y' = (x^2 \log x)' = (x^2)' \log x + x^2 (\log x)'$
$= 2x \log x + x^2 \cdot \dfrac{1}{x} = 2x \log x + x$
$= x(2\log x + 1)$　　　　　　　　　　　（解終）

"積の微分公式" と "商の微分公式" は間違いやすいので十分に気をつけてね。

問題 9.7 （解答は p. 182）

積の微分公式を利用して次の関数を微分してください。

(1) $y = x \cos x$　　(2) $y = x^2 e^x$　　(3) $y = x^3 \log x$　　(4) $y = e^x \sin x$

108 9. 微分

商の微分公式

$$\left\{\frac{1}{g(x)}\right\}' = -\frac{g'(x)}{\{g(x)\}^2}$$

$$\left\{\frac{f(x)}{g(x)}\right\}' = \frac{f'(x)g(x) - f(x)g'(x)}{\{g(x)\}^2}$$

例題 9.8 [商の微分公式]

商の微分公式を利用して次の関数を微分してみましょう。

(1) $y = \dfrac{1}{x^3}$ (2) $y = \dfrac{1}{\sin x}$

(3) $y = \dfrac{\log x}{x}$ (4) $y = \tan x$ (5) $y = \dfrac{e^x}{x^2}$

解 商の微分公式を見ながら微分しましょう。

(1) $y' = \left(\dfrac{1}{x^3}\right)' = -\dfrac{(x^3)'}{(x^3)^2} = -\dfrac{3x^2}{x^6} = \boxed{-\dfrac{3}{x^4}}$

(2) $y' = \left(\dfrac{1}{\sin x}\right)' = -\dfrac{(\sin x)'}{(\sin x)^2} = \boxed{-\dfrac{\cos x}{\sin^2 x}}$

(3) $y' = \left(\dfrac{\log x}{x}\right)' = \dfrac{(\log x)' x - (\log x)(x)'}{x^2}$

$= \dfrac{\dfrac{1}{x} \cdot x - (\log x) \cdot 1}{x^2} = \boxed{\dfrac{1 - \log x}{x^2}}$

(1) と同じ方法で下の公式が ➡ 導けます。

$$(x^{-n})' = -nx^{-n-1}$$
$$(n = 1, 2, 3, \cdots)$$

- $\tan x = \dfrac{\sin x}{\cos x}$
- $\sin^2 x + \cos^2 x = 1$

(4) $\tan x$ を $\sin x, \cos x$ に直してから微分しましょう。

$y' = (\tan x)' = \left(\dfrac{\sin x}{\cos x}\right)'$

$= \dfrac{(\sin x)' \cos x - \sin x (\cos x)'}{(\cos x)^2}$

$= \dfrac{\cos x \cdot \cos x - \sin x \cdot (-\sin x)}{\cos^2 x}$

$= \dfrac{\cos^2 x + \sin^2 x}{\cos^2 x} = \boxed{\dfrac{1}{\cos^2 x}}$

(4) の結果より下の公式が ➡ 導けます。

$$(\tan x)' = \dfrac{1}{\cos^2 x}$$

(5) $y' = \dfrac{(e^x)' x^2 - e^x (x^2)'}{(x^2)^2}$

$= \dfrac{e^x x^2 - e^x \cdot 2x}{x^4} = \dfrac{(x^2 - 2x)e^x}{x^4}$

$= \dfrac{x(x-2)}{x^4} e^x = \boxed{\dfrac{x-2}{x^3} e^x}$

（解終）

警告！

$$\left\{\dfrac{1}{g(x)}\right\}' \neq \dfrac{1}{g'(x)}$$

$$\left\{\dfrac{f(x)}{g(x)}\right\}' \neq \dfrac{f'(x)}{g'(x)}$$

問題 9.8 （解答は p.182）

商の微分公式を利用して次の関数を微分してください。

(1) $y = \dfrac{1}{x^2}$ (2) $y = \dfrac{1}{\cos x}$ (3) $y = \dfrac{x}{\log x}$ (4) $y = \dfrac{e^x}{x^2 + 1}$

〈3〉微分計算　　109

合成関数の導関数については，次の公式が成立します。

―――合成関数の微分公式―――
- $y = f(g(x))$ のとき，$u = g(x)$ とおくと $y = f(u)$
$$y' = f'(u) \cdot g'(x) \quad \text{または} \quad \frac{dy}{dx} = \frac{dy}{du}\frac{du}{dx}$$
- 特に $y = f(ax+b)$ $(a \neq 0)$ のとき
$$y' = af'(ax+b)$$

⬅ $\dfrac{dy}{dx}$ =「y を x で微分」

$\dfrac{dy}{du}$ =「y を u で微分」

$\dfrac{du}{dx}$ =「u を x で微分」

u が簡単な場合には，次の微分公式を覚えておいた方が便利でしょう。

- $(e^{ax})' = ae^{ax}$
- $(\sin ax)' = a\cos ax$
- $(\cos ax)' = -a\sin ax$
- $(\tan ax)' = \dfrac{a}{\cos^2 ax}$

- $\{(ax+b)^n\}'$
$= an(ax+b)^{n-1}$
$(n = 1, 2, 3, \cdots)$

警告！

$(\log ax)' \neq \dfrac{a}{x}$

$(\log ax)'$ はどんな関数になるのかしら？調べてみて。

例題 9.9 [合成関数の微分 1]

次の関数を微分してみましょう。

(1) $y = e^{2x}$　　(2) $y = \sin 3x$　　(3) $y = \cos 4x$

(4) $y = \tan \dfrac{x}{2}$　　(5) $y = (5x+1)^4$

[解] 上の公式を見ながらすぐに求まります。

(1) $y' = (e^{2x})' = 2e^{2x}$

(2) $y' = (\sin 3x)' = 3\cos 3x$

(3) $y' = (\cos 4x)' = -4\sin 4x$

(4) $y' = \left(\tan \dfrac{x}{2}\right)' = \left(\tan \dfrac{1}{2}x\right)' = \dfrac{\frac{1}{2}}{\cos^2 \frac{1}{2}x} = \dfrac{1}{2\cos^2 \frac{x}{2}}$

(5) $y' = 5 \cdot 4(5x+1)^{4-1} = 20(5x+1)^3$　　　　　　（解終）

問題 9.9（解答は p.182）

次の関数を微分してください。

(1) $y = e^{-x}$　　(2) $y = \cos 2x$　　(3) $y = \tan 5x$

(4) $y = (2x-3)^{10}$　　(5) $y = \sin \dfrac{x}{4}$

合成関数の微分公式

$y = f(g(x))$
$u = g(x)$ とおくと $y = f(u)$
$$\frac{dy}{dx} = \frac{dy}{du}\frac{du}{dx}$$

$\frac{dy}{dx} = \lceil y$ を x で微分 $\rfloor$

$\frac{dy}{du} = \lceil y$ を u で微分 $\rfloor$

$\frac{du}{dx} = \lceil u$ を x で微分 $\rfloor$

公式
$\frac{dy}{dx} = \frac{dy}{du}\frac{du}{dx}$
は分数の計算みたいね。

例題 9.10 [合成関数の微分 2]

次の関数を微分してみましょう。

(1) $y = (x^2+1)^4$ (2) $y = \sin(2x+1)$

(3) $y = e^{-2x+1}$ (4) $y = (\log x)^3$

(5) $y = \cos^2 x$

解 何かを u とおいて，関数 y を u のみの関数で表わしましょう。

(1) $u = x^2+1$ とおくと $y = u^4$

$$y' = \frac{dy}{dx} = \frac{dy}{du}\frac{du}{dx} = 4u^3 \cdot 2x = 8xu^3$$

u をもとにもどして

$$= 8x(x^2+1)^3$$

(2) $u = 2x+1$ とおくと $y = \sin u$

$$y' = \frac{dy}{dx} = \frac{dy}{du}\frac{du}{dx} = (\cos u) \cdot 2 = 2\cos u = 2\cos(2x+1)$$

(3) $u = -2x+1$ とおくと $y = e^u$

$$y' = \frac{dy}{dx} = \frac{dy}{du}\frac{du}{dx} = e^u \cdot (-2) = -2e^u = -2e^{-2x+1}$$

(4) $u = \log x$ とおくと $y = u^3$

$$y' = \frac{dy}{dx} = \frac{dy}{du}\frac{du}{dx} = 3u^2 \cdot \frac{1}{x} = 3(\log x)^2 \cdot \frac{1}{x}$$

$$= \frac{3}{x}(\log x)^2$$

(5) $y = (\cos x)^2$ なので $u = \cos x$ とおくと $y = u^2$

$$y' = \frac{dy}{dx} = \frac{dy}{du}\frac{du}{dx} = 2u \cdot (-\sin x)$$

$$= -2u \sin x = -2\cos x \sin x$$

（解終）

問題 9.10 （解答は p.182）

合成関数の微分公式を使って，次の関数を微分してください。

(1) $y = (x^3 - 2x + 1)^3$ $(u = x^3 - 2x + 1)$ (2) $y = \dfrac{1}{(x^2+1)^2}$ $(u = x^2+1)$

(3) $y = \cos^4 x$ $(u = \cos x)$ (4) $y = e^{x^2}$ $(u = x^2)$

(5) $y = \log(x^2+x+1)$ $(u = x^2+x+1)$ (6) $y = \log(-x)$ $(x<0, u=-x)$

〈3〉微分計算　　111

合成関数の微分公式を使うと，次の公式が導けます。

$$\left(x^{\frac{n}{m}}\right)' = \frac{n}{m} x^{\frac{n}{m}-1}$$
$$(m, n：整数，m > 0)$$

$$x^{\frac{n}{m}} = \sqrt[m]{x^n}$$
$$x^{-n} = \frac{1}{x^n}$$

例題 9.11 [合成関数の微分 3]

次の関数を微分してみましょう。

(1) $y = \sqrt{x}$　　(2) $y = \sqrt{2x+1}$　　(3) $y = \dfrac{1}{\sqrt{x^2+1}}$

【解】(1) 関数を指数を用いて表わしてから上の公式を使います。

$$y' = \left(x^{\frac{1}{2}}\right)' = \frac{1}{2} x^{\frac{1}{2}-1} = \frac{1}{2} x^{-\frac{1}{2}} = \frac{1}{2} \cdot \frac{1}{x^{\frac{1}{2}}} = \boxed{\frac{1}{2\sqrt{x}}}$$

(2) $\sqrt{}$ の中身を u とおき，合成関数の微分公式を使います。

$u = 2x + 1$ とおくと

$$y = \sqrt{u} = u^{\frac{1}{2}}$$

$$y' = \frac{dy}{dx} = \frac{dy}{du} \frac{du}{dx} = \frac{1}{2} u^{\frac{1}{2}-1} \cdot 2 = u^{-\frac{1}{2}} = \frac{1}{u^{\frac{1}{2}}} = \frac{1}{\sqrt{u}}$$

u をもとにもどすと

$$y' = \boxed{\frac{1}{\sqrt{2x+1}}}$$

(3) $u = x^2 + 1$ とおくと

$$y = \frac{1}{\sqrt{u}} = u^{-\frac{1}{2}}$$

$$y' = \frac{dy}{dx} = \frac{dy}{du} \frac{du}{dx} = -\frac{1}{2} u^{-\frac{1}{2}-1} \cdot 2x = -u^{-\frac{3}{2}} \cdot x$$

$$= -\frac{x}{u^{\frac{3}{2}}} = -\frac{x}{\sqrt{u^3}} = \boxed{-\frac{x}{\sqrt{(x^2+1)^3}}}$$

（解終）

指数を使った形に直してから微分するのよ。

――合成関数の微分公式――
$y = f(g(x))$
$u = g(x)$ とおくと $y = f(u)$
$$\frac{dy}{dx} = \frac{dy}{du} \frac{du}{dx}$$

問題 9.11 （解答は p.182）

次の関数を微分してください。

(1) $y = \sqrt[3]{x}$　　(2) $y = \dfrac{1}{\sqrt{x}}$　　(3) $y = \sqrt{5x-1}$　　(4) $y = \dfrac{1}{\sqrt{1-x^2}}$

例題 9.12 [接線の方程式]

$y = x^2$ について

(1) y' を求めてみましょう。
(2) $x=1$ における微分係数を求めてみましょう。
(3) $x=1$ における接線の方程式を求めてみましょう。

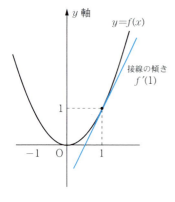

微分係数は接線の傾きだったわね。

解 $y = f(x) = x^2$ とおいておきます。

(1) $y' = f'(x) = 2x$

(2) $x=1$ における微分係数は $f'(1)$ のことなので、(1) で求めた $f'(x)$ に $x=1$ を代入すると

$$f'(1) = 2 \cdot 1 = 2$$

(3) $x=1$ のとき、y の値は

$$y = f(1) = 1^2 = 1$$

となるので、接点の座標は、$(1,1)$ です。

(2) より接線の傾きは $f'(1) = 2$ なので、接線の方程式は

$$y - 1 = 2(x - 1)$$

これを計算すると

$$y - 1 = 2x - 2$$
$$y = 2x - 2 + 1$$
$$y = 2x - 1$$

(解終)

直線の方程式
点 (p, q) を通り、傾き m の直線は
$$y - q = m(x - p)$$

問題 9.12 (解答は p.183)

例題 9.12 と同様にして、与えられた x における接線の方程式を求めてください。

(1) $y = 1 - x^2$, $x = 2$ (2) $y = \sin x$, $x = 0$
(3) $y = e^x$, $x = 0$ (4) $y = \log x$, $x = 1$

〈4〉 2階導関数

関数 $y = f(x)$ が微分可能で，その導関数 $f'(x)$ がさらに微分可能なとき，$f'(x)$ を微分した関数 $\{f'(x)\}'$ を $f''(x)$ とかき，$f(x)$ の

  2 階導関数 または 2 次導関数

といいます。つまり $f(x)$ を 2 回微分した関数です。

$y = f(x)$ の 2 階導関数は $f''(x)$ の他に

$$y'', \quad \frac{d^2 y}{dx^2}, \quad \frac{d^2 f}{dx^2}, \quad \frac{d^2}{dx^2} f(x)$$

などの記号も使われます。

例題 9.13 ［2 階導関数］

次の関数の 2 階導関数を求めてみましょう。

(1) $y = x^2 - x + 1$ (2) $y = \cos x$
(3) $y = e^{2x}$ (4) $y = \log x$

解 y', y'' を順次求めていきます。

(1) $y' = (x^2 - x + 1)' = 2x - 1$
  $y'' = (2x - 1)' = 2$

(2) $y' = (\cos x)' = -\sin x$
  $y'' = (-\sin x)' = -\cos x$

(3) $y' = (e^{2x})' = 2e^{2x}$
  $y'' = (2e^{2x})' = 2(e^{2x})' = 2 \cdot 2e^{2x} = 4e^{2x}$

(4) $y' = (\log x)' = \dfrac{1}{x}$
  $y'' = \left(\dfrac{1}{x}\right)' = -\dfrac{x'}{x^2} = -\dfrac{1}{x^2}$ (解終)

- $(x^n)' = nx^{n-1}$
 $(n = \pm 1, \pm 2, \pm 3, \cdots)$
- $(\sin x)' = \cos x$
- $(\cos x)' = -\sin x$
- $(\tan x)' = \dfrac{1}{\cos^2 x}$
- $(e^x)' = e^x$
- $(\log x)' = \dfrac{1}{x}$

- $(\sin ax)' = a \cos ax$
- $(\cos ax)' = -a \sin ax$
- $(\tan ax)' = \dfrac{a}{\cos^2 ax}$
- $(e^{ax})' = a e^{ax}$

- $(f \cdot g)' = f' \cdot g + f \cdot g'$
- $\left(\dfrac{f}{g}\right)' = \dfrac{f' \cdot g - f \cdot g'}{g^2}$
- $\left(\dfrac{1}{g}\right)' = -\dfrac{g'}{g^2}$

問題 9.13 （解答は p.183）

次の関数の 2 階導関数を求めてください。

(1) $y = 2x^3 + 3x^2$ (2) $y = \sin 3x$ (3) $y = \dfrac{1}{x}$ (4) $y = xe^x$

〈5〉 関数のグラフ

導関数の値の情報より、関数 $y=f(x)$ の変化の様子がわかります。ここでは、y' や y'' の値の変化を調べることにより、$y=f(x)$ のグラフを描く手順を紹介します。

関数 $y=f(x)$ が微分可能なとき、$x=p$ における微分係数 $f'(p)$ は $x=p$ における接線の傾きを表わしていたので、次のことがわかります。

> $f'(p)>0$ のとき、$f(x)$ は $x=p$ で増加の状態
> $f'(p)<0$ のとき、$f(x)$ は $x=p$ で減少の状態

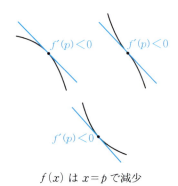

$f(x)$ は $x=p$ で増加

$f(x)$ は $x=p$ で減少

もし、$x=p$ と、$x=p$ に十分近い $x=p+h$ ($h>0, h<0$) に対し
$$f(p)>f(p+h)$$
が成り立っているとき、$f(x)$ は $x=p$ で極大であるといい、$f(p)$ を極大値、$(p, f(p))$ を極大点といいます。

また、もし
$$f(p)<f(p+h)$$
が成り立っているとき、$f(x)$ は $x=p$ で極小であるといい、$f(p)$ を極小値、$(p, f(p))$ を極小点といいます。

極大値と極小値を合わせて極値といいます。

極値については

> $y=f(x)$ が $x=p$ で極値をとるなら必ず
> $$f'(p)=0$$

が成立します。しかし、$f'(p)=0$ でも $x=p$ で極値をとるとは限らないので気をつけましょう。

$f'(p)=0$ でも $f(p)$ は極値でないこともあるので気をつけてね。

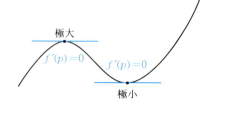

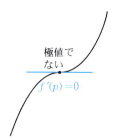

さらに，2階導関数 $f''(x)$ はもとの関数 $y=f(x)$ の各点における接線の傾きの変化の様子を表わすことになるので，次のことがわかります。

> $f''(p)>0$ のとき，$f(x)$ は $x=p$ で下に凸（∪）の状態
> $f''(p)<0$ のとき，$f(x)$ は $x=p$ で上に凸（∩）の状態

また $f''(p)=0$ のとき，$x=p$ の前後で $f''(x)$ の符号が変わっていれば，その点で曲線の凸凹が変わるので**変曲点**といいます。

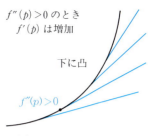

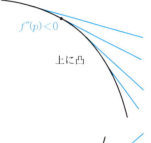

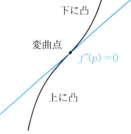

グラフを描く手順

1. y', y'' を求める。
2. $y'=0$, $y''=0$ となる x の値をそれぞれ求め，増減表に記入する。
3. $y'=0$, $y''=0$ となる x 以外の x で y', y'' の ＋，－ を調べ，y', y'' の欄にそれぞれ記入する。
4. y の欄に
   y' が＋なら↗，y' が－なら↘
   y'' が＋なら∪，y'' が－なら∩
   を記入し，さらに2つを合わせた状態
   ↗かつ∪＝↗，↘かつ∪＝↘，
   ↗かつ∩＝↗，↘かつ∩＝↘
   を記入する。
5. $y'=0$, $y''=0$ となる点が，極大点，極小点，変曲点になっているかどうか調べる。y の値も求める。
6. $\lim_{x\to+\infty} y$, $\lim_{x\to-\infty} y$ などを調べる。
7. その他，x 軸，y 軸の交点が簡単に求まれば求める。
8. 増減表を見ながらグラフを描く。

y の変化を記入した表を**増減表**といいま〜す。グラフを描くとき，とっても役に立つのよ。

増 減 表

x	$-\infty$	$\cdots$	α	$\cdots$	β	$\cdots$	γ	$\cdots$	∞
y'		＋	0	－	－	－	0	＋	
y''		－	－	－	0	＋	＋	＋	
y		↗ ∩	∩	↘ ∩	↘	↘ ∪	∪	↗ ∪	
	$-\infty$	↗	a	↘	b	↘	c	↗	∞
			極大点		変曲点		極小点		

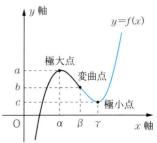

―― グラフを描く手順 ――

1. y', y'' を求める。
2. $y'=0$, $y''=0$ となる x の値を求め，増減表に記入する。
3. 増減表の y', y'' の欄に $0, +, -$ を記入する。
4. 増減表の y の欄に ↗, ↘, ∪, ∩ を記入し，さらに両方を合わせた状態を記入する。
5. 極大点，極小点，変曲点を調べる。
6. $x \to +\infty$, $x \to -\infty$ などの y を調べる。
7. x 軸，y 軸の交点などを求める。
8. 増減表や 6. と 7. の情報を見ながらグラフを描く。

例題 9.14 [関数のグラフ 1]

増減表をつくって，関数 $y=x^3-3x^2$ のグラフを描いてみましょう。また，極大点，極小点，変曲点の座標を求めてみましょう。

解 手順に従って求めます。x, y', y'', y の欄をつくった増減表を準備し，求めた順に記入しましょう。

1. $y' = (x^3-3x^2)' = 3x^2-6x = 3x(x-2)$
   $y'' = (3x^2-6x)' = 6x-6 = 6(x-1)$

2. $y'=0$ のとき $3x(x-2)=0$ より $x=0, 2$
   $y''=0$ のとき $6(x-1)=0$ より $x=1$
   求めた x の値を小さい順に増減表の x の欄に記入します。また，両端に $+\infty, -\infty$ も記入しておきます。

3. $y' = 3x(x-2)$ の式を見て
   $x<0, \ 0<x<2, \ 2<x$
   において，それぞれ y' が "$+$" か "$-$" かを調べ，増減表の y' の欄に $0, +, -$ を記入します。
   $y'' = 6(x-1)$ の式を見て
   $x<1, \ 1<x$
   において，それぞれ y'' が "$+$" か "$-$" かを調べ，増減表の y'' の欄に $0, +, -$ を記入します。

4. 増減表の y の欄に
   y' の $+, -$ に従い ↗, ↘ を記入
   y'' の $+, -$ に従い ∪, ∩ を記入
   し，その下に両方を合わせた状態
   ↗, ↗, ↘, ↘
   を記入します。

5. 極大点，極小点，変曲点を記入します。
   $x=0$ のとき $y=0^3-3\cdot 0^2=0$ …極大点
   $x=1$ のとき $y=1^3-3\cdot 1^2=-2$ …変曲点
   $x=2$ のとき $y=2^3-3\cdot 2^2=-4$ …極小点

6. $x \to +\infty, \ x \to -\infty$ のときの y の値を調べると
   $$\lim_{x \to +\infty} y = \lim_{x \to +\infty} x^3\left(1-\frac{3}{x}\right) = +\infty$$
   $$\lim_{x \to -\infty} y = \lim_{x \to -\infty} x^3\left(1-\frac{3}{x}\right) = -\infty$$
   となるので，y の欄の両端に記入します。

7. x 軸との交点は $y=0$ とおいて

$x^3-3x^2=x^2(x-3)=0$ より $x=0, 3$

y 軸との交点は $x=0$ とおいて

$y=0^3-3\cdot 0^2=0$

8. 増減表と 7. で求めた交点を参考にしてグラフを描くと以下のようになります。

増 減 表

x	$-\infty$	$\cdots$	0	$\cdots$	1	$\cdots$	2	$\cdots$	$+\infty$
y'		+	0	−	−	−	0	+	
y''		−	−	−	0	+	+	+	
		↗ ∩	∩	↘ ∩	↘	↘ ∪	∪	↗ ∪	
y	$-\infty$	↗	0	↘	-2	↘	-4	↗	$+\infty$

　　　　　極大点　　変曲点　　極小点

↗ + ∩ = ↗
↗ + ∪ = ↗
↘ + ∩ = ↘
↘ + ∪ = ↘

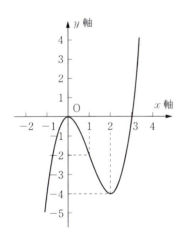

3次曲線の曲がり具合をうまく描けたかしら？

以上より，

　極大点 $(0, 0)$, 極小点 $(2, -4)$, 変曲点 $(1, -2)$

となります。　　　　　　　　　　　　　　　　　　　（解終）

問題 9.14（解答は p.184）

増減表をつくって，次の関数のグラフを描いてください。また，極大点，極小点，変曲点が存在すれば求めてください。

（1） $y=1-3x^2-2x^3$ 　　（2） $y=x^3-3x^2+3x$

──グラフを描く手順──

1. y', y'' を求める。
2. $y'=0$, $y''=0$ となる x の値を求め，増減表に記入する。
3. 増減表の y', y'' の欄に 0, $+$, $-$ を記入する。
4. 増減表の y の欄に ↗, ↘, ∪, ∩ を記入し，さらに両方を合わせた状態を記入する。
5. 極大点，極小点，変曲点を調べる。
6. $x \to +\infty$, $x \to -\infty$ などの y を調べる。
7. x 軸，y 軸の交点などを求める。
8. 増減表や 6. と 7. の情報を見ながらグラフを描く。

例題 9.15 [関数のグラフ 2]

増減表をつくって，次の関数のグラフを描いてみましょう。

$$y = x + \sin x \quad (0 \leq x \leq 2\pi)$$

解 手順に従って計算し，$0 \leq x \leq 2\pi$ の範囲で増減表をつくっていきます。

1. $y' = (x + \sin x)' = 1 + \cos x$

    $y'' = (1 + \cos x)' = 0 - \sin x = -\sin x$

2. $y' = 0$, $y'' = 0$ となる x を $0 \leq x \leq 2\pi$ の範囲で求めます。

    $y' = 0$ のとき

    $1 + \cos x = 0 \quad \longrightarrow \quad \cos x = -1 \quad \longrightarrow \quad x = \pi$

    $y'' = 0$ のとき

    $-\sin x = 0 \quad \longrightarrow \quad \sin x = 0 \quad \longrightarrow \quad x = 0, \pi, 2\pi$

    求めた x の値を増減表に記入します。

3. $y' = 1 + \cos x$ の式を見ながら

    $0 \leq x < \pi, \quad \pi < x \leq 2\pi$

    において，それぞれ y' が "$+$" か "$-$" かを調べて増減表に記入し，0 の値も記入します。

    $y'' = -\sin x$ の式を見ながら

    $0 < x < \pi, \quad \pi < x < 2\pi$

    において，それぞれ y'' が "$+$" か "$-$" かを調べて増減表に記入し，0 の値も記入します。

4. 増減表の y の欄に

    y' の $+$, $-$ に従い ↗, ↘ を記入

    y'' の $+$, $-$ に従い ∪, ∩ を記入

    し，その下に両方を合わせた状態

    ↗, ↘, ↘, ↗

    を記入します。

5. 極大点，極小点，変曲点を記入します。

    増減表の最下段の y の動きを見ると，極大点，極小点はありません。

    $x = \pi$ のとき $y = \pi + \sin \pi = \pi + 0 = \pi$ … 変曲点

6. $0 \leqq x \leqq 2\pi$ の範囲なので，端の y と y' の値を求めておくと

$x=0$ のとき　　$y=0+\sin 0=0+0=0$

　　　　　　　　$y'=1+\cos 0=1+1=2$

$x=2\pi$ のとき　$y=2\pi+\sin 2\pi=2\pi+0=2\pi$

　　　　　　　　$y'=1+\cos 2\pi=1+1=2$

求めた値を y と y' の欄の両端にそれぞれ記入します。

7. $0<x\leqq 2\pi$ の範囲で y の値は常に増加しているので，グラフと x, y 軸との交点は原点 $(0,0)$ だけとなります。

8. $x=0$ と 2π のときの y' の値，つまり接線の傾きに気をつけながらグラフを描きます。

◯ $x=0$ では直線 $y=2x$,
$x=2\pi$ では
直線 $y=2x-2\pi$
に接しています。

増 減 表

x	0	...	π	...	2π
y'	2	+	0	+	2
y''	0	−	0	+	0
y	↗ 0	↗ ∩	π	↗ ∪	↗ 2π

変曲点

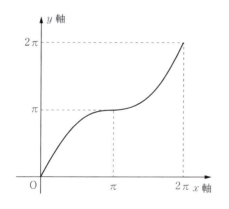

$\pi \fallingdotseq 3.14$ よ。

（解終）

問題 9.15 （解答は p.184）

増減表をつくって，次の関数のグラフを描いてください。

(1) $y=x+\cos x$ $(0\leqq x\leqq 2\pi)$ 　　(2) $y=x-2\sin x$ $(-\pi\leqq x\leqq\pi)$

とくとく情報［n 階導関数と関数の展開］

関数 $y=f(x)$ の 1 階と 2 階導関数を勉強しました。1 階導関数は接線の傾き，2 階導関数はグラフの凹凸を表わすなどの意味がありましたが，もっと何回も微分することは何かの役に立つのでしょうか？

$y=f(x)$ の 2 階導関数 $f''(x)$ がさらに微分可能なとき，さらに微分して 3 階導関数 $f'''(x)$ が求まります。一般に $(n-1)$ 階導関数 $f^{(n-1)}(x)$ が微分可能なとき，これを微分して **n 階導関数** $f^{(n)}(x)$ を求めることができます。

この n 階導関数 $f^{(n)}(x)$ を利用した代表的なものは関数の**ベキ級数展開**でしょう。この展開は**マクローリン展開**ともよばれ，関数をよく知られた多項式で近似しようというものです。つまり，もし関数 $y=f(x)$ が何回でも微分可能であれば，無限級数が収束する x の範囲で，次式が成立するというものです。

$$f(x)=f(0)+\frac{f'(0)}{1!}x+\frac{f''(0)}{2!}x^2+\cdots+\frac{f^{(n)}(0)}{n!}x^n+\cdots$$

具体的な関数では，次の展開式をもちます（カッコ内は級数が収束する x の範囲です）。

$e^x=1+\dfrac{1}{1!}x+\dfrac{1}{2!}x^2+\dfrac{1}{3!}x^3+\cdots+\dfrac{1}{n!}x^n+\cdots$ 　　$(-\infty<x<\infty)$

$\log(1+x)=x-\dfrac{1}{2}x^2+\dfrac{1}{3}x^3-\cdots+\dfrac{(-1)^{n-1}}{n}x^n+\cdots$ 　$(-1<x\leqq 1)$

$\sin x=x-\dfrac{1}{3!}x^3+\dfrac{1}{5!}x^5-\cdots+\dfrac{(-1)^n}{(2n+1)!}x^{2n+1}+\cdots$ 　$(-\infty<x<\infty)$

$\cos x=1-\dfrac{1}{2!}x^2+\dfrac{1}{4!}x^4-\cdots+\dfrac{(-1)^n}{(2n)!}x^{2n}+\cdots$ 　　$(-\infty<x<\infty)$

$x=0$ 付近であれば，無限級数のはじめの数項の多項式でも，各関数のよい近似値が得られます。

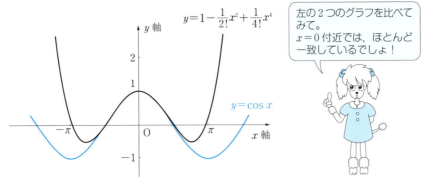

左の 2 つのグラフを比べてみて。
$x=0$ 付近では，ほとんど一致しているでしょ！

❿ 積分

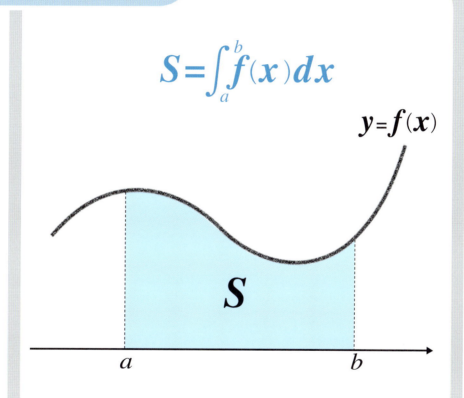

$$S = \int_a^b f(x)\,dx$$

微分と積分は別々に
発達してきたので〜す。
p.168 の"とくとく情報"を読んでね。

〈1〉 不定積分

関数 $f(x)$ に対し，微分すると $f(x)$ になる関数 $F(x)$，つまり
$$F'(x) = f(x)$$
となる $F(x)$ を $f(x)$ の

原始関数

といいます。

たとえば
$$(x^2)' = 2x$$
$$(x^2 + 1)' = 2x$$
$$(x^2 - 100)' = 2x$$

なので
$$x^2,\ x^2 + 1,\ x^2 - 100\ \text{はすべて}\ 2x\ \text{の原始関数}$$
です。

原始関数が存在しない関数もあるのよ。

このように，$f(x)$ の原始関数はたくさんありますが，その中の1つを $F(x)$ とすると他の原始関数はすべて
$$F(x) + 定数$$
の形で表わすことができます。そこで原始関数を全部ひとまとめにし，定数を C とおいて
$$F(x) + C \quad (C\ \text{は定数})$$
の形にかき改めます。これを $f(x)$ の**不定積分**といい

「インテグラル $f(x)$ ➡ ディーエックス」と読みます。

$$\int f(x)\,dx$$

とかきます。つまり
$$\int f(x)\,dx = F(x) + C$$

です。そして，C を**積分定数**といいます。

不定積分を求めることを**積分する**といいます。

不定積分については，次の性質が成立します。

$$F'(x) = f(x)$$
$$\Updownarrow$$
$$\int f(x)\,dx = F(x) + C$$
$$(C：積分定数)$$

―― 不定積分の性質 ――

- $\int \{f(x) \pm g(x)\}\,dx = \int f(x)\,dx \pm \int g(x)\,dx$ （複号同順）
- $\int kf(x)\,dx = k\int f(x)\,dx$ （k は定数）

〈1〉不定積分   123

右の微分公式より，すぐに次の不定積分公式が導けます。

---不定積分---
- $\int 1\,dx = x + C$
- $\int x^n\,dx = \dfrac{1}{n+1}x^{n+1} + C$
  $(n = 1, 2, 3, \cdots)$

---微分---
- $(x^n)' = nx^{n-1}$
  $(n = 1, 2, 3, \cdots)$

例題 10.1 [不定積分の基本計算 1]

次の不定積分を求めてみましょう。

(1) $\int x^3\,dx$　　(2) $\int (1 + x + x^2)\,dx$

(3) $\int (2x^4 - 6x^2 + 3)\,dx$

[解] (1) 公式において $n = 3$ として

与式 $= \dfrac{1}{3+1}x^{3+1} + C = \dfrac{1}{4}x^4 + C$

(2) バラバラにしてから上の公式を使います。

与式 $= \int 1\,dx + \int x^1\,dx + \int x^2\,dx$

$= x + \dfrac{1}{1+1}x^{1+1} + \dfrac{1}{2+1}x^{2+1} + C$

$= x + \dfrac{1}{2}x^2 + \dfrac{1}{3}x^3 + C$

◯ 慣れてきたら，いちいちバラバラにしなくてもよいです。

(3) バラバラにしてから公式を使うと

与式 $= 2\int x^4\,dx - 6\int x^2\,dx + 3\int 1\,dx$

$= 2 \cdot \dfrac{1}{4+1}x^{4+1} - 6 \cdot \dfrac{1}{2+1}x^{2+1} + 3 \cdot x + C$

$= \dfrac{2}{5}x^5 - \dfrac{6}{3}x^3 + 3x + C = \dfrac{2}{5}x^5 - 2x^3 + 3x + C$ (解終)

積分定数 C は，最後にまとめて1つ書けばいいわよ。

問題 10.1 (解答は p.185)

次の不定積分を求めてください。

(1) $\int x^5\,dx$　(2) $\int (x^4 - x)\,dx$　(3) $\int (2x^3 - x^2 + 5x - 2)\,dx$

10. 積分

左の微分公式より次の不定積分公式が得られます。

― 微分 ―

- $\left(x^{\frac{n}{m}}\right)' = \dfrac{n}{m} x^{\frac{n}{m}-1}$

  m, n は整数 （$m > 0$）

― 不定積分 ―

- $\displaystyle\int x^{\frac{n}{m}} dx = \dfrac{1}{\frac{n}{m}+1} x^{\frac{n}{m}+1} + C$

  （$m > 0$, $m \neq -n$）

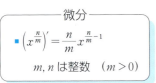

$x^{\frac{n}{m}} = \sqrt[m]{x^n}$

$x^{-n} = \dfrac{1}{x^n}$

例題 10.2 ［不定積分の基本計算 2］

次の不定積分を求めてみましょう。

(1) $\displaystyle\int \dfrac{1}{x^3} dx$　　(2) $\displaystyle\int \sqrt{x}\, dx$　　(3) $\displaystyle\int \dfrac{1}{\sqrt[3]{x}} dx$

$\displaystyle\int \dfrac{1}{x} dx$ は別公式になります。

解 式を指数の形に直してから公式を使います。

(1) 与式 $= \displaystyle\int x^{-3} dx = \dfrac{1}{-3+1} x^{-3+1} + C$

$= \dfrac{1}{-2} x^{-2} + C = -\dfrac{1}{2} x^{-2} + C = -\dfrac{1}{2x^2} + C$

(2) 与式 $= \displaystyle\int x^{\frac{1}{2}} dx$

$= \dfrac{1}{\frac{1}{2}+1} x^{\frac{1}{2}+1} + C = \dfrac{1}{\frac{3}{2}} x^{\frac{3}{2}} + C$

$= \dfrac{2}{3} x^{\frac{3}{2}} + C = \dfrac{2}{3} \sqrt{x^3} + C = \dfrac{2}{3} x\sqrt{x} + C$

$\dfrac{1}{\sqrt[3]{x}} = \left(\sqrt[3]{x}\right)^{-1} = \left(x^{\frac{1}{3}}\right)^{-1}$
$= x^{-\frac{1}{3}}$

(3) 与式 $= \displaystyle\int x^{-\frac{1}{3}} dx$

$= \dfrac{1}{-\frac{1}{3}+1} x^{-\frac{1}{3}+1} + C = \dfrac{1}{\frac{2}{3}} x^{\frac{2}{3}} + C$

$= \dfrac{3}{2} x^{\frac{2}{3}} + C = \dfrac{3}{2} \sqrt[3]{x^2} + C$ （解終）

問題 10.2 （解答は p.185）

次の不定積分を求めてください。

(1) $\displaystyle\int \dfrac{1}{x^2} dx$　　(2) $\displaystyle\int \dfrac{1}{\sqrt{x}} dx$　　(3) $\displaystyle\int \sqrt[3]{x^2}\, dx$

三角関数，指数関数，対数関数については，次の公式が成立します。

── 不定積分 ──
- $\int \sin x \, dx = -\cos x + C$
- $\int \cos x \, dx = \sin x + C$
- $\int \dfrac{1}{\cos^2 x} \, dx = \tan x + C$

── 不定積分 ──
- $\int e^x dx = e^x + C$
- $\int \dfrac{1}{x} dx = \log|x| + C$

── 微分 ──
- $(\sin x)' = \cos x$
- $(\cos x)' = -\sin x$
- $(\tan x)' = \dfrac{1}{\cos^2 x}$

── 微分 ──
- $(e^x)' = e^x$
- $(\log|x|)' = \dfrac{1}{x}$

例題 10.3 [不定積分の基本計算 3]

次の不定積分を求めてみましょう。

(1) $\int (\cos x - 2\sin x) \, dx$ (2) $\int \left(\dfrac{1}{\cos^2 x} + \cos x \right) dx$

(3) $\int \left(x + \dfrac{1}{x} \right) dx$ (4) $\int \left(3e^x - \dfrac{2}{x} \right) dx$

❶ $x < 0$ のときも
$\{\log(-x)\}' = \dfrac{1}{x}$
が成立します。

解 (1) 与式 $= \int \cos x \, dx - 2\int \sin x \, dx$

$= \sin x - 2(-\cos x) + C = \sin x + 2\cos x + C$

(2) 与式 $= \int \dfrac{1}{\cos^2 x} dx + \int \cos x \, dx$

$= \tan x + \sin x + C$

(3) 与式 $= \int x^1 dx + \int \dfrac{1}{x} dx$

$= \dfrac{1}{1+1} x^{1+1} + \log|x| + C = \dfrac{1}{2} x^2 + \log|x| + C$

(4) 与式 $= 3\int e^x dx - 2\int \dfrac{1}{x} dx$

$= 3e^x - 2\log|x| + C$　　　　　　　　　　　（解終）

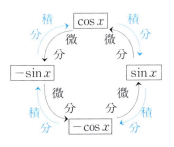

こんなふうに覚えてもいいわね。

問題 10.3 （解答は p.185）

次の不定積分を求めてください。

(1) $\int (4\sin x - 1) \, dx$ (2) $\int \left(\dfrac{1}{2x} - \dfrac{3}{\cos^2 x} \right) dx$ (3) $\int \left(3\cos x + \dfrac{e^x}{2} \right) dx$

さらに，$a \neq 0$ のとき，次の公式も成立します．

―微分―
- $(\sin ax)' = a\cos ax$
- $(\cos ax)' = -a\sin ax$

―不定積分―
- $\displaystyle\int \sin ax\,dx = -\frac{1}{a}\cos ax + C$
- $\displaystyle\int \cos ax\,dx = \frac{1}{a}\sin ax + C$

―不定積分―
- $\displaystyle\int e^{ax}\,dx = \frac{1}{a}e^{ax} + C$

―微分―
- $(e^{ax})' = ae^{ax}$

◯ 例題 10.4 ［不定積分の基本計算 4］

次の不定積分を求めてみましょう．

(1) $\displaystyle\int \sin 2x\,dx$ (2) $\displaystyle\int \cos\frac{1}{3}x\,dx$ (3) $\displaystyle\int e^{-x}\,dx$

(4) $\displaystyle\int (3\cos 2x - 2\sin 3x + e^{4x})\,dx$

[解] a が何になるかを考えて，上の公式を使いましょう．

(1) $a = 2$ の場合なので

$$\text{与式} = -\frac{1}{2}\cos 2x + C$$

(2) $a = \frac{1}{3}$ の場合なので

$$\text{与式} = \frac{1}{\frac{1}{3}}\sin\frac{1}{3}x + C = 3\sin\frac{1}{3}x + C$$

(3) $a = -1$ の場合なので

$$\text{与式} = \frac{1}{-1}e^{-x} + C = -e^{-x} + C$$

(4) 同様にして

$$\text{与式} = 3\int \cos 2x\,dx - 2\int \sin 3x\,dx + \int e^{4x}\,dx$$

$$= 3 \cdot \frac{1}{2}\sin 2x - 2\left(-\frac{1}{3}\cos 3x\right) + \frac{1}{4}e^{4x} + C$$

$$= \frac{3}{2}\sin 2x + \frac{2}{3}\cos 3x + \frac{1}{4}e^{4x} + C$$

（解終）

a が分数のときは間違いやすいので気をつけてね．

問題 10.4（解答は p.185）

次の不定積分を求めてください．

(1) $\displaystyle\int \cos 4x\,dx$ (2) $\displaystyle\int \sin\frac{1}{2}x\,dx$ (3) $\displaystyle\int e^{3x}\,dx$

(4) $\displaystyle\int \left(\frac{2}{3}\sin 2x + \frac{3}{4}\cos 3x\right)dx$ (5) $\displaystyle\int \left(e^{2x} - \frac{1}{e^{2x}}\right)dx$

〈1〉 不定積分　127

すぐに不定積分公式を使えないとき，変数をおきかえることでうまく公式が使えるようになる場合があります．それが次の置換積分公式です．

---置換積分公式---
$u = f(x)$ とおくと
$$\int g(f(x))f'(x)\,dx = \int g(u)\,du$$

◐ $u = f(x)$ の両辺を x で微分すると
$$\frac{du}{dx} = f'(x)$$
これより
$$f'(x)\,dx = du$$

例題 10.5 [置換積分 1]
置換積分を用いて次の不定積分を求めてみましょう．

(1) $\int (3x-1)^5\,dx \quad (u = 3x-1)$

(2) $\int \sin^3 x \cos x\,dx \quad (u = \sin x)$

◐ $\sin^3 x = (\sin x)^3$

解 (1) $u = 3x - 1$ とおいて，両辺を x で微分すると
$$\frac{du}{dx} = 3 \quad これより \quad dx = \frac{1}{3}du$$
$$\int (3x-1)^5\,dx = \int u^5 \frac{1}{3}\,du = \frac{1}{3}\int u^5\,du$$
$$= \frac{1}{3} \cdot \frac{1}{6}u^6 + C = \frac{1}{18}(3x-1)^6 + C$$

(2) $u = \sin x$ とおいて，両辺を x で微分すると
$$\frac{du}{dx} = \cos x \quad これより \quad \cos x\,dx = du$$
$$\int \sin^3 x \cdot \cos x\,dx = \int (\sin x)^3 \cos x\,dx = \int u^3\,du$$
$$= \frac{1}{4}u^4 + C = \frac{1}{4}(\sin x)^4 + C$$
$$= \frac{1}{4}\sin^4 x + C$$
（解終）

$(\sin x)' = \cos x$
$\int \sin x\,dx = -\cos x + C$

$(\cos x)' = -\sin x$
$\int \cos x\,dx = \sin x + C$

問題 10.5 （解答は p.185）
置換積分により次の不定積分を求めてください．

(1) $\int (5x+2)^3\,dx \quad (u = 5x+2)$　　(2) $\int \sqrt{2x+1}\,dx \quad (u = 2x+1)$

(3) $\int \cos^2 x \sin x\,dx \quad (u = \cos x)$

例題 10.6 [置換積分 2]

置換積分を用いて次の不定積分を求めてみましょう。

(1) $\int x(1+x^2)^2 dx \quad (u = 1+x^2)$

(2) $\int \dfrac{e^x}{1+e^x} dx \quad (u = 1+e^x)$

(3) $\int \dfrac{\log x}{x} dx \quad (u = \log x)$

解 (1) $u = 1+x^2$ とおいて，両辺を x で微分すると

$$\dfrac{du}{dx} = 2x \quad \text{これより} \quad 2x\,dx = du, \ x\,dx = \dfrac{1}{2}du$$

$$\int x(1+x^2)^2 dx = \int (1+x^2)^2 x\,dx = \int u^2 \dfrac{1}{2}du$$

$$= \dfrac{1}{2}\int u^2 du = \dfrac{1}{2} \cdot \dfrac{1}{3} u^3 + C = \dfrac{1}{6}(1+x^2)^3 + C$$

(2) $u = 1+e^x$ とおいて，両辺を x で微分すると

$$\dfrac{du}{dx} = e^x \quad \text{これより} \quad e^x dx = du$$

$$\int \dfrac{e^x}{1+e^x} dx = \int \dfrac{1}{1+e^x} e^x dx = \int \dfrac{1}{u} du$$

$$= \log u + C = \log(1+e^x) + C$$

(3) $u = \log x$ とおいて，両辺を x で微分すると

$$\dfrac{du}{dx} = \dfrac{1}{x} \quad \text{これより} \quad \dfrac{1}{x} dx = du$$

$$\int \dfrac{\log x}{x} dx = \int \log x \cdot \dfrac{1}{x} dx = \int u\,du$$

$$= \dfrac{1}{2} u^2 + C = \dfrac{1}{2} (\log x)^2 + C \qquad \text{(解終)}$$

$(e^x)' = e^x$
$\int e^x dx = e^x + C$

$\int \dfrac{1}{x} dx = \log x + C$
$(x > 0)$

警告！
$\int \log x\,dx \neq \dfrac{1}{x} + C$

よく間違えるから気をつけてね。

問題 10.6 （解答は p.185）

置換積分により次の不定積分を求めてください。

(1) $\int \dfrac{x}{1+x^2} dx \quad (u = 1+x^2)$　　(2) $\int e^x(1+e^x)^3 dx \quad (u = 1+e^x)$

(3) $\int \dfrac{(\log x)^2}{x} dx \quad (u = \log x)$　　(4) $\int x e^{x^2} dx \quad (u = x^2)$

〈1〉 不定積分   129

積の微分公式より，次の部分積分公式が導けます。

──部分積分公式──
$$\int f(x)g'(x)\,dx = f(x)g(x) - \int f'(x)g(x)\,dx$$

──積の微分公式──
$\{f(x)g(x)\}'$
$= f'(x)g(x) + f(x)g'(x)$

例題 10.7 ［部分積分］

部分積分を用いて，次の不定積分を求めてみましょう．

(1) $\displaystyle\int xe^x dx$　　(2) $\displaystyle\int x\sin x\,dx$　　(3) $\displaystyle\int x\log x\,dx$

[解] 部分積分公式の右辺の積分が容易に求まるように $f(x)$ と $g'(x)$ を定めます．定めたら，間違えやすいので

$f(x) \xrightarrow{微分} f'(x)$ ： $g'(x) \xrightarrow{積分} g(x)$

と書き出してから部分積分を行いましょう．

(1) $f(x) = x,\ g'(x) = e^x$　とすると

$与式 = \underbrace{xe^x}_{①} - \int \underbrace{1 \cdot e^x}_{②} dx$

$= xe^x - \int e^x dx = xe^x - e^x + C$

(2) $f(x) = x,\ g'(x) = \sin x$　とすると

$与式 = \underbrace{x(-\cos x)}_{①} - \int \underbrace{1 \cdot (-\cos x)}_{②} dx$

$= -x\cos x + \int \cos x\,dx = -x\cos x + \sin x + C$

(3) 今度は　$f(x) = \log x,\ g'(x) = x$　とおきます．

$与式 = \underbrace{\log x \cdot \dfrac{1}{2}x^2}_{①} - \int \underbrace{\dfrac{1}{x} \cdot \dfrac{1}{2}x^2}_{②} dx$

$= \dfrac{1}{2}x^2 \log x - \dfrac{1}{2}\int x\,dx$

$= \dfrac{1}{2}x^2 \log x - \dfrac{1}{2} \cdot \dfrac{1}{2}x^2 + C = \boxed{\dfrac{1}{2}x^2 \log x - \dfrac{1}{4}x^2 + C}$　（解終）

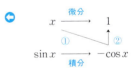

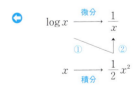

問題 10.7 （解答は p.186）

部分積分により，次の不定積分を求めてください．

(1) $\displaystyle\int xe^{-x}dx$　　(2) $\displaystyle\int x\cos x\,dx$　　(3) $\displaystyle\int x^2\log x\,dx$

〈2〉 定 積 分

関数 $y=f(x)$ が $a \leqq x \leqq b$ の範囲で正の値をとるとします。このとき、左図の色のついた図形の面積を求めることを考えましょう。この図形の面積を近似する1つの方法として、細長い長方形に分割することを考えてみます。

下図のように $a \leqq x \leqq b$ の区間を n 個に分割し
$$a=x_0<x_1<\cdots<x_{i-1}<x_i<\cdots<x_n=b$$

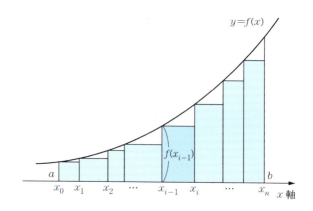

とします。そして、$x_{i-1} \leqq x \leqq x_i$ で

底辺の長さ (x_i-x_{i-1})，高さ $f(x_{i-1})$ の長方形

を考えると、その面積は $f(x_{i-1}) \times (x_i-x_{i-1})$ となります。

これらの長方形の面積を全部加えた

$$R=\sum_{i=1}^{n} f(x_{i-1}) \cdot (x_i-x_{i-1})$$

は、はじめに考えた図形の面積の1つの近似値となります。

ここで $a \leqq x \leqq b$ の分割を限りなく細かくしてみましょう。このことを $n \to \infty$ とかきます。

$n \to \infty$ としたとき、考えている長方形の1つ1つは、底辺の長さが限りなく小さくなるので、その面積は限りなく小さくなります。しかし、全長方形の個数 n はどんどん限りなく増加していってしまいます。つまり、$n \to \infty$ のときの R の極限の値を考えることは

限りなく小さい値 を 限りなくたくさん加える

ことを考えるので、その結果は簡単にはわかりません。

R は **リーマン和** とよばれています。$n \to \infty$ とすると R は無限級数になるわね。

そこで，$a \leq x \leq b$ での $f(x)$ の正負に関係なく，一般的にリーマン和 R の極限について次のように定義します。

> 関数 $y = f(x)$ が $a \leq x \leq b$ の間で有限な値をとるとする。$n \to \infty$ とするとき，リーマン和 R が一定の値に限りなく近づくならば，
>
> $f(x)$ は $a \leq x \leq b$ で**定積分可能**である
>
> という。また，その一定の値を
>
> $f(x)$ の a から b までの**定積分**または**定積分の値**
>
> といい
>
> $$\int_a^b f(x)\,dx$$
>
> で表わす。

● リーマン和

$$R = \sum_{i=1}^n f(x_{i-1}) \cdot (x_i - x_{i-1})$$

このように，定積分可能であることの定義はなかなか難しいのですが，連続関数については，次の定理が成立しています。

> 関数 $y = f(x)$ が $a \leq x \leq b$ で連続ならば定積分可能である。

さらに，不定積分と定積分には，次の重要な関係式が成立しています。

> ──── 微分積分学の基本定理 ────
> (ⅰ) $S(x) = \displaystyle\int_a^x f(t)\,dt$ について $S'(x) = f(x)$
> (ⅱ) $F(x)$ が $f(x)$ の1つの原始関数のとき
> $$\int_a^b f(x)\,dx = F(b) - F(a)$$

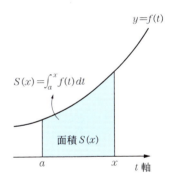

この定理をもとに，連続関数の定積分は原始関数の1つ（不定積分において $C = 0$ とすればよい）を使って

$$\int_a^b f(x)\,dx = \Bigl[F(x)\Bigr]_a^b = F(b) - F(a)$$

と求めることができることになります。

不定積分と定積分の関係は，「微分積分学の基本定理」とよばれ，とっても重要な定理なのよ。

10. 積分

---**定積分の拡張**---

$b \leqq a$ のとき

$$\int_a^b f(x)\,dx = -\int_b^a f(x)\,dx$$

$b \leqq a$ の場合にも左のように定積分を拡張しておくと，a, b, c の大小に関係なく次の公式が成り立ちます。

---**定積分の性質**---

- $\int_a^b \{f(x) \pm g(x)\}\,dx = \int_a^b f(x)\,dx \pm \int_a^b g(x)\,dx$　（複号同順）
- $\int_a^b k f(x)\,dx = k \int_a^b f(x)\,dx$
- $\int_a^a f(x)\,dx = 0$
- $\int_a^b f(x)\,dx = -\int_b^a f(x)\,dx$
- $\int_a^b f(x)\,dx = \int_a^c f(x)\,dx + \int_c^b f(x)\,dx$

---**不定積分**---

- $\int x^n\,dx = \dfrac{1}{n+1} x^{n+1} + C$

　$(n \neq -1)$

---**定積分**---

- $\int_a^b f(x)\,dx = \Big[F(x)\Big]_a^b = F(b) - F(a)$

例題 10.8 [定積分の基本計算 1]

次の定積分の値を求めてみましょう。

(1) $\displaystyle\int_0^2 x\,dx$　　(2) $\displaystyle\int_{-2}^1 (4 - x^2)\,dx$

解 はじめに原始関数を 1 つ（不定積分を求め，$C = 0$ としておけばよい）求めてから値を代入します。

(1) 与式 $= \left[\dfrac{1}{1+1} x^{1+1}\right]_0^2 = \left[\dfrac{1}{2} x^2\right]_0^2$

$= \dfrac{1}{2}\cdot 2^2 - \dfrac{1}{2}\cdot 0^2 = 2$

$\left[\dfrac{1}{2} x^2\right]_0^2 = \dfrac{1}{2}\left[x^2\right]_0^2$ ➡

$= \dfrac{1}{2}(2^2 - 0^2)$

としてもよいです。

(2) 与式 $= \left[4x - \dfrac{1}{2+1} x^{2+1}\right]_{-2}^1 = \left[4x - \dfrac{1}{3} x^3\right]_{-2}^1$

$= \left(4\cdot 1 - \dfrac{1}{3}\cdot 1^3\right) - \left\{4\cdot(-2) - \dfrac{1}{3}\cdot(-2)^3\right\}$

$= \left(4 - \dfrac{1}{3}\right) - \left(-8 + \dfrac{8}{3}\right) = 9$　　　　　　（解終）

問題 10.8 （解答は p.186）

次の定積分の値を求めてください。

(1) $\displaystyle\int_0^4 x^3\,dx$　　(2) $\displaystyle\int_1^3 (3x^2 - 2x + 4)\,dx$　　(3) $\displaystyle\int_{-1}^1 (x^4 - x^3)\,dx$

例題 10.9 [定積分の基本計算 2]

次の定積分の値を求めてみましょう。

(1) $\int_1^3 \dfrac{1}{x^2}\,dx$ (2) $\int_0^4 \sqrt{x}\,dx$ (3) $\int_1^8 \sqrt[3]{x}\,dx$

$$x^{\frac{n}{m}} = \sqrt[m]{x^n}$$
$$x^{-n} = \dfrac{1}{x^n}$$

解 関数を指数の形に直してから積分しましょう。

(1) 与式 $= \int_1^3 x^{-2}\,dx = \left[\dfrac{1}{-2+1} x^{-2+1} \right]_1^3 = \left[-x^{-1} \right]_1^3$

$= \left[-\dfrac{1}{x} \right]_1^3 = -\dfrac{1}{3} - \left(-\dfrac{1}{1} \right) = -\dfrac{1}{3} + 1 = \dfrac{2}{3}$

(2) 与式 $= \int_0^4 x^{\frac{1}{2}}\,dx = \left[\dfrac{1}{\frac{1}{2}+1} x^{\frac{1}{2}+1} \right]_0^4$

$= \left[\dfrac{1}{\frac{3}{2}} x^{\frac{3}{2}} \right]_0^4 = \left[\dfrac{2}{3} \sqrt{x^3} \right]_0^4 = \dfrac{2}{3} \left[x\sqrt{x} \right]_0^4$

◯ $\sqrt{x^3} = \sqrt{x^2 \cdot x}$ $(x > 0)$
$= \sqrt{x^2}\sqrt{x} = x\sqrt{x}$

$= \dfrac{2}{3}(4\sqrt{4} - 0) = \dfrac{2}{3} \cdot 4 \cdot 2 = \dfrac{16}{3}$

(3) 与式 $= \int_1^8 x^{\frac{1}{3}}\,dx = \left[\dfrac{1}{\frac{1}{3}+1} x^{\frac{1}{3}+1} \right]_1^8$

$= \left[\dfrac{1}{\frac{4}{3}} x^{\frac{4}{3}} \right]_1^8 = \left[\dfrac{3}{4} x^{\frac{4}{3}} \right]_1^8 = \dfrac{3}{4} \left[\sqrt[3]{x^4} \right]_1^8$

$= \dfrac{3}{4} \left[x\sqrt[3]{x} \right]_1^8 = \dfrac{3}{4}(8 \cdot \sqrt[3]{8} - 1 \cdot \sqrt[3]{1})$

◯ $\sqrt[3]{x^4} = \sqrt[3]{x^3 \cdot x}$
$= \sqrt[3]{x^3}\sqrt[3]{x} = x\sqrt[3]{x}$

$= \dfrac{3}{4}(8 \cdot 2 - 1) = \dfrac{3}{4} \cdot 15 = \dfrac{45}{4}$ （解終）

問題 10.9 （解答は p.186）

次の定積分の値を求めてください。

(1) $\int_1^2 \dfrac{1}{x^3}\,dx$ (2) $\int_1^9 \dfrac{1}{\sqrt{x}}\,dx$ (3) $\int_0^1 \sqrt[4]{x^3}\,dx$

例題 10.10 [定積分の基本計算 3]

次の定積分の値を求めてみましょう。

(1) $\int_0^{\frac{\pi}{4}} \sin x \, dx$ (2) $\int_0^{\frac{\pi}{6}} \cos 2x \, dx$

(3) $\int_0^1 e^x \, dx$ (4) $\int_1^2 \frac{1}{x} \, dx$

- $\int \sin x \, dx = -\cos x + C$
- $\int \cos x \, dx = \sin x + C$
- $\int e^x \, dx = e^x + C$
- $\int \frac{1}{x} \, dx = \log x + C$

$(x > 0)$

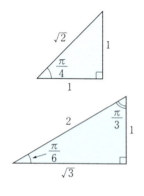

$e^0 = 1$

$\log 1 = 0$
$\log e = 1$

解 不定積分の公式を思い出しながら計算しましょう。

(1) 与式 $= \bigl[-\cos x\bigr]_0^{\frac{\pi}{4}} = -\bigl[\cos x\bigr]_0^{\frac{\pi}{4}}$
$= -\left(\cos \frac{\pi}{4} - \cos 0\right) = -\left(\frac{1}{\sqrt{2}} - 1\right) = \underline{1 - \frac{1}{\sqrt{2}}}$

(2) 与式 $= \left[\frac{1}{2} \sin 2x\right]_0^{\frac{\pi}{6}} = \frac{1}{2}\bigl[\sin 2x\bigr]_0^{\frac{\pi}{6}}$
$= \frac{1}{2}\left\{\sin\left(2 \cdot \frac{\pi}{6}\right) - \sin 0\right\} = \frac{1}{2}\left(\sin \frac{\pi}{3} - \sin 0\right)$
$= \frac{1}{2}\left(\frac{\sqrt{3}}{2} - 0\right) = \underline{\frac{\sqrt{3}}{4}}$

(3) 与式 $= \bigl[e^x\bigr]_0^1 = e^1 - e^0 = \underline{e - 1}$

(4) 与式 $= \bigl[\log x\bigr]_1^2 = \log 2 - \log 1$
$= \log 2 - 0 = \underline{\log 2}$ (解終)

警告！
$\frac{1}{2} \sin 2x \neq \sin x$

- $\int \sin ax \, dx = -\frac{1}{a} \cos ax + C$
- $\int \cos ax \, dx = \frac{1}{a} \sin ax + C$
- $\int e^{ax} \, dx = \frac{1}{a} e^{ax} + C$

指数関数，対数関数，三角関数を使いこなせるように頑張ってね。

問題 10.10 (解答は p.186)

次の定積分の値を求めてください。

(1) $\int_0^{\frac{\pi}{6}} \cos x \, dx$ (2) $\int_0^{\frac{\pi}{2}} \sin 3x \, dx$ (3) $\int_0^1 e^{-x} \, dx$ (4) $\int_1^e \left(1 - \frac{1}{x}\right) dx$

〈2〉定積分

置換積分により定積分の値を求めるには，次の定理を使います。

$$u = f(x) \text{ とおくとき，}$$
$$\int_a^b g(f(x))f'(x)\,dx = \int_\alpha^\beta g(u)\,du$$
$$\text{ただし } \alpha = f(a),\ \beta = f(b)$$

$u = f(x)$

x	$a \to b$
u	$\alpha \to \beta$

例題 10.11［定積分の置換積分］

置換積分により，次の定積分の値を求めてみましょう。

(1) $\displaystyle \int_0^1 (3x-1)^3\,dx \quad (u = 3x-1)$

(2) $\displaystyle \int_0^{\frac{\pi}{2}} \sin^4 x \cos x\,dx \quad (u = \sin x)$ 　　　　$\sin^4 x = (\sin x)^4$

解 置換したとき，定積分の範囲も変わるので気をつけましょう。

(1) $u = 3x - 1$ とおくと $\dfrac{du}{dx} = 3$ より $dx = \dfrac{1}{3}du$

また，積分範囲は右のようにかわるので

$u = 3x - 1$

x	$0 \to 1$
u	$-1 \to 2$

$$\int_0^1 (3x-1)^3\,dx = \int_{-1}^2 u^3 \cdot \frac{1}{3}\,du = \frac{1}{3}\int_{-1}^2 u^3\,du$$
$$= \frac{1}{3}\left[\frac{1}{4}u^4\right]_{-1}^2 = \frac{1}{12}\left[u^4\right]_{-1}^2 = \frac{1}{12}\{2^4 - (-1)^4\}$$
$$= \frac{1}{12}\{16 - (+1)\} = \frac{15}{12} = \frac{5}{4}$$

(2) $u = \sin x$ とおくと $\dfrac{du}{dx} = \cos x$ より $\cos x\,dx = du$

また，積分範囲は右のようにかわるので

$u = \sin x$

x	$0 \to \dfrac{\pi}{2}$
u	$0 \to 1$

$$\int_0^{\frac{\pi}{2}} (\sin x)^4 \cos x\,dx = \int_0^1 u^4\,du$$
$$= \left[\frac{1}{5}u^5\right]_0^1 = \frac{1}{5}(1-0) = \frac{1}{5} \qquad \text{(解終)}$$

問題 10.11（解答は p.186）

置換積分により，次の定積分の値を求めてください。

(1) $\displaystyle \int_{-1}^1 (2x-1)^2\,dx$ 　　(2) $\displaystyle \int_0^{\frac{\pi}{4}} \cos^3 x \sin x\,dx$ 　　(3) $\displaystyle \int_1^e \frac{\log x}{x}\,dx$

　　　$(u = 2x - 1)$ 　　　　　　　$(u = \cos x)$ 　　　　　　　$(u = \log x)$

部分積分により定積分の値を求めるには，次の定理を使います．

$$\int_a^b f(x)g'(x)\,dx = \bigl[f(x)g(x)\bigr]_a^b - \int_a^b f'(x)g(x)\,dx$$

例題 10.12［定積分の部分積分］

部分積分により，次の定積分の値を求めてみましょう．

$$(1)\ \int_0^1 xe^{-x}\,dx \quad (2)\ \int_0^{\frac{\pi}{2}} x\sin x\,dx \quad (3)\ \int_1^e x\log x\,dx$$

解 微分と積分とを間違えないように計算しましょう．

(1) $f(x)=x,\ g'(x)=e^{-x}$ とおくと

$$\text{与式} = \underbrace{\bigl[x\cdot(-e^{-x})\bigr]_0^1}_{①} - \int_0^1 \underbrace{1\cdot(-e^{-x})}_{②}\,dx$$

$e^0=1$

$$= -\bigl[xe^{-x}\bigr]_0^1 + \int_0^1 e^{-x}\,dx = -(1\cdot e^{-1} - 0\cdot e^0) + \bigl[-e^{-x}\bigr]_0^1$$

$$= -e^{-1} - (e^{-1} - e^0) = -e^{-1} - e^{-1} + 1 = -2e^{-1} + 1 = 1 - \frac{2}{e}$$

(2) $f(x)=x,\ g'(x)=\sin x$ とおくと

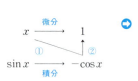

$$\text{与式} = \underbrace{\bigl[x\cdot(-\cos x)\bigr]_0^{\frac{\pi}{2}}}_{①} - \int_0^{\frac{\pi}{2}} \underbrace{1\cdot(-\cos x)}_{②}\,dx$$

$\sin\frac{\pi}{2}=1$
$\cos\frac{\pi}{2}=0$

$$= -\bigl[x\cos x\bigr]_0^{\frac{\pi}{2}} + \int_0^{\frac{\pi}{2}} \cos x\,dx$$

三角関数の値は p.56

$$= -\left(\frac{\pi}{2}\cos\frac{\pi}{2} - 0\cdot\cos 0\right) + \bigl[\sin x\bigr]_0^{\frac{\pi}{2}} = 0 + \left(\sin\frac{\pi}{2} - \sin 0\right) = 1$$

$\sin 0 = 0$
$\cos 0 = 1$

(3) $f(x)=\log x,\ g'(x)=x$ とすると

$$\text{与式} = \underbrace{\left[\log x\cdot\frac{1}{2}x^2\right]_1^e}_{①} - \int_1^e \underbrace{\frac{1}{x}\cdot\frac{1}{2}x^2}_{②}\,dx$$

$$= \left(\log e\cdot\frac{1}{2}e^2 - \log 1\cdot\frac{1}{2}\right) - \frac{1}{2}\int_1^e x\,dx$$

$\log e = 1$
$\log 1 = 0$

$$= \frac{1}{2}e^2 - \frac{1}{2}\left[\frac{1}{2}x^2\right]_1^e = \frac{1}{2}e^2 - \frac{1}{4}(e^2-1) = \frac{1}{4}(e^2+1)$$

（解終）

問題 10.12 （解答は p.186）

部分積分により，次の定積分の値を求めてください．

$$(1)\ \int_0^1 xe^{2x}\,dx \quad (2)\ \int_0^{\frac{\pi}{3}} x\cos 2x\,dx \quad (3)\ \int_1^e x^2\log x\,dx$$

〈3〉 面 積

関数 $y=f(x)$ が $a \leq x \leq b$ の範囲で $f(x) \geq 0$ のとき，右図の色のついた部分の面積 S は定積分

$$S = \int_a^b f(x)\,dx$$

で求まります。

また，$y=f(x)$ が $a \leq x \leq b$ で $f(x) \leq 0$ の場合には

$$y = -f(x) \geq 0 \quad (a \leq x \leq b)$$

となるので右下図の色のついた部分の面積 S は

$$S = -\int_a^b f(x)\,dx$$

で求まります。

面積を求めるときはなるべくグラフを描いてね。

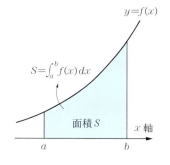

例題 10.13 [面積 1]

次の放物線と x 軸とで囲まれた部分の面積を求めてみましょう。

(1) $y = 1 - x^2$ 　　(2) $y = x(x-1)$

解 (1) $y = 1 - x^2$ のグラフは右図のような上に凸の放物線になります。放物線と x 軸とで囲まれた部分（右図での色のついた部分）は $-1 \leq x \leq 1$ の範囲にあるので，求める面積を S とすると

$$S = \int_{-1}^{1} (1-x^2)\,dx = \left[x - \frac{1}{3}x^3\right]_{-1}^{1}$$

$$= \left(1 - \frac{1}{3}\right) - \left(-1 + \frac{1}{3}\right) = \frac{4}{3}$$

(2) $y = x(x-1)$ のグラフの x 軸との交点は，$y = 0$ とおいて

$$x(x-1) = 0 \quad \text{より} \quad x = 0,\ 1$$

このことより，右のような下に凸の放物線であることがわかります。

放物線と x 軸とで囲まれた部分（右図色のついた部分）は $0 \leq x \leq 1$ の範囲です。また，この部分で関数は負になるので，求める面積 S は

$$S = -\int_0^1 x(x-1)\,dx = -\int_0^1 (x^2 - x)\,dx = -\left[\frac{1}{3}x^3 - \frac{1}{2}x^2\right]_0^1$$

$$= -\left\{\left(\frac{1}{3} - \frac{1}{2}\right) - 0\right\} = \frac{1}{6} \tag{解終}$$

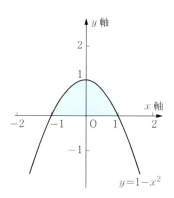

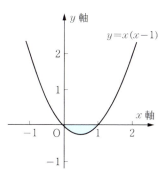

問題 10.13 （解答は p. 187）

次の放物線と x 軸とで囲まれた部分の面積を求めてください。

(1) $y = -x^2 + 2x + 3$ 　　(2) $y = x^2 + x - 2$

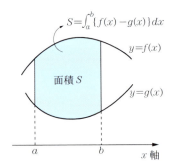

2つの曲線 $y=f(x)$ と $y=g(x)$ がどのような位置にあっても，$a \leqq x \leqq b$ において $f(x) \geqq g(x)$ であれば，囲まれた部分の面積 S は

$$S = \int_a^b \{f(x) - g(x)\} dx$$

で求まります。

例題 10.14 [面積 2]

直線 $y=x$ と放物線 $y=x(x-1)$ とで囲まれた部分の面積 S を求めてみましょう。

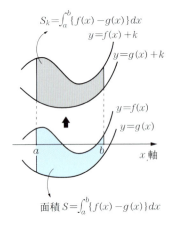

解 囲まれる部分は下図の色のついた部分。

この部分が，x のどんな範囲にあるか調べるために，交点の x 座標を求めておきます。両辺の方程式を "=" とおいて

$x = x(x-1)$ より

$\quad x = x^2 - x \rightarrow x^2 - 2x = 0$

$\quad\quad \rightarrow x(x-2) = 0 \rightarrow x=0,\ 2$

これより色のついた部分は $0 \leqq x \leqq 2$ の範囲です。

この部分では，直線の方が上にあるので，面積 S は

$$S = \int_0^2 \{x - x(x-1)\} dx = \int_0^2 (x - x^2 + x) dx$$

$$= \int_0^2 (2x - x^2) dx = \left[\frac{2}{2}x^2 - \frac{1}{3}x^3\right]_0^2 = \left[x^2 - \frac{1}{3}x^3\right]_0^2$$

$$= \left(2^2 - \frac{1}{3} \cdot 2^3\right) - \left(0 - \frac{1}{3} \cdot 0\right) = 4 - \frac{8}{3} = \boxed{\frac{4}{3}} \quad\quad \text{(解終)}$$

$x = x(x-1)$ より両辺の x を約してはだめよ。x は 0 かも知れないから。

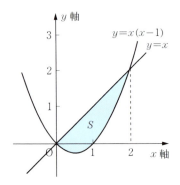

問題 10.14 （解答は p.187）

(1) 2つの放物線 $y = x^2$ と $y = 2x^2 - 1$ とで囲まれた部分の面積 S_1 を求めてください。

(2) 直線 $y = 2x+1$ と放物線 $y = 1 - x^2$ とで囲まれた部分の面積 S_2 を求めてください。

⟨4⟩ 回転体の体積

$a \leqq x \leqq b$ の範囲で $y=f(x)$ の曲線を x 軸のまわりに一回転させてできる回転体の体積を考えましょう。

面積を考えたときと同様に、$a \leqq x \leqq b$ の範囲を分割し、薄い円柱をたくさん加えるという考え方をすると、回転体の体積 V は定積分

$$V = \pi \int_a^b \{f(x)\}^2 dx$$

で求まることがわかります。

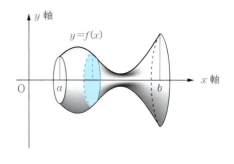

例題 10.15 [回転体の体積]

横向きの放物線 $y=\sqrt{x}$ の $0 \leqq x \leqq 4$ の部分を x 軸のまわりに一回転させてできる回転体の体積を求めてみましょう。

解 $y=\sqrt{x}$ $(0 \leqq x \leqq 4)$ を回転させると下のような立体になります。

求める体積を V とすると、上の公式にあてはめて

$$\begin{aligned}
V &= \pi \int_0^4 (\sqrt{x})^2 dx = \pi \int_0^4 x\, dx \\
&= \pi \left[\frac{1}{2}x^2\right]_0^4 = \frac{\pi}{2}(4^2 - 0) \\
&= \frac{\pi}{2} \times 16 = 8\pi
\end{aligned}$$

（解終）

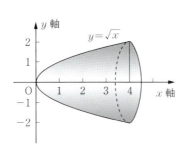

曲線を回転させたときどんな立体ができるのかしっかりイメージしてね。

問題 10.15（解答は p.187）

次の立体の体積を回転体の体積を求める公式を利用して求めてください。

(1) 線分 $y=\frac{1}{2}x$ $(0 \leqq x \leqq 2)$ を x 軸のまわりに一回転させてできる円錐の体積 V_1

(2) 半円 $y=\sqrt{1-x^2}$ を x 軸のまわりに一回転させてできる球の体積 V_2

⟨5⟩ 広義積分と無限積分

今までの定積分では，積分区間が $a \leq x \leq b$ という閉区間だったり，関数もその区間で連続でした。これから大学で勉強する専門分野の勉強や研究では，積分区間が閉区間でない場合や関数が連続でない場合も考えなければいけません。

定積分の積分区間を
$$a < x \leq b, \quad a \leq x < b, \quad a < x < b$$
の範囲で考えたり，また $f(x)$ が連続でない場合にまで拡張して考える定積分を **広義積分** といいます。例を使って拡張の方法を紹介しておきます。

例題 10.16 [広義積分]

次の広義積分が存在するかどうか調べ，存在する場合には値を求めてみます。
$$\int_0^1 \frac{1}{\sqrt{x}}\, dx$$

[解] 積分区間は $0 < x \leq 1$ です。関数が定義されない $x = 0$ のところを次のように $a \leq x \leq 1$ 上の定積分の極限で考えます。

$$与式 = \lim_{a \to +0} \int_a^1 \frac{1}{\sqrt{x}}\, dx$$

$\lim$ の部分はそのままにし，$a \leq x \leq 1$ の範囲の定積分を普通に計算すると

$$= \lim_{a \to +0} \int_a^1 x^{-\frac{1}{2}}\, dx = \lim_{a \to +0} \left[\frac{1}{-\frac{1}{2}+1} x^{-\frac{1}{2}+1} \right]_a^1$$

$$= \lim_{a \to +0} \left[2x^{\frac{1}{2}} \right]_a^1 = \lim_{a \to +0} \left[2\sqrt{x} \right]_a^1 = \lim_{a \to +0} 2(1 - \sqrt{a})$$

ここで極限を考えると

$$= 2 \quad (収束)$$

これより，この広義積分は存在し，値は2となります。 （解終）

→ "$a \to +0$" とは
$a > 0$ の値をとりながら 0 に限りなく近づけることです。

→ "広義積分可能" といいます。
もし極限が存在しないときは "広義積分不可能" です。

積分区間を無限の範囲

$$a < x, \quad x < b, \quad -\infty < x < +\infty$$

にまで拡張して考える定積分を**無限積分**といいます。例を使って拡張の方法を紹介しておきます。

◯ $-\infty < x < +\infty$ とは全実数のことです。

例題 10.17 [無限積分]

次の無限積分が存在するかどうか調べ，存在する場合には値を求めてみます。

(1) $\displaystyle\int_1^{+\infty} \frac{1}{x^2}\,dx$ (2) $\displaystyle\int_1^{+\infty} \frac{1}{x}\,dx$

[解] 積分区間はいずれも $x \geq 1$ です。

(1) はじめに，区間の端の $+\infty$ のところを次のように閉区間 $1 \leq x \leq b$ 上の定積分の極限で考えます。

$$与式 = \lim_{b \to +\infty} \int_1^b \frac{1}{x^2}\,dx$$

lim の部分はそのままにし，$1 \leq x \leq b$ の範囲の定積分を計算します。

$$= \lim_{b \to +\infty} \left[-\frac{1}{x}\right]_1^b = \lim_{b \to +\infty}\left(-\frac{1}{b} + 1\right)$$

ここで極限を考えると

$$= 1 \quad (収束)$$

これより，この無限積分は存在し，値は1です。

(2) (1)と同様に区間の端の $+\infty$ のところを閉区間 $1 \leq x \leq b$ 上の定積分の極限で考えます。

$$与式 = \lim_{b \to +\infty} \int_1^b \frac{1}{x}\,dx$$

$1 \leq x \leq b$ の範囲の定積分を計算すると

$$= \lim_{b \to +\infty}\bigl[\log x\bigr]_1^b = \lim_{b \to +\infty}(\log b - \log 1)$$

$$= \lim_{b \to +\infty} \log b$$

ここで極限を考えると

$$= +\infty \quad (発散)$$

これより，この無限積分は存在しません。

(解終)

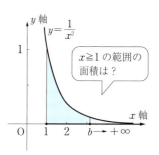

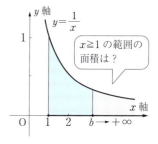

同じような無限に広がる部分の面積を考えるのだけれど…

◯ "無限積分可能" といいます。

◯ 極限が存在しないとき "無限積分不可能" といいます。

とくとく情報［曲線の長さ］

"曲線の長さ"はどのように考えて求めたらよいのでしょうか？

このときも微分と積分が威力を発揮します。

区間 $[a,b]$ で微分可能な曲線 $y=f(x)$ のこの区間における長さ L を考えてみましょう。

はじめにこの区間を n 個に分割します。

$$a=x_0<x_1<\cdots<x_{i-1}<x_i<\cdots<x_n=b$$

そして，$x=x_i$ のときの曲線上の点を $P_i\,(i=0,1,2,\cdots,n)$ とします。微小な曲線 $P_{i-1}P_i$ の長さ l_i をどのように求めるかが問題となります。曲線は微分可能なのでなめらかです。そこで l_i を P_i における接線 $P_{i-1}Q_i$ の長さで近似してみましょう（図参照）。

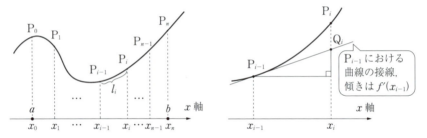

すると三平方の定理より

$$\overline{P_{i-1}Q_i}=\sqrt{(x_i-x_{i-1})^2+\{f'(x_{i-1})(x_i-x_{i-1})\}^2}$$
$$=\sqrt{1+\{f'(x_{i-1})\}^2}\,(x_i-x_{i-1})$$

となります。全体では曲線の長さを線分の長さの和で近似することになります。$i=1,2,\cdots,n$ を全部加え，分割を限りなく細かくしていくと

$$\lim_{n\to\infty}\sum_{i=1}^{n}P_{i-1}Q_i=\lim_{n\to\infty}\sum_{i=1}^{n}\sqrt{1+\{f'(x_{i-1})\}^2}\,(x_i-x_{i-1})$$
$$=\int_a^b\sqrt{1+\{f'(x)\}^2}\,dx$$

と定積分になりました。これを曲線の長さ L と定義するのです。

つまり，曲線 $y=f(x)$ の $a\leqq x\leqq b$ の部分の長さは

$$L=\int_a^b\sqrt{1+\{f'(x)\}^2}\,dx$$

で求められるのです。

⑪ 練習問題

- **A** 基本の問題
- **B** 標準的な問題
- **C** やや難しい問題

チャレンジしてね。

1 数と式の計算

練習問題 1.1 [整数，分数，小数]　解答は p.188

次の計算をしてください。

A
(1) $\{5-(-2)\}^2 \times 6 \div 3$
(2) $\{(-1)^3+9\} \div 4 \times (-2)$
(3) $3 \times 2^3 - (-2)^3 \div 4$
(4) $4 \times \left(\dfrac{1}{2}+\dfrac{2}{3}\right) - \dfrac{2}{3}$
(5) $\left(\dfrac{1}{3}-\dfrac{1}{5}\right) \div \left(1+\dfrac{1}{2}\right)$
(6) $\left(-\dfrac{1}{2}\right)^2 \times \left(\dfrac{1}{3}\right)^3 \div \left(\dfrac{1}{6}\right)^2$
(7) $3 \times 1.2 - 0.8$
(8) 5.4×0.3
(9) $3.8 \div 0.02$

B
(1) $2 \times \{(-3)^2 + 4 \times (-2)\} - 6 \div (-3)$
(2) $(-3)^3 \div (2^3 \times 3 - 12) \times \{-(-2)\}^2$
(3) $\dfrac{8}{5} \times \left\{\left(1-\dfrac{1}{2}\right) \div \dfrac{3}{2} - \dfrac{5}{6}\right\}$
(4) $8 \div \left(\dfrac{7}{5} - 2 + \dfrac{1}{3}\right) \div \left(\dfrac{5}{2}\right)^2$
(5) $(1.2+0.5)^2 + (3.4+1.7)^2 - (4.1-2.9)^2$

C
(1) $\{8-(-2)\}^2 \times 3 - (-4)^3 \times 5^2 \div (-8)$
(2) $\{-2^2-(-2)^2\}^3 \div (3 \times 8) + 5 \div (-3)^2 \times 6$
(3) $\left(\dfrac{1}{3}-\dfrac{1}{2}\right)^2 \times \dfrac{13}{4} \div \left\{8 \times \dfrac{1}{6} - \left(\dfrac{5}{3}\right)^2\right\}$
(4) $\dfrac{3.8 \times 0.12 - 1.1^3}{0.3^2 + 2.7 \times 1.4 - 0.37}$

練習問題 1.2 [展開公式]　解答は p.188

次の式を展開公式を使って展開してください。

A
(1) $(x-3)^2$
(2) $(x+3)(x-3)$
(3) $(y+5)(y-2)$
(4) $(x+1)^3$

B
(1) $(x+3y)^2$
(2) $(x+2y)(x-2y)$
(3) $(u+4v)(u-2v)$
(4) $(x-2)^3$

C
(1) $(5x-3y)^2$
(2) $\left(\dfrac{1}{2}a+\dfrac{1}{3}b\right)\left(\dfrac{1}{2}a-\dfrac{1}{3}b\right)$
(3) $(x+y-1)^2$
(4) $(2a-b+3)^2$

練習問題 1.3 [因数分解]　解答は p.188

次の式を因数分解してください。

A
(1) x^2+4x+4
(2) x^2-9
(3) x^2+6x+5
(4) t^2-5t-6
(5) a^3+1

B
(1) $9x^2-6x+1$
(2) $4x^2-y^2$
(3) $4x^2-4x-3$
(4) $3t^2+5t-2$
(5) a^3-8

C
(1) $9x^2+12xy+4y^2$
(2) $8a^2-10ab+3b^2$
(3) $8u^3+27v^3$
(4) $x^3-6x^2+12x-8$

練習問題 1.4 [因数定理]　解答は p.188

因数定理を利用して次の式を実数の範囲で因数分解してください。

A
(1) x^3-x^2+x-1
(2) x^3+x^2-2x-2
(3) x^3-3x^2+3x-2

B
(1) x^3-3x^2+4
(2) $x^3-3x^2-4x+12$
(3) x^4-x^3+x-1

C
(1) $4x^4-8x^3-13x^2+2x+3$
(2) $6x^4+11x^3-21x^2+x+3$

練習問題 1.5 [平方根]　解答は p.188

次の式を計算してください。また，無理数の分母は有理化してください。

A （1）$(\sqrt{2}+1)^2$　（2）$(\sqrt{5}+\sqrt{3})(\sqrt{5}-\sqrt{3})$　（3）$(\sqrt{3}+1)(\sqrt{3}-2)$　（4）$(\sqrt{8}+\sqrt{6})^2$

B （1）$\dfrac{1}{\sqrt{3}+1}$　（2）$\dfrac{\sqrt{3}+\sqrt{2}}{\sqrt{3}-\sqrt{2}}$　（3）$\dfrac{\sqrt{18}}{\sqrt{5}-\sqrt{2}}$　（4）$\dfrac{2+\sqrt{7}}{3-\sqrt{7}}$

C （1）$\dfrac{\sqrt{6}}{\sqrt{27}-\sqrt{8}}$　（2）$\dfrac{1}{(\sqrt{5}-\sqrt{2})^2}$　（3）$\dfrac{1}{\sqrt{3}+4}+\dfrac{1}{\sqrt{3}-1}$

　　　（4）$\dfrac{1}{\sqrt{2}+\sqrt{3}+\sqrt{5}}$

練習問題 1.6 [複素数]　解答は p.188

次の式を計算し，答えは $a+bi$（a,b は実数）の形で表わしてください。

A （1）$(1+i)^2$　（2）$(2-i)^2$　（3）$(1+i)(1-i)$　（4）$(5+i)(3-i)$

B （1）$(2+3i)^2$　（2）$\{(5+2i)-(3-4i)\}^2$　（3）$(4+3i)(2-i)$

　　　（4）$\dfrac{1}{1+i}$　（5）$\dfrac{1}{3-2i}$

C （1）$\dfrac{1+i}{1-i}$　（2）$\dfrac{3-2i}{3+2i}$　（3）$\dfrac{3+2i}{2-3i}$　（4）$\dfrac{1}{1+2i}-\dfrac{1}{1-2i}$　（5）$\dfrac{1}{1+2i}+\dfrac{1}{1-3i}$

練習問題 1.7 [分数式の計算]　解答は p.189

次の式を計算してください。

A （1）$\dfrac{x^2+x}{x^2-1}$　（2）$\dfrac{1}{x^2-y^2}\times\dfrac{x+y}{x-y}$　（3）$\dfrac{1}{x-1}-\dfrac{1}{x+1}$　（4）$\dfrac{1}{x+1}-\dfrac{1}{x+2}$

B （1）$\dfrac{x-3}{x^2+3x+2}\times\dfrac{x+1}{x^2-x-6}$　（2）$\dfrac{1}{x-3}-\dfrac{x+2}{x(x-3)}$

　　　（3）$\dfrac{1}{x(x+1)}-\dfrac{1}{(x+1)(x+2)}$

C （1）$\dfrac{x+2}{x^2-1}-\dfrac{x-1}{x^2+3x+2}$　（2）$\dfrac{x^2-2x+1}{x^2-x-2}\div\dfrac{x^2+2x-3}{x^2+x-6}$　（3）$\dfrac{1}{x+\dfrac{1}{1-\dfrac{1}{x}}}$

練習問題 1.8 [部分分数展開]　解答は p.189

次の式を部分分数に展開してください。

A （1）$\dfrac{2}{(x+1)(x-1)}$　（2）$\dfrac{4}{(x+1)(x-3)}$　（3）$\dfrac{x}{x^2+3x+2}$

B （1）$\dfrac{1}{x^2(x-1)}$　（2）$\dfrac{1}{x(x-1)^2}$　（3）$\dfrac{x}{(x+1)(x-2)^2}$

C （1）$\dfrac{2}{(x+1)(x^2+1)}$　（2）$\dfrac{1}{x(x^2+x+1)}$　（3）$\dfrac{1}{(x^2+x+1)(x^2-x+1)}$

練習問題 1.9 [1次方程式]　　解答は p. 189

次の1次方程式を解いてください。

A （1）$0.25x = 1.4$　　（2）$\dfrac{3}{5}x - \dfrac{1}{6} = 0$　　（3）$\sqrt{3}x = 6$

B （1）$9.5 - 6.2x = 0.2$　　（2）$\dfrac{3}{4}x - \dfrac{1}{3} = \dfrac{1}{2}x$　　（3）$\sqrt{2}x + 1 = \sqrt{2}$

C （1）$5.51x + 2.44 = 2.37x + 4.01$

（2）$\dfrac{1}{2} - \dfrac{1}{3}x = \dfrac{1}{4} - \dfrac{1}{5}x + \dfrac{1}{6}$　　（3）$\sqrt{2}x + \sqrt{3} = \sqrt{3}x - \sqrt{2}$

練習問題 1.10 [2次方程式]　　解答は p. 189

次の2次方程式を解いてください。

A （1）$x^2 - 3 = 0$　　（2）$x^2 - 2x + 1 = 0$　　（3）$x^2 + 4x + 3 = 0$
（4）$x^2 + 1 = 0$　　（5）$x^2 + 4 = 0$　　（6）$2x = x^2$
（7）$2x^2 + 3x - 2 = 0$　　（8）$9x^2 + 6x + 1 = 0$　　（9）$2(x^2 - 3) = x$

B （1）$x^2 + 3x - 2 = 0$　　（2）$x^2 + x + 1 = 0$　　（3）$2x^2 + x + 1 = 0$
（4）$x^2 + 2 = 0$　　（5）$3x^2 + 4 = 0$　　（6）$3x^2 - 5x + 1 = 0$

C （1）$x^2 - 2x - 2 = 0$　　（2）$x^2 - 2x + 2 = 0$　　（3）$3x^2 + 2x + 1 = 0$
（4）$x^2 - \sqrt{2}x - 1 = 0$　　（5）$\sqrt{3}x^2 - 6x + \sqrt{3} = 0$　　（6）$\sqrt{2}x^2 - \sqrt{3}x + \sqrt{2} = 0$

練習問題 1.11 [連立1次方程式]　　解答は p. 189

次の連立1次方程式を解いてください。

A （1）$\begin{cases} x + y = 2 \\ x - y = 6 \end{cases}$　　（2）$\begin{cases} 2a - b = -7 \\ a + 3b = 0 \end{cases}$　　（3）$\begin{cases} 5u + 3v = 10 \\ 3u + 2v = 10 \end{cases}$

B （1）$\begin{cases} x + y = 1 \\ x - y = 2 \end{cases}$　　（2）$\begin{cases} 6a - 3b = 2 \\ 2a + 6b = 3 \end{cases}$　　（3）$\begin{cases} 5u + 3v = 1 \\ 3u - 5v = 1 \end{cases}$

C （1）$\begin{cases} a + b - c = 0 \\ a - b + c = 2 \\ -a + b + c = 4 \end{cases}$　　（2）$\begin{cases} 2x - y + 3z = 3 \\ x + 2y - 3z = 0 \\ -x - 3y + 2z = 2 \end{cases}$　　（3）$\begin{cases} 2x + 3y + 6z = -1 \\ 9x + 6y - 3z = -2 \\ 3x + y - 7z = 0 \end{cases}$

連立1次方程式は『線形代数』で学ぶ行列と縦ベクトルを使って表わすことができます。たとえば，**C** (3) の方程式は
$$\begin{pmatrix} 2 & 3 & 6 \\ 9 & 6 & -3 \\ 3 & 1 & -7 \end{pmatrix} \begin{pmatrix} x \\ y \\ x \end{pmatrix} = \begin{pmatrix} -1 \\ -2 \\ 0 \end{pmatrix}$$
と表わされます。係数を並べたこの行列を調べることで，未知数の数が多くても，もとの連立1次方程式の解を効率よく求めることができるのよ。『線形代数』で勉強してね。

2 関数とグラフ

練習問題 2.1 [直線]　解答は p.190

次の直線を描いてください。

A ① $y=3x$　② $y=3x+2$　③ $y=-2x$　④ $y=-2x+1$　⑤ $y=\frac{1}{2}x-1$

B ① $x+y=0$　② $2x-y=2$　③ $x+3y=3$　④ $x-2y=4$　⑤ $y=3$　⑥ $x=-3$

C ① $2x+3y=0$　② $5x-2y=0$　③ $2x-3y=6$　④ $-5x+2y=10$　⑤ $\frac{x}{2}+\frac{y}{3}=1$

練習問題 2.2 [放物線 1]　解答は p.190

次の放物線を描いてください。

A ① $y=x^2$　② $y=2x^2$　③ $y=\frac{1}{2}x^2$　④ $y=-x^2$　⑤ $y=-3x^2$　⑥ $y=-\frac{1}{4}x^2$

B ① $y=x^2+1$　② $y=-\frac{1}{4}x^2-1$　③ $y=(x-1)^2$　④ $y=(x-1)^2-2$
　　⑤ $y=-(x+2)^2+1$

C ① $y=x^2+2x+1$　② $y=x^2+4x$　③ $y=2x^2+4x-1$　④ $y=-x^2+2x+2$
　　⑤ $y=-\frac{1}{4}x^2-x$

練習問題 2.3 [放物線 2]　解答は p.191

次の放物線を描いてください。

A ① $y=\sqrt{x}$　② $y=\sqrt{x-2}$　③ $y=\sqrt{x+3}$　④ $y=-\sqrt{x}$　⑤ $y=-\sqrt{x-1}$
　　⑥ $y=-\sqrt{x+1}$

B ① $y^2=x$　② $y^2=-x$　③ $x=\frac{1}{4}y^2$　④ $x=-\frac{1}{4}y^2$

C ① $y^2=x-1$　② $y^2=x+3$　③ $y=\sqrt{x}-1$　④ $y=-\sqrt{x}+1$　⑤ $y=2-\sqrt{x-1}$

練習問題 2.4 [放物線と 2 次不等式]　解答は p.191

次の不等式をみたす x の範囲を求めてください。

A （1） $x(x-1)>0$　（2） $(x-1)(x+2)\geqq 0$　（3） $x(x+2)<0$
　　（4） $(x+3)(x-2)\leqq 0$

B （1） $x^2-4x\geqq 0$　（2） $-x^2+x+2<0$　（3） $x^2-6x+5\leqq 0$
　　（4） $-x^2+5x+6>0$

C （1） $2x^2+3x-2\leqq 0$　（2） $12x^2-4x-1>0$　（3） $-6x^2+5x+6<0$
　　（4） $-12x^2+13x-3\geqq 0$

練習問題 2.5 [最大・最小問題]　　解答は p. 191

A 次の 2 次関数に最大値，最小値があれば求めてください。

(1) $y = x^2 - 4x$　　(2) $y = -x^2 + 4x - 3$　　(3) $y = \dfrac{1}{2}x^2 + x$

B 次の 2 次関数について，( ) 内の区間における最大値，最小値を求めてください。

(1) $y = x^2 - 4x$ ($0 \leq x \leq 5$)　　(2) $y = -x^2 + 4x - 3$ ($0 \leq x \leq 1$)

C (1) 秒速 30 m で物体を真上に投げ上げたとき，t 秒後の高さ y m はおよそ $y = 30t - 5t^2$ で表わされます。物体は何秒後に最も高くなるでしょうか。また，そのときの高さも求めてください。

(2) 放物線 $y = 4 - x^2$ と x 軸とで囲まれた部分に，x 軸上に 2 頂点をもち，放物線上に 2 頂点をもつ長方形をつくります。この長方形の周の長さが最大になるときの 4 頂点の座標を求めてください。また，周の長さの最大値も求めてください。

練習問題 2.6 [円]　　解答は p. 192

次の円を描いてください。

A ① $x^2 + y^2 = 1$　　② $x^2 + y^2 = 2$

B ① $(x-2)^2 + y^2 = 1$　　② $x^2 + (y+1)^2 = 2$　　③ $(x+1)^2 + (y-1)^2 = 3$
④ $(x+1)^2 + (y+2)^2 = 4$

C ① $x^2 - 4x + y^2 = 0$　　② $x^2 + y^2 + 2y = 0$　　③ $x^2 - 4x + y^2 + 2y = 0$
④ $x^2 + y^2 + 2x + 6y + 1 = 0$

練習問題 2.7 [楕円と双曲線]　　解答は p. 192

次の関数のグラフの概形を描いてください。

A ① $\dfrac{x^2}{2^2} + \dfrac{y^2}{3^2} = 1$　　② $\dfrac{x^2}{3^2} - \dfrac{y^2}{2^2} = 1$　　③ $\dfrac{x^2}{3^2} - \dfrac{y^2}{2^2} = -1$　　④ $y = \dfrac{4}{x}$

B ① $9x^2 + 4y^2 = 36$　　② $9x^2 - 4y^2 = 36$　　③ $4x^2 - y^2 = -16$　　④ $xy = -4$

C ① $\dfrac{(x-1)^2}{4} + \dfrac{(y+1)^2}{9} = 1$　　② $y = \dfrac{1}{x} + 1$　　③ $y = \dfrac{1}{x-1}$　　④ $y = \dfrac{1}{x-2} + 1$

円錐を切ると現われる
　放物線，楕円，双曲線
は，2 次曲線ともよばれるのよ。

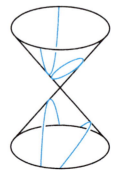

練習問題 2.8 [2直線の共有点]   解答は p.193

次の2つの直線に共有点があれば求めてください。

A (1) $\begin{cases} y = x - 3 \\ y = -x + 2 \end{cases}$ (2) $\begin{cases} y = \dfrac{1}{2}x + 1 \\ y = \dfrac{2}{3}x - 2 \end{cases}$ (3) $\begin{cases} 3x - y = 2 \\ x + 3y = 0 \end{cases}$

B (1) $\begin{cases} 5y = 3x + 5 \\ 3x - 5y = 1 \end{cases}$ (2) $\begin{cases} 2x + 2y = 2 \\ y = -x + 1 \end{cases}$

C (1) $\begin{cases} \dfrac{1}{2}x + \dfrac{1}{2}y = 1 \\ \dfrac{1}{4}x + \dfrac{1}{3}y = 1 \end{cases}$ (2) $\begin{cases} \dfrac{1}{2}x + \dfrac{1}{2}y = 1 \\ \dfrac{1}{3}x + \dfrac{1}{3}y = 1 \end{cases}$ (3) $\begin{cases} \dfrac{1}{2}x + \dfrac{1}{2}y = 1 \\ \dfrac{1}{3}x + \dfrac{1}{3}y = \dfrac{2}{3} \end{cases}$

練習問題 2.9 [放物線と直線の共有点]   解答は p.193

次の放物線と直線に共有点があれば求めてください。

A (1) $\begin{cases} y = x^2 \\ y = x + 6 \end{cases}$ (2) $\begin{cases} y = x^2 \\ x + y = -1 \end{cases}$ (3) $\begin{cases} y = x^2 + 3 \\ y = 6(x - 1) \end{cases}$

B (1) $\begin{cases} y = x(x - 3) \\ 3x + y = 0 \end{cases}$ (2) $\begin{cases} y = \dfrac{1}{2}x^2 - x + \dfrac{1}{2} \\ y = 2x - 2 \end{cases}$ (3) $\begin{cases} y = -(x+1)(x-2) \\ 2x + y = 6 \end{cases}$

C (1) $\begin{cases} y = \dfrac{1}{2}x(x+3) - 2 \\ x - 2y = 6 \end{cases}$ (2) $\begin{cases} y = 4(x-1)^2 - 3x \\ x - y - 5 = 0 \end{cases}$ (3) $\begin{cases} y = (x+1)^2 + 3(x-1)^2 \\ 4x + y = 5 \end{cases}$

練習問題 2.10 [その他のグラフの共有点]   解答は p.193

次の2つの関数のグラフに共有点があれば求めてください。

A (1) $\begin{cases} x^2 + y^2 = 1 \\ x + y = 0 \end{cases}$ (2) $\begin{cases} y = (x-1)^2 \\ y = 1 - x^2 \end{cases}$ (3) $\begin{cases} y = \dfrac{1}{4}x^2 \\ x^2 + (y-1)^2 = 1 \end{cases}$

B (1) $\begin{cases} y = \dfrac{1}{x} \\ y = -x + 1 \end{cases}$ (2) $\begin{cases} x^2 + y^2 = 4 \\ (x-1)^2 + y^2 = 1 \end{cases}$ (3) $\begin{cases} x^2 + y^2 = 4 \\ x^2 - y^2 = 1 \end{cases}$

C (1) $\begin{cases} (x-3)^2 + y^2 = 1 \\ x^2 - y^2 = 1 \end{cases}$ (2) $\begin{cases} y = \dfrac{1}{2}x^2 - 1 \\ \dfrac{x^2}{4} + y^2 = 1 \end{cases}$

(3) $\begin{cases} y = x^2 - 5 \\ x^2 - y^2 = -1 \end{cases}$

なるべくグラフも描いてみてね。

3 指数関数

練習問題 3.1 [指数]　　解答は p.193

A 次の式を指数を使って，かき直してください。

(1) $\sqrt{x^3}$　　(2) $\sqrt{x+1}$　　(3) $\dfrac{1}{\sqrt{x}}$　　(4) $\dfrac{1}{\sqrt{x^3}}$

(5) $\sqrt[3]{2x+1}$　　(6) $\sqrt[3]{(x+1)^2}$　　(7) $\dfrac{1}{\sqrt[3]{x^2+1}}$

関数電卓を使って，次の値を求めてください（小数第5位以下切り捨て）。

(8) $\sqrt{2}$　　(9) $\sqrt{3}$　　(10) $\sqrt[3]{7}$　　(11) $\dfrac{1}{\sqrt[3]{2}}$

(12) $2^{0.1}$　　(13) $3^{\sqrt{3}}$　　(14) $5^{-1.2}$

練習問題 3.2 [指数法則]　　解答は p.193

1. 次の値を求めてください。

A (1) $100^{\frac{1}{2}}$　(2) $81^{\frac{1}{4}}$　(3) $8^{\frac{2}{3}}$　(4) $1000^{-\frac{1}{3}}$　(5) $81^{-\frac{1}{2}}$　(6) $64^{-\frac{2}{3}}$

B (1) $\left(\dfrac{9}{100}\right)^{\frac{1}{2}}$　(2) $\left(\dfrac{1000}{27}\right)^{\frac{1}{3}}$　(3) $\left(\dfrac{8}{27}\right)^{\frac{2}{3}}$　(4) $\left(\dfrac{8}{125}\right)^{-\frac{1}{3}}$　(5) $\left(\dfrac{1}{16}\right)^{-\frac{3}{4}}$

C (1) $\sqrt{2} \times \sqrt[4]{8}$　(2) $\dfrac{\sqrt[3]{25}}{\sqrt{5}}$　(3) $\sqrt[3]{\sqrt[4]{3} \times \sqrt{3}}$　(4) $\dfrac{\sqrt{2 \times \sqrt[3]{4}}}{\sqrt[4]{8}}$

2. 次の式を $p^a q^b$ の形に直してください（ただし，$p>0$, $q>0$）。

A (1) $(p^2 q^3)^3$　(2) $(p^{\frac{1}{2}} q^{\frac{1}{3}})^6$　(3) $\left(\dfrac{q^3}{p^2}\right)^3$　(4) $\left(\dfrac{q^{\frac{1}{3}}}{p^{\frac{1}{2}}}\right)^6$　(5) $\sqrt{p^2 q^3}$

B (1) $(pq^2)^3 \times (p^3 q)^2$　(2) $\dfrac{(pq^2)^3}{(p^3 q)^2}$　(3) $\dfrac{(p^2 q^2)^2 \times p^3}{(p^4 q^3)^3}$

C (1) $\sqrt{p^3 q} \times \sqrt[3]{pq^2}$　(2) $\dfrac{\sqrt{p^2 q}}{\sqrt[3]{pq^2}}$　(3) $\dfrac{\sqrt[4]{pq} \times \sqrt[3]{p^5 q^2}}{\sqrt{p^3 q}}$

練習問題 3.3 [指数関数のグラフ]　　解答は p.193

B もし必要なら関数電卓を使い，次の指数関数のグラフを描いてください。

① $y = 4^x$　② $y = \left(\dfrac{1}{4}\right)^x$　③ $y = 10^x$　④ $y = \left(\dfrac{1}{10}\right)^x$

⑤ $y = \left(\dfrac{3}{2}\right)^x$　⑥ $y = \left(\dfrac{2}{3}\right)^x$　⑦ $y = e^x$　⑧ $y = \left(\dfrac{1}{e}\right)^x$

"e" はネピアの数よ。

4 対数関数

練習問題 4.1 [対数]　　解答は p.194

次の指数表記を対数表記にかえてください。

A　(1) $3^2=9$　(2) $3^4=81$　(3) $3^{-1}=\dfrac{1}{3}$　(4) $3^{-3}=\dfrac{1}{27}$　(5) $3^1=3$　(6) $3^0=1$

練習問題 4.2 [対数法則]　　解答は p.194

1. 次の対数の値を求めてください。

A　(1) $\log_3 9$　(2) $\log_3 81$　(3) $\log_3 \dfrac{1}{3}$　(4) $\log_3 \dfrac{1}{27}$　(5) $\log_3 3$　(6) $\log_3 1$

B　(1) $\log_2 \sqrt{2}$　(2) $\log_{10} \sqrt[3]{100}$　(3) $\log_{10} \dfrac{1}{\sqrt[4]{1000}}$　(4) $\log_3 \dfrac{1}{3\sqrt{3}}$　(5) $\log_e \dfrac{1}{\sqrt{e}}$

2. 対数法則を使って次の式を簡単にしてください。

A　(1) $\log_2 12 + \log_2 \dfrac{2}{3}$　(2) $\log_3 15 - \log_3 \dfrac{5}{9}$　(3) $\log_2 3\sqrt{2} + \log_2 \dfrac{2}{3}$

B　(1) $2\log_2 \dfrac{2}{3} + \log_2 9$　(2) $\log_3 54 - \dfrac{1}{2}\log_3 4$　(3) $\log_5 25\sqrt{7} - \dfrac{1}{2}\log_5 \dfrac{7}{25}$

C　(1) $\dfrac{1}{3}\log_2 \dfrac{3}{8} - \log_2 \dfrac{3\sqrt{2}}{\sqrt[3]{9}}$　(2) $2\log_e \sqrt{6}\,e^2 - \dfrac{1}{2}\log_e 2e^4 - \log_e 3\sqrt{2}\,e^3$

練習問題 4.3 [底の変換]　　解答は p.194

1. $\log_3 2$ を指定された底に変換してください。

A　(1) 底を 2 に　(2) 底を 5 に　(3) 底を 10 に　(4) 底を e に

2. 適当な底に変換することにより、次の式を計算してください。

B　(1) $\log_2 3 \times \log_3 2$　(2) $\log_2 3 \times \log_3 5 \times \log_5 2$　(3) $\log_8 9 \times \log_9 16$

C　(1) $(\log_{16} 3 - \log_4 9)(\log_3 16 + \log_9 4)$　(2) $(\log_{\sqrt{3}} 2 - \log_9 4)(\log_2 3 + \log_4 \sqrt{3})$

練習問題 4.4 [対数の値]　　解答は p.194

関数電卓を使って、次の値を求めてください（小数第 5 位以下切り捨て）。

A　(1) $\log_{10} \dfrac{2}{5}$　(2) $\log_e 0.321$　**B**　(1) $\log_4 5$　(2) $\log_2(\sqrt{3}+1)$

練習問題 4.5 [対数関数のグラフ]　　解答は p.194

B 必要なら関数電卓を使い、次の対数関数のグラフを描いてください。

① $y = \log_{10} x$　② $y = \log_{\frac{1}{10}} x$　③ $y = \log_e x$　④ $y = \log_{\frac{1}{e}} x$　⑤ $y = \log_4 x$

5 三角関数

練習問題 5.1 [三角比 1] 　　　　　　　　　　　　　　　解答は p. 195

A　右の直角三角形について，次の三角比の値を求めてください。

（1）　$\sin\alpha,\ \cos\alpha,\ \tan\alpha$　　（2）　$\sin\beta,\ \cos\beta,\ \tan\beta$

（3）　$\sin\gamma,\ \cos\gamma,\ \tan\gamma$　　（4）　$\sin\delta,\ \cos\delta,\ \tan\delta$

次の三角比の値を求めてください。

（5）　$\sin 30°,\ \cos 30°,\ \tan 30°$　　（6）　$\sin 45°,\ \cos 45°,\ \tan 45°$

（7）　$\sin 60°,\ \cos 60°,\ \tan 60°$

練習問題 5.2 [三角比 2] 　　　　　　　　　　　　　　　解答は p. 195

A　次の三角比の値を求めてください。

（1）　$\sin 120°$　　（2）　$\cos 135°$　　（3）　$\tan 150°$　　（4）　$\cos 0°$　　（5）　$\sin 90°$

練習問題 5.3〜5.4 [三角比の相互関係] 　　　　　　　解答は p. 195

A　次の三角比の値を求めてください。

（1）　$0°<\theta<90°$，$\sin\theta=\dfrac{2}{\sqrt{13}}$ のとき，$\cos\theta,\ \tan\theta$ の値

（2）　$90°<\theta<180°$，$\sin\theta=\dfrac{2}{\sqrt{13}}$ のとき，$\cos\theta,\ \tan\theta$ の値

（3）　$0°<\theta<180°$，$\cos\theta=-\dfrac{4}{5}$ のとき，$\sin\theta,\ \tan\theta$ の値

（4）　$0°<\theta<180°$，$\tan\theta=\sqrt{2}$ のとき，$\sin\theta,\ \cos\theta$ の値

（5）　$0°<\theta<180°$，$\tan\theta=-\sqrt{2}$ のとき，$\sin\theta,\ \cos\theta$ の値

練習問題 5.5 [正弦定理] 　　　　　　　　　　　　　　　解答は p. 195

△ABC の外接円の半径を R とするとき，次の値を求めてください。

A　（1）　$a=10$，$A=45°$，$B=60°$ のとき，b と R の値

　（2）　$c=2$，$A=30°$，$C=135°$ のとき，a と R の値

B　（1）　$b=\sqrt{2}$，$A=45°$，$C=105°$ のとき，a と R の値

　（2）　$a=\sqrt{3}$，$B=30°$，$C=15°$ のとき，b と R の値

練習問題 5.6 [余弦定理]　　解答は p.195

△ABC において次の値を求めてください。

A (1) $a=5$, $b=7$, $c=8$ のとき，B の値
(2) $a=13$, $b=8$, $c=7$ のとき，A の値

B (1) $a=2$, $b=1+\sqrt{3}$, $C=60°$ のとき，c, A, B の値
(2) $a=\sqrt{3}-1$, $c=\sqrt{6}$, $B=45°$ のとき，b, A, C の値

Bは正弦定理と余弦定理の両方を使ってね。

練習問題 5.7 [ラジアン]　　解答は p.195

A 次の角の単位を度（°）はラジアンに，ラジアンは度（°）にかえてください。

(1) 45°　(2) 90°　(3) 120°　(4) 135°　(5) 180°　(6) 210°

(7) 240°　(8) 315°　(9) 360°　(10) $\dfrac{\pi}{6}$　(11) $\dfrac{\pi}{3}$　(12) $\dfrac{\pi}{2}$

(13) $\dfrac{5}{6}\pi$　(14) π　(15) $\dfrac{5}{4}\pi$　(16) $\dfrac{4}{3}\pi$　(17) $\dfrac{3}{2}\pi$　(18) $\dfrac{11}{6}\pi$

練習問題 5.8 [一般角]　　解答は p.195

A 次の一般角を表わす位置に番号をふってください。

例 ① $\dfrac{\pi}{3}$　② $\dfrac{5}{6}\pi$　③ $-\dfrac{\pi}{4}$　④ $-\dfrac{2}{3}\pi$

⑤ $\dfrac{\pi}{2}$　⑥ π　⑦ $-\dfrac{\pi}{6}$　⑧ $-\dfrac{3}{4}\pi$　⑨ 0

⑩ $\dfrac{2}{3}\pi$　⑪ $-\dfrac{\pi}{3}$　⑫ $-\pi$　⑬ $\dfrac{\pi}{6}$　⑭ $-\dfrac{\pi}{2}$

⑮ 2π　⑯ $\dfrac{5}{3}\pi$　⑰ $\dfrac{3}{2}\pi$

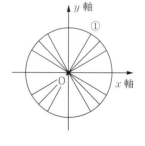

練習問題 5.9 [三角関数の値 1]　　解答は p.195

A 次の三角関数の値を求めてください。

(1) $\tan\dfrac{\pi}{3}$　(2) $\cos\dfrac{5}{6}\pi$　(3) $\sin\left(-\dfrac{\pi}{4}\right)$　(4) $\sin\left(-\dfrac{2}{3}\pi\right)$

(5) $\cos\left(-\dfrac{\pi}{6}\right)$　(6) $\tan\left(-\dfrac{3}{4}\pi\right)$　(7) $\sin\dfrac{2}{3}\pi$　(8) $\tan\left(-\dfrac{\pi}{3}\right)$

(9) $\tan\dfrac{\pi}{6}$　(10) $\sin\dfrac{3}{4}\pi$　(11) $\tan\dfrac{\pi}{4}$　(12) $\sin\left(-\dfrac{7}{6}\pi\right)$

練習問題 5.10 [三角関数の値 2]　解答は p.195

A 次の三角関数の値を求めてください。

(1) $\sin \pi$　　(2) $\cos \dfrac{\pi}{2}$　　(3) $\sin\left(-\dfrac{\pi}{2}\right)$　　(4) $\cos \pi$　　(5) $\tan 0$

(6) $\cos 0$　　(7) $\sin \dfrac{\pi}{2}$　　(8) $\sin 0$　　(9) $\sin \dfrac{3}{2}\pi$　　(10) $\cos(-\pi)$

(11) $\cos\left(-\dfrac{\pi}{2}\right)$　　(12) $\tan \pi$

練習問題 5.11 [三角関数の値 3]　解答は p.196

関数電卓を使って，次の値を求めてください（小数第 5 位以下は切り捨て）。

A (1) $\sin 15°$　　(2) $\cos 100°$　　(3) $\tan 140°$　　(4) $\sin(-25°)$　　(5) $\cos(-70°)$

B (1) $\sin \dfrac{\pi}{5}$　　(2) $\cos \dfrac{3}{10}\pi$　　(3) $\tan \dfrac{7}{8}\pi$　　(4) $\sin\left(-\dfrac{7}{9}\pi\right)$　　(5) $\cos\left(-\dfrac{3}{7}\pi\right)$

練習問題 5.12 [三角関数の相互関係]　解答は p.196

A 次の三角関数の値を求めてください。

(1) $0<\theta<\pi$ において $\cos\theta = -\dfrac{\sqrt{3}}{\sqrt{5}}$ のとき，$\sin\theta$，$\tan\theta$ の値

(2) $\dfrac{\pi}{2}<\theta<\dfrac{3}{2}\pi$ において $\sin\theta = \dfrac{5}{13}$ のとき，$\cos\theta$，$\tan\theta$ の値

(3) $-\dfrac{\pi}{2}<\theta<\dfrac{\pi}{2}$ において $\tan\theta = -\dfrac{1}{2}$ のとき，$\sin\theta$，$\cos\theta$ の値

(4) $-\pi<\theta<0$ において $\tan\theta = \dfrac{3}{2}$ のとき，$\sin\theta$，$\cos\theta$ の値

練習問題 5.13 [三角関数のグラフ]　解答は p.196

B もし必要なら関数電卓を使い，（　）内の区間で次の関数を描いてください。

(1) ① $y=\sin x$　　② $y=\sin 2x$　　③ $y=\sin \dfrac{x}{2}$　　④ $y=2\sin x$　　$(0 \leqq x \leqq 2\pi)$

(2) ① $y=\cos x$　　② $y=\cos 2x$　　③ $y=\cos \dfrac{x}{2}$

　　④ $y=2\cos \dfrac{x}{2}$　　$(0 \leqq x \leqq 2\pi)$

(3) ① $y=\tan x$　　② $y=2\tan x$　　$\left(-\dfrac{\pi}{2}<x<\dfrac{\pi}{2}\right)$

(4) ① $y=\tan \dfrac{x}{2}$　　$(-\pi<x<\pi)$

　　② $y=\tan 2x$　　$\left(-\dfrac{\pi}{4}<x<\dfrac{\pi}{4}\right)$

①〜④の波が
どのように違うか
比較してみてね。

6 ベクトル

練習問題 6.1 [ベクトル] 解答は p. 197

A (1) 右の正六角形において，$\overrightarrow{OE}$ と同じベクトルをすべて取り出してください。

(2) 右の平行六面体において，$\overrightarrow{AB}$ と同じベクトルをすべて取り出してください。

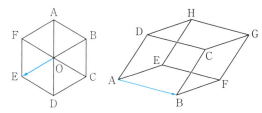

練習問題 6.2 [ベクトルの和，差，スカラー倍] 解答は p. 197

A (1) 右のベクトル $\boldsymbol{a}, \boldsymbol{b}$ について，次のベクトルを作図してください。

$\boldsymbol{a}+\boldsymbol{b},\ \boldsymbol{b}-\boldsymbol{a},\ 2\boldsymbol{a},\ -3\boldsymbol{b}$

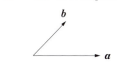

(2) 右のベクトル $\boldsymbol{p}, \boldsymbol{q}$ について，次のベクトルを作図してください。

$2\boldsymbol{p},\ 2\boldsymbol{p}+\boldsymbol{q},\ \dfrac{1}{2}\boldsymbol{q},\ 2\boldsymbol{p}-\dfrac{1}{2}\boldsymbol{q}$

練習問題 6.3 [空間ベクトルの成分表示] 解答は p. 197

A $A(0,2,1),\ B(3,-1,2),\ C(-2,2,3)$ について

(1) $\overrightarrow{AB},\ \overrightarrow{BC},\ \overrightarrow{CA}$ の成分表示を求めてください。

(2) $|\overrightarrow{AB}|,\ |\overrightarrow{BC}|,\ |\overrightarrow{CA}|$ を求めてください。

(3) $4\overrightarrow{AB}+\overrightarrow{BC},\ \overrightarrow{CA}+2\overrightarrow{BC},\ 3\overrightarrow{AB}-5\overrightarrow{CA}$ の成分表示を求めてください。

(4) $|2\overrightarrow{AB}+\overrightarrow{BC}-3\overrightarrow{CA}|$ を求めてください。

練習問題 6.4 [空間ベクトルの内積] 解答は p. 197

$\boldsymbol{a}=(2,0,\sqrt{2}),\ \boldsymbol{b}=(3,\sqrt{3},0),\ \boldsymbol{c}=(t_1,t_2,t_3)$ について

A (1) 内積 $\boldsymbol{a}\cdot\boldsymbol{b}$ を求めてください。

B (2) $\boldsymbol{a}$ と $\boldsymbol{b}$ のなす角 $\theta\ (0\leqq\theta\leqq\pi)$ を求めてください。

(3) $\boldsymbol{a}\perp\boldsymbol{c},\ \boldsymbol{b}\perp\boldsymbol{c},\ |\boldsymbol{c}|=1$ となるような $\boldsymbol{c}$ を求めてください。

C (4) $\boldsymbol{a}\perp(\boldsymbol{b}+2\boldsymbol{c}),\ (\boldsymbol{a}+\boldsymbol{b})/\!/\boldsymbol{c}$ となるような $\boldsymbol{c}$ を求めてください。

$|\boldsymbol{c}|=1$ となるベクトルを単位ベクトルというのだったわ。

— 垂直条件 —
- $\boldsymbol{a}\perp\boldsymbol{b}\iff \boldsymbol{a}\cdot\boldsymbol{b}=0$

— 平行条件 —
- $\boldsymbol{a}/\!/\boldsymbol{b}\iff \boldsymbol{a}=k\boldsymbol{b}$

練習問題 6.5 [空間における2点間の距離] 解答は p.197

A 次の2点間の距離を求めてください。

(1) A$(1,2,-2)$, B$(-3,2,6)$ (2) A$(\sqrt{2},-5,\sqrt{6})$, B$(\sqrt{3},-3,-1)$

B 3点 A$(3,1,-2)$, B$(0,-1,1)$, C$(-3,2,3)$ があります。

(1) 四角形 ABCD が平行四辺形となるような点 D を定めてください。

(2) 平行四辺形 ABCD の対角線 BD の長さを求めてください。

C 2点 A$(1,-1,1)$, B$(2,0,-1)$ があります。

(1) $\overrightarrow{AB}$ を求めてください。

(2) △ABC が正三角形になるような点 C を xy 平面上に定めてください。

練習問題 6.6 [空間における線分の内分点] 解答は p.197

A 3点 A$(-1,3,-2)$, B$(2,0,-1)$, C$(1,-1,2)$ について,次の点の座標を求めてください。

(1) 線分 AB の中点 M   (2) 線分 AC を 3:4 に内分する点 P

(3) 線分 BC を 3:1 に内分する点 Q   (4) △ABC の重心 G

B O を原点とする空間に四面体 ABCD があり,$\overrightarrow{OA}=\boldsymbol{a}$, $\overrightarrow{OB}=\boldsymbol{b}$, $\overrightarrow{OC}=\boldsymbol{c}$, $\overrightarrow{OD}=\boldsymbol{d}$ とします。次のベクトルを $\boldsymbol{a},\boldsymbol{b},\boldsymbol{c},\boldsymbol{d}$ を用いて表わしてください。

(1) △ABC の重心を G_1 とするとき,$\overrightarrow{OG_1}$

(2) 線分 DG_1 を 3:1 に内分する点を G_2 とするとき,$\overrightarrow{OG_2}$

G_2 は四面体 ABCD の重心 とよばれます。

C 平行六面体 OADB-CEFH があり,$\overrightarrow{OA}=\boldsymbol{a}$, $\overrightarrow{OB}=\boldsymbol{b}$, $\overrightarrow{OC}=\boldsymbol{c}$ とします。

(1) 辺 DF を $t:1-t$ (t:実数) に内分する点を P とするとき,$\overrightarrow{OP}$ を $\boldsymbol{a},\boldsymbol{b},\boldsymbol{c}$ を用いて表わしてください。

(2) △ABC の重心を G とするとき,$\overrightarrow{OG}$ を $\boldsymbol{a},\boldsymbol{b},\boldsymbol{c}$ を用いて表わしてください。

(3) $\overrightarrow{OP}=k\overrightarrow{OG}$ となるように t と k の値を定めてください。またこの結果から,△ABC の重心 G についてどのような性質がわかるか考えてください。

練習問題 6.7 [空間における線分の外分点] 解答は p.197

A 3点 A$(-1,3,-2)$, B$(2,0,-1)$, C$(1,1,-5)$ について,次の点の座標を求めてください。

(1) 線分 AB を 2:1 に外分する点 D   (2) 線分 AC を 1:3 に外分する点 E

B 平行六面体 OADB-CEGF があり,$\overrightarrow{OA}=\boldsymbol{a}$, $\overrightarrow{OB}=\boldsymbol{b}$, $\overrightarrow{OC}=\boldsymbol{c}$ とします。

(1) 辺 DG の延長上に辺 DG を 5:2 に外分する点 P をとるとき,$\overrightarrow{OP}$ を $\boldsymbol{a},\boldsymbol{b},\boldsymbol{c}$ を用いて表わしてください。

(2) 線分 OP が面 CEGF と交わる点を Q とするとき,$\overrightarrow{OQ}$ を $\boldsymbol{a},\boldsymbol{b},\boldsymbol{c}$ を用いて表わしてください。

7 複素平面と極形式

練習問題 7.1 [複素平面]　　解答は p.198

A 次の複素数をガウス平面上に図示してください。

(1) $z_1 = 2+i$ のとき，z_1，$2z_1$，$-z_1$，iz_1，$\bar{z}_1$，$3\bar{z}_1$，z_1+1

(2) $z_2 = 2-2i$ のとき，z_2，$\dfrac{1}{2}z_2$，$-\dfrac{3}{2}z_2$，$-iz_2$，$\bar{z}_2$，$\dfrac{i}{2}\bar{z}_2$，z_2+i

練習問題 7.2 [極形式 1]　　解答は p.198

B 次の複素数を極形式で表わしてください。ただし，偏角 θ は $-\pi < \theta \leq \pi$ とします。

(1) $\alpha_1 = 1+i$ 　　(2) $\alpha_2 = 1-i$ 　　(3) $\beta_1 = -1-\sqrt{3}i$

(4) $\beta_2 = -\sqrt{3}+i$ 　　(5) $\gamma_1 = -2$ 　　(6) $\gamma_2 = i$

(7) $w_1 = \dfrac{1}{2}+\dfrac{\sqrt{3}}{2}i$ 　　(8) $w_2 = \dfrac{2}{\sqrt{3}}-\dfrac{2}{3}i$

練習問題 7.3 [極形式 2]　　解答は p.198

B 極形式を利用して次の計算をしてください。

(1) $\alpha_1 = i$, $\alpha_2 = 1-i$ のとき，$\alpha_1\alpha_2$，$\dfrac{\alpha_2}{\alpha_1}$

(2) $\beta_1 = -2i$, $\beta_2 = -1+\sqrt{3}i$ のとき，$\beta_1\beta_2$，$\dfrac{\beta_1}{\beta_2}$

(3) $\gamma_1 = \dfrac{1}{2}+\dfrac{\sqrt{3}}{2}i$, $\gamma_2 = -\sqrt{3}+i$ のとき，$\gamma_1\gamma_2$，$\dfrac{\gamma_1}{\gamma_2}$

練習問題 7.4 [ド・モアブルの定理]　　解答は p.198

ド・モアブルの定理を使って，次の値を計算してください。

B (1) $(1+i)^5$ 　　(2) $(1+\sqrt{3}i)^4$ 　　(3) $\dfrac{1}{(1-i)^3}$

C (1) $\left(\dfrac{1}{2}+\dfrac{\sqrt{3}}{2}i\right)^{10}(-2\sqrt{3}+2i)^6$ 　　(2) $\dfrac{(1+i)^7}{(-2+2i)^5}$

(3) $\dfrac{(\sqrt{3}-i)^3}{(1+\sqrt{3}i)^4}$

複素数の極形式は平面上の点の極座標表示とも深く関連しています。

極座標表示

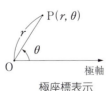

8 極 限

練習問題 8.1 [極限値 1]　　解答は p.199

次の極限を調べ，極限値が存在すれば求めてください。

A （1）$\lim_{x\to 0}(3x+1)$　（2）$\lim_{x\to 1}(x^2+1)$　（3）$\lim_{x\to -1}(x^2+1)$　（4）$\lim_{x\to 2}\dfrac{x^2+1}{x-1}$

B （1）$\lim_{x\to 1}\dfrac{x^2-1}{x-1}$　（2）$\lim_{x\to 2}\dfrac{x^2-x-2}{x-2}$　（3）$\lim_{x\to -1}\dfrac{x^3+1}{x+1}$

C （1）$\lim_{x\to 0}f(x),\quad f(x)=\begin{cases}-x^2 & (x\leq 0)\\ x^2 & (x>0)\end{cases}$　（2）$\lim_{x\to 0}g(x),\quad g(x)=\begin{cases}-1 & (x<0)\\ 0 & (x=0)\\ 1 & (x>0)\end{cases}$

練習問題 8.2 [極限値 2]　　解答は p.199

次の極限を調べ，極限値が存在すれば求めてください。

B （1）$\lim_{x\to +\infty}\dfrac{1}{x-1}$　（2）$\lim_{x\to +\infty}\left(1+\dfrac{1}{x}\right)$　（3）$\lim_{x\to -\infty}\dfrac{1}{x+1}$　（4）$\lim_{x\to -\infty}\left(1-\dfrac{1}{x}\right)$

C （1）$\lim_{x\to 0}\dfrac{1}{x+1}$　（2）$\lim_{x\to 0}\left(x^2+\dfrac{1}{x^2}\right)$　（3）$\lim_{x\to 0-0}\dfrac{1}{x}$

練習問題 8.3 [極限値 3]　　解答は p.199

次の極限を調べ，極限値が存在すれば求めてください。

A $f(x)=x^3-x^2$ について　（1）$\lim_{x\to 1}f(x)$　（2）$\lim_{x\to 0}f(x)$　（3）$\lim_{x\to +\infty}f(x)$　（4）$\lim_{x\to -\infty}f(x)$

B $g(x)=\dfrac{x-1}{x^2-1}$ について　（1）$\lim_{x\to 0}g(x)$　（2）$\lim_{x\to 1}g(x)$　（3）$\lim_{x\to +\infty}g(x)$　（4）$\lim_{x\to -\infty}g(x)$

C $h(x)=\dfrac{x^2+1}{x-1}$ について　（1）$\lim_{x\to 0}h(x)$　（2）$\lim_{x\to 1+0}h(x)$　（3）$\lim_{x\to 1-0}h(x)$　（4）$\lim_{x\to -\infty}h(x)$

練習問題 8.4〜8.5 [無限等比級数]　　解答は p.199

B 次の無限等比級数を $\sum$ の記号を用いて表わし，第 n 項までの部分和 S_n を求めてください。さらに無限等比級数が収束する場合には和を求めてください。

（1）$1+\dfrac{2}{3}+\dfrac{4}{9}+\cdots$　　（2）$1-\dfrac{5}{4}+\dfrac{25}{16}-\cdots$

（3）$\dfrac{3}{2}+\dfrac{9}{4}+\dfrac{27}{8}+\cdots$　　（4）$\dfrac{1}{2}-\dfrac{1}{4}+\dfrac{1}{8}-\cdots$

C 次の循環小数を無限等比級数を使って表わし，どのような有理数に収束するのか調べてください。

（1）$0.\dot{1}$　　（2）$0.\dot{1}\dot{2}$　　（3）$1.2\dot{3}\dot{4}$

9 微分

練習問題 9.1 [平均変化率] 　　　　　　　　　　　解答は p.199

A 関数 $y = x^2 - 2x$ について，次の平均変化率を求めてください。
  (1) $x=0$ から $x=1$　　(2) $x=1$ から $x=3$　　(3) $x=-1$ から $x=0$

B 関数 $y = \cos x$ について，次の平均変化率を求めてください。
  (1) $x=0$ から $x=\dfrac{\pi}{4}$　　(2) $x=\dfrac{\pi}{4}$ から $x=\dfrac{\pi}{2}$　　(3) $x=-\dfrac{\pi}{3}$ から $x=-\dfrac{\pi}{6}$

C 関数 $y = \log x$ について，次の平均変化率を求めてください。
  (1) $x=1$ から $x=e$　　(2) $x=e$ から $x=e^2$　　(3) $x=\dfrac{1}{e}$ から $x=1$

練習問題 9.2 [微分係数] 　　　　　　　　　　　解答は p.199

A $f(x) = x^2 + x$ のとき，$f'(0)$, $f'(1)$ を定義に従って求めてください。

B $f(x) = e^x$ のとき，$f'(1)$, $f'(-1)$ を定義に従って求めてください。

C $f(x) = \log x$ のとき，$f'(e)$, $f'\left(\dfrac{1}{e}\right)$ を定義に従って求めてください。

練習問題 9.3 [導関数 1] 　　　　　　　　　　　解答は p.199

定義に従って $f'(x)$ を求めてください。

A (1) $f(x) = 2x$　　(2) $f(x) = -x + 3$　　(3) $f(x) = 3x - 2$

B (1) $f(x) = 2x^2$　　(2) $f(x) = -x^2 + 1$　　(3) $f(x) = 3x^2 - x + 2$

C (1) $f(x) = -x^3$　　(2) $f(x) = x^3 - x^2$　　(3) $f(x) = 2x^3 - 3x - 1$

練習問題 9.4 [導関数 2] 　　　　　　　　　　　解答は p.200

定義に従って $f'(x)$ を求めてください。

A (1) $f(x) = 2\sin x$　　(2) $f(x) = 3e^x$　　(3) $f(x) = -\log x$

B (1) $f(x) = 1 - \cos x$　　(2) $f(x) = e^{-x}$　　(3) $f(x) = \log(x+1)$

C (1) $f(x) = \sin 2x$　　(2) $f(x) = e^{2x}$　　(3) $f(x) = \log(3x-1)$

練習問題 9.5 [微分の基本計算 1] 　　　　　　　　解答は p.200

次の関数を微分してください。

A (1) $y = 5$　　(2) $y = x^2 + x + 1$　　(3) $y = -x^3 + 2x^2 - \dfrac{1}{5}x + 4$

　　(4) $y = \dfrac{x^2}{4} - \dfrac{x}{2} + \dfrac{5}{3}$　　(5) $y = \dfrac{2x^3 - x}{3}$

練習問題 9.6 [微分の基本計算 2]　　解答は p.200

次の関数を微分してください。

A (1) $y = \cos x + \sin x$　　(2) $y = 2\sin x - 5\cos x$　　(3) $y = \dfrac{3}{4}x - \dfrac{1}{2}\sin x + \dfrac{\pi}{2}$

(4) $y = \log x + e^x$　　(5) $y = \dfrac{1}{3}e^x - 2\log x$　　(6) $y = \dfrac{1}{2}\log x - \dfrac{e^x}{4} + \dfrac{1}{2}$

練習問題 9.7 [積の微分公式]　　解答は p.200

次の関数を微分してください。

A (1) $y = x^4 e^x$　　(2) $y = x^2 \cos x$　　(3) $y = x \sin x$

(4) $y = x \log x$　　(5) $y = e^x \log x$　　(6) $y = \sin x \cos x$

B (1) $y = (x^2 - 2x + 2)e^x$　　(2) $y = \cos x + x \sin x$　　(3) $y = \sin x - x \cos x$

(4) $y = e^x(\sin x - \cos x)$　　(5) $y = e^x(\cos x + \sin x)$　　(6) $y = x^3(3\log x - 1)$

練習問題 9.8 [商の微分公式]　　解答は p.200

次の関数を微分してください。

A (1) $y = \dfrac{1}{x}$　　(2) $y = \dfrac{1}{x^2 + 1}$　　(3) $y = \dfrac{1}{e^x + 1}$　　(4) $y = \dfrac{1}{\log x}$

(5) $y = \dfrac{x+2}{x-3}$　　(6) $y = \dfrac{x}{x^2+1}$　　(7) $y = \dfrac{\sin x}{x}$　　(8) $y = \dfrac{e^x}{x+1}$

B (1) $y = \dfrac{\cos x}{\sin x}$　　(2) $y = \dfrac{\sin x}{1 + \cos x}$　　(3) $y = \dfrac{\cos x}{1 - \sin x}$　　(4) $y = \dfrac{e^x}{e^x + 1}$

(5) $y = \dfrac{1 + e^x}{1 - e^x}$　　(6) $y = \dfrac{\log x}{x}$　　(7) $y = \dfrac{x}{\log x}$　　(8) $y = \dfrac{\log x - 1}{\log x + 1}$

練習問題 9.9 [合成関数の微分 1]　　解答は p.200

次の関数を微分してください。

A (1) $y = \sin 2x + \cos 3x$　　(2) $y = \dfrac{1}{3}\tan 6x$　　(3) $y = (4x + 3)^5$

(4) $y = \sin\dfrac{x}{3} - \cos\dfrac{x}{2}$　　(5) $y = e^{2x} + e^{-x}$　　(6) $y = e^{\frac{x}{2}}$　　(7) $y = (1 - x)^7$

B (1) $y = x \sin 3x$　　(2) $y = x^2 \cos 2x$　　(3) $y = x^2 e^{-x}$　　(4) $y = x^3 e^{2x}$

(5) $y = e^{3x} \sin 2x$　　(6) $y = e^{-x} \tan 3x$　　(7) $y = \dfrac{1}{\cos 5x}$　　(8) $y = \dfrac{1}{(2x-1)^5}$

C (1) $y = e^{-x}(x+1)$　　(2) $y = e^{2x}(2x^2 - 2x + 1)$　　(3) $y = (x^2 + 2x + 2)e^{-x}$

(4) $y = \sin 3x - 3x \cos 3x$　　(5) $y = e^{3x}(3\cos 2x + 2\sin 2x)$

(6) $y = \dfrac{\cos 3x}{\sin 3x}$　　(7) $y = \dfrac{1}{\tan 2x}$　　(8) $y = \dfrac{(2x+1)^2}{(x+1)^3}$

練習問題 9.10 [合成関数の微分 2]　解答は p.201

1. 次の関数を微分してください。

B (1) $y = \sin\left(2x + \dfrac{\pi}{3}\right)$　(2) $y = \cos\left(\dfrac{1}{2}x + \dfrac{\pi}{5}\right)$　(3) $y = (x^2-1)^5$

(4) $y = (3x^2 - 2x + 1)^4$　(5) $y = \sin^3 x$　(6) $y = \cos^2 x$　(7) $y = (\sin x + 1)^4$

(8) $y = (1 - \cos x)^5$　(9) $y = e^{x^2}$　(10) $y = \log(3x-1)$　(11) $y = \log(x^2+1)$

(12) $y = \log(e^x + 1)$　(13) $y = (\log x)^2$　(14) $y = (\log x + 1)^2$

(15) $y = \dfrac{1}{\sin^2 x}$　(16) $y = \dfrac{1}{\cos^3 x}$　(17) $y = \dfrac{1}{(e^x - 1)^2}$

2. 例にならい，置き換えずに合成関数の微分公式を使って微分してください。

例　$y = (x^2 + x - 1)^4$

$y' = \{(x^2+x-1)^4\}' = 4(x^2+x-1)^{4-1} \cdot (x^2+x-1)'$
$\qquad = 4(x^2+x-1)^3(2x+1)$

> $y = g(f(x))$ のとき
> $y' = g'(f(x)) \cdot f'(x)$

B (1) $y = (x^2 + x + 1)^7$　(2) $y = \sin^4 x$

(3) $y = \tan^3 x$　(4) $y = \cos^5 3x$　(5) $y = (e^x + 1)^3$　(6) $y = \log(3x+4)$

C (1) $y = 2x - \log(2x+1)$　(2) $y = \log(3x+2) + \dfrac{2}{3x+2}$　(3) $y = \dfrac{1}{(e^{3x}+1)^2}$

(4) $y = \dfrac{1}{\cos^2 x}$　(5) $y = \dfrac{1}{\sin^6 3x}$　(6) $y = \log\dfrac{x+1}{x-1}$　(7) $y = \log\dfrac{3x-7}{5x+1}$

(8) $y = \dfrac{\sin 3x + \cos 2x}{\sin 2x + \cos 3x}$

練習問題 9.11 [合成関数の微分 3]　解答は p.201

次の関数を微分してください。

A (1) $y = x\sqrt{x}$　(2) $y = x\sqrt[3]{x^2}$　(3) $y = \dfrac{1}{x\sqrt{x}}$　(4) $y = \dfrac{1}{x\sqrt[3]{x}}$

(5) $y = \sqrt{4x+1}$　(6) $y = \sqrt{x^2-x+1}$　(7) $y = \dfrac{1}{\sqrt[3]{x-1}}$　(8) $y = \dfrac{1}{\sqrt[3]{x^2-1}}$

B (1) $y = x(\sqrt{x}+1)$　(2) $y = \sqrt[3]{x}(x-1)$　(3) $y = \dfrac{x+1}{\sqrt{x}}$　(4) $y = e^{\sqrt{x}}$

(5) $y = \sqrt{x^2+1}$　(6) $y = \dfrac{1}{\sqrt{1-x^2}}$　(7) $y = \log(1+\sqrt{x})$

C (1) $y = \dfrac{1}{\sqrt{x}+1}$　(2) $y = \dfrac{1}{1-\sqrt{x}}$　(3) $y = \dfrac{\sqrt{x}-1}{\sqrt{x}+1}$　(4) $y = x\sqrt{x^2+1}$

(5) $y = \dfrac{x}{\sqrt{1-x^2}}$　(6) $y = \log(x+\sqrt{x^2+1})$　(7) $y = \log\dfrac{\sqrt{x}-1}{\sqrt{x}+1}$

練習問題 9.12 [接線の方程式]　　解答は p.201

次の曲線の与えられた x の値における接線の方程式を求めてください。

A （1） $y=x^2-x$, 　$x=1$　　（2） $y=-x^2+2x-2$, 　$x=-1$

B （1） $y=\sin x$, 　$x=\pi$　　（2） $y=\cos 2x$, 　$x=\dfrac{\pi}{4}$　　（3） $y=e^x$, 　$x=1$

（4） $y=e^{-x}$, 　$x=0$　　（5） $y=\log x$, 　$x=e$　　（6） $y=x\log x$, 　$x=1$

（7） $y=\sqrt{x}$, 　$x=4$　　（8） $y=\dfrac{1}{x}$, 　$x=2$

練習問題 9.13 [2階導関数]　　解答は p.202

次の関数の2階導関数を求めてください。

A （1） $y=3x-1$　（2） $y=x^2+1$　（3） $y=-x^3+x$　（4） $y=e^{-x}$

（5） $y=e^{2x}$　（6） $y=\sin 2x$　（7） $y=\cos 3x$

B （1） $y=\sqrt{x}$　（2） $y=\dfrac{1}{\sqrt{x}}$　（3） $y=\log x$　（4） $y=x\sin x$　（5） $y=x\cos 5x$

（6） $y=x^2 e^x$　（7） $y=xe^{-x}$　（8） $y=x\log x$　（9） $y=e^{2x}\sin 3x$

練習問題 9.14 [関数のグラフ 1]　　解答は p.202

y', y'' などを調べて，次の関数のグラフを描いてください。

A （1） $y=x^3+3x^2$　（2） $y=x^3-3x$　（3） $y=-x^3+6x$　（4） $y=-x^3+6x^2-12x$

B （1） $y=x^4-2x^2$　（2） $y=x^4-4x^3$　（3） $y=-x^4+2x^3$

（4） $y=x^4-4x^3+6x^2-4x$

C （1） $y=x^5-5x$　（2） $y=\dfrac{1}{5}x^5-\dfrac{1}{3}x^3$　（3） $y=\dfrac{1}{5}x^5+\dfrac{1}{3}x^3$

練習問題 9.15 [関数のグラフ 2]　　解答は p.204

y', y'' などを調べて，次の関数のグラフを描いてください。

B （1） $y=\sin x-\cos x$　（$-\pi \leqq x \leqq \pi$）

（2） $y=\sin^2 x$　（$-\pi \leqq x \leqq \pi$）

C （1） $y=x+2\sin x$　（$0 \leqq x \leqq 2\pi$）

（2） $y=x-2\cos x$　（$0 \leqq x \leqq 2\pi$）

電波や音波など波の性質をもつものの解析には三角関数は欠かせないツールなのよ。

10 積 分

練習問題 10.1 [不定積分の基本計算 1]　解答は p.206

次の不定積分を求めてください。

A　(1) $\displaystyle\int (4x^3 - 3x^2 + 2x - 1)\,dx$　　(2) $\displaystyle\int \left(\frac{1}{2}x^3 - \frac{1}{3}x^2\right)dx$　　(3) $\displaystyle\int \left(\frac{x^2}{3} + \frac{x}{5} - \frac{1}{2}\right)dx$

練習問題 10.2 [不定積分の基本計算 2]　解答は p.206

次の不定積分を求めてください。

A　(1) $\displaystyle\int \frac{1}{x^3}\,dx$　　(2) $\displaystyle\int \frac{2}{x^2}\,dx$　　(3) $\displaystyle\int 2\sqrt{x}\,dx$　　(4) $\displaystyle\int x\sqrt{x}\,dx$

B　(1) $\displaystyle\int \sqrt[3]{x^2}\,dx$　　(2) $\displaystyle\int \frac{2}{\sqrt{x}}\,dx$　　(3) $\displaystyle\int \frac{1}{x\sqrt{x}}\,dx$　　(4) $\displaystyle\int \frac{1}{\sqrt[3]{x}}\,dx$

練習問題 10.3 [不定積分の基本計算 3]　解答は p.206

次の不定積分を求めてください。

A　(1) $\displaystyle\int (3\sin x + 4\cos x)\,dx$　　(2) $\displaystyle\int \frac{1}{3\cos^2 x}\,dx$　　(3) $\displaystyle\int (x + 3e^x)\,dx$

　　(4) $\displaystyle\int \left(2e^x - \frac{1}{x}\right)dx$　　(5) $\displaystyle\int \left(\frac{2}{x} + \frac{x}{2}\right)dx$　　(6) $\displaystyle\int \left(\frac{1}{3x} - 3x\right)dx$

練習問題 10.4 [不定積分の基本計算 4]　解答は p.206

1. 次の不定積分を求めてください。

A　(1) $\displaystyle\int (\sin 3x - \cos 5x)\,dx$　　(2) $\displaystyle\int \left(\cos\frac{x}{2} - \sin\frac{x}{3}\right)dx$　　(3) $\displaystyle\int e^{2x}\,dx$

B　(1) $\displaystyle\int e^{\frac{x}{2}}\,dx$　　(2) $\displaystyle\int \frac{2}{e^x}\,dx$　　(3) $\displaystyle\int \sin \pi x\,dx$　　(4) $\displaystyle\int \cos\frac{\pi}{4}x\,dx$

2. 半角公式を利用して次の不定積分を求めてください。

B　(1) $\displaystyle\int \sin^2 x\,dx$　　(2) $\displaystyle\int \cos^2 x\,dx$

　　(3) $\displaystyle\int \sin^2 2x\,dx$　　(4) $\displaystyle\int \cos^2 \frac{x}{3}\,dx$

3. 積を和に直す公式などを利用して次の不定積分を求めてください。

C　(1) $\displaystyle\int \sin x \cos 2x\,dx$　　(2) $\displaystyle\int \cos 4x \cos x\,dx$

　　(3) $\displaystyle\int \sin 2x \sin 3x\,dx$

「半角公式」や「積を和に直す公式」などは p.65 を見てね。

練習問題 10.5 [置換積分 1]　　解答は p.206

1. 置換積分により，次の不定積分を求めてください。

A (1) $\int (2x+1)^3 \, dx \quad (u = 2x+1)$ 　　(2) $\int \left(\frac{1}{3}x - 2\right)^5 dx \quad \left(u = \frac{1}{3}x - 2\right)$

(3) $\int \sqrt{2x+1} \, dx \quad (u = 2x+1)$ 　　(4) $\int \frac{1}{\sqrt{3x-1}} \, dx \quad (u = 3x-1)$

(5) $\int \sin\left(x - \frac{\pi}{3}\right) dx \quad \left(u = x - \frac{\pi}{3}\right)$ 　　(6) $\int \cos\left(\frac{\pi}{2}x + \frac{\pi}{6}\right) dx \quad \left(u = \frac{\pi}{2}x + \frac{\pi}{6}\right)$

(7) $\int \frac{1}{x-2} \, dx \quad (u = x-2)$ 　　(8) $\int \frac{1}{2x-1} \, dx \quad (u = 2x-1)$

B (1) $\int \cos^3 x \sin x \, dx \quad (u = \cos x)$ 　　(2) $\int \sin^5 x \cos x \, dx \quad (u = \sin x)$

(3) $\int \frac{\cos x}{\sin x} \, dx \quad (u = \sin x)$ 　　(4) $\int \tan x \, dx \quad (u = \cos x)$

C (1) $\int x\sqrt{x+1} \, dx \quad (u = x+1)$ 　　(2) $\int x\sqrt{3x-1} \, dx \quad (u = 3x-1)$

(3) $\int \sin^5 x \cos^3 x \, dx \quad (u = \sin x)$ 　　(4) $\int \frac{\cos x}{\sqrt{2 + \sin x}} \, dx \quad (u = 2 + \sin x)$

2. 部分分数展開（p.9 参照）と右の公式を使って，次の不定積分を求めてください。

C (1) $\int \frac{1}{(x-1)(x+2)} \, dx$ 　　(2) $\int \frac{1}{x^2 - 4} \, dx$

(3) $\int \frac{1}{x^2 - x - 6} \, dx$ 　　(4) $\int \frac{x}{x^2 - x - 6} \, dx$

$$\int \frac{1}{x-a} \, dx = \log|x-a| + C$$

練習問題 10.6 [置換積分 2]　　解答は p.207

置換積分により，次の不定積分を求めてください。

B (1) $\int x(x^2+1)^3 \, dx \quad (u = x^2+1)$ 　　(2) $\int x\sqrt{x^2-1} \, dx \quad (u = x^2-1)$

(3) $\int \frac{x}{(x^2+1)^2} \, dx \quad (u = x^2+1)$ 　　(4) $\int \frac{x^2}{x^3-1} \, dx \quad (u = x^3-1)$

(5) $\int \frac{x^2}{(x^3-1)^3} \, dx \quad (u = x^3-1)$ 　　(6) $\int \frac{2x+1}{x^2+x+1} \, dx \quad (u = x^2+x+1)$

(7) $\int e^x (e^x - 1)^2 \, dx \quad (u = e^x - 1)$ 　　(8) $\int \frac{e^{2x}}{1+e^{2x}} \, dx \quad (u = 1 + e^{2x})$

(9) $\int \frac{\log x - 1}{x} \, dx \quad (u = \log x - 1)$ 　　(10) $\int \frac{1}{x \log x} \, dx \quad (u = \log x)$

(11) $\int \frac{1}{x(\log x)^2} \, dx \quad (u = \log x)$ 　　(12) $\int x e^{\frac{1}{2}x^2} \, dx \quad \left(u = \frac{1}{2}x^2\right)$

C (1) $\int \frac{1}{e^x + 1} \, dx \quad (u = e^x + 1)$ 　　(2) $\int \sin^5 x \, dx \quad (u = \cos x)$

練習問題 10.7 [部分積分]

1. 部分積分により，次の不定積分を求めてください。

B (1) $\int xe^{2x}dx$ (2) $\int x\sin 2x\,dx$ (3) $\int x\cos 3x\,dx$ (4) $\int x^3\log x\,dx$

C (1) $\int \log x\,dx$ (2) $\int \dfrac{\log x}{x}dx$

2. 部分積分を2回行うことにより，次の不定積分を求めてください。

B (1) $\int x^2 e^x\,dx$ (2) $\int x^2\sin x\,dx$ (3) $\int x^2\cos x\,dx$

C (1) $\int x^2 e^{2x}dx$ (2) $\int x^2 e^{\frac{x}{3}}dx$ (3) $\int x^2\sin 3x\,dx$

(4) $\int x^2\cos\dfrac{x}{2}dx$ (5) $\int e^x\cos x\,dx$ (6) $\int e^{2x}\sin 3x\,dx$

練習問題 10.8 [定積分の基本計算1]

次の定積分の値を求めてください。

A (1) $\int_0^1 (x^2-x+1)\,dx$ (2) $\int_{-1}^2 (2x^3-3x)\,dx$ (3) $\int_{-2}^1 \left(\dfrac{5}{4}x^4+\dfrac{2}{3}x\right)dx$

練習問題 10.9 [定積分の基本計算2]

次の定積分の値を求めてください。

A (1) $\int_1^{\sqrt{2}} \dfrac{1}{x^3}dx$ (2) $\int_0^9 \sqrt{x}\,dx$ (3) $\int_1^4 x\sqrt{x}\,dx$

B (1) $\int_1^4 \dfrac{1}{\sqrt{x}}dx$ (2) $\int_0^1 \sqrt[3]{x^2}\,dx$ (3) $\int_1^8 \dfrac{1}{\sqrt[3]{x}}dx$

練習問題 10.10 [定積分の基本計算3]

次の定積分の値を求めてください。

B (1) $\int_0^{\frac{2}{3}\pi} \sin x\,dx$ (2) $\int_0^{\frac{3}{4}\pi} \cos x\,dx$ (3) $\int_{\frac{\pi}{6}}^{\frac{\pi}{4}} \sin 2x\,dx$

(4) $\int_{-\frac{\pi}{4}}^{\frac{\pi}{3}} \cos 3x\,dx$ (5) $\int_0^{\pi} \sin\dfrac{x}{3}dx$ (6) $\int_{-1}^2 \cos\dfrac{\pi}{2}x\,dx$

(7) $\int_{-1}^1 e^{2x}dx$ (8) $\int_0^3 e^{\frac{x}{3}}dx$ (9) $\int_1^e \dfrac{2}{x}dx$

(10) $\int_e^{e^2} \dfrac{1}{2x}dx$

係数に気をつけてね。

練習問題 10.11 ［定積分の置換積分］ 解答は p. 208

1. 置換積分により，次の定積分の値を求めてください。

A (1) $\displaystyle\int_0^1 (2x+1)^3 \, dx$ $(u=2x+1)$ (2) $\displaystyle\int_0^6 \left(\frac{1}{3}x-2\right)^5 dx$ $\left(u=\frac{1}{3}x-2\right)$

(3) $\displaystyle\int_0^4 \sqrt{2x+1} \, dx$ $(u=2x+1)$ (4) $\displaystyle\int_0^1 \frac{1}{\sqrt{3x+1}} \, dx$ $(u=3x+1)$

(5) $\displaystyle\int_0^{\frac{\pi}{3}} \sin\left(x-\frac{\pi}{3}\right) dx$ $\left(u=x-\frac{\pi}{3}\right)$ (6) $\displaystyle\int_{-1}^1 \cos\left(\frac{\pi}{2}x+\frac{\pi}{6}\right) dx$ $\left(u=\frac{\pi}{2}x+\frac{\pi}{6}\right)$

(7) $\displaystyle\int_2^3 \frac{1}{x-1} \, dx$ $(u=x-1)$ (8) $\displaystyle\int_0^1 \frac{1}{3x+2} \, dx$ $(u=3x+2)$

(9) $\displaystyle\int_0^1 e^{3x+1} \, dx$ $(u=3x+1)$ (10) $\displaystyle\int_1^2 \frac{1}{(1+x)^2} \, dx$ $(u=1+x)$

B (1) $\displaystyle\int_0^{\frac{\pi}{4}} \cos^3 x \sin x \, dx$ $(u=\cos x)$ (2) $\displaystyle\int_0^{\frac{\pi}{3}} \sin^5 x \cos x \, dx$ $(u=\sin x)$

(3) $\displaystyle\int_{\frac{\pi}{4}}^{\frac{\pi}{3}} \frac{\cos x}{\sin x} \, dx$ $(u=\sin x)$ (4) $\displaystyle\int_0^{\frac{\pi}{4}} \tan x \, dx$ $(u=\cos x)$

(5) $\displaystyle\int_0^1 x(x^2+1)^3 \, dx$ $(u=x^2+1)$ (6) $\displaystyle\int_1^2 x\sqrt{x^2-1} \, dx$ $(u=x^2-1)$

(7) $\displaystyle\int_0^1 \frac{x^2}{x^3+1} \, dx$ $(u=x^3+1)$ (8) $\displaystyle\int_0^1 e^x(e^x-1)^2 \, dx$ $(u=e^x-1)$

(9) $\displaystyle\int_0^1 \frac{e^{2x}}{1+e^{2x}} \, dx$ $(u=1+e^{2x})$ (10) $\displaystyle\int_1^e \frac{1-\log x}{x} \, dx$ $(u=1-\log x)$

(11) $\displaystyle\int_1^{\sqrt{2}} x e^{\frac{1}{2}x^2} \, dx$ $\left(u=\frac{1}{2}x^2\right)$ (12) $\displaystyle\int_0^{2\sqrt{2}} x\sqrt{x^2+1} \, dx$ $(u=x^2+1)$

C (1) $\displaystyle\int_0^1 \frac{1}{3^x} \, dx$ $(u=3^x)$ (2) $\displaystyle\int_0^1 x\sqrt{x+3} \, dx$ $(u=\sqrt{x+3})$

(3) $\displaystyle\int_0^1 \sqrt{1-x^2} \, dx$ $(x=\sin\theta)$ (4) $\displaystyle\int_0^1 \frac{1}{1+x^2} \, dx$ $(x=\tan\theta)$

(5) $\displaystyle\int_0^1 \frac{1}{\sqrt{x}+1} \, dx$ $(u=\sqrt{x}+1)$ (6) $\displaystyle\int_0^{\frac{\pi}{2}} \cos^5 x \, dx$ $(u=\sin x)$

(7) $\displaystyle\int_0^1 \frac{1}{\sqrt{4-x^2}} \, dx$ $(x=2\sin\theta)$ (8) $\displaystyle\int_{-2}^{2\sqrt{3}} \frac{1}{4+x^2} \, dx$ $(x=2\tan\theta)$

2. 部分分数に展開することにより，次の定積分の値を求めてください。

C (1) $\displaystyle\int_2^3 \frac{1}{(x+1)(x-1)} \, dx$ (2) $\displaystyle\int_3^4 \frac{1}{x(x-2)} \, dx$

$$\int \frac{1}{x-a} \, dx = \log|x-a| + C$$

(3) $\displaystyle\int_3^4 \frac{1}{x^2-4} \, dx$ (4) $\displaystyle\int_0^1 \frac{1}{x^2-5x+6} \, dx$

(5) $\displaystyle\int_0^1 \frac{1}{e^x+1} \, dx$ $(u=e^x+1)$

練習問題 10.12 [定積分の部分積分] 解答は p.208

1. 部分積分により，次の定積分の値を求めてください。

B (1) $\int_0^1 xe^x\,dx$ (2) $\int_0^{\frac{\pi}{2}} x\cos x\,dx$ (3) $\int_{\frac{\pi}{3}}^{\frac{2}{3}\pi} x\sin x\,dx$ (4) $\int_{-1}^1 xe^{2x}\,dx$

(5) $\int_0^{\frac{\pi}{3}} x\sin 3x\,dx$ (6) $\int_0^{\frac{\pi}{4}} x\cos 2x\,dx$ (7) $\int_1^e x^3\log x\,dx$

C (1) $\int_1^{e^3} \log x\,dx$ (2) $\int_1^e \frac{\log x}{x}\,dx$

2. 部分積分を 2 回行うことにより，次の定積分の値を求めてください。

B (1) $\int_0^1 x^2 e^x\,dx$ (2) $\int_0^{\pi} x^2 \sin x\,dx$ (3) $\int_0^{\frac{\pi}{2}} x^2 \cos x\,dx$

C (1) $\int_{-1}^1 x^2 e^{2x}\,dx$ (2) $\int_0^3 x^2 e^{\frac{x}{3}}\,dx$ (3) $\int_0^{\frac{\pi}{6}} x^2 \sin 3x\,dx$

(4) $\int_0^{\frac{\pi}{2}} x^2 \cos\frac{x}{2}\,dx$ (5) $\int_0^{\frac{\pi}{2}} e^x \cos x\,dx$ (6) $\int_0^{\frac{\pi}{2}} e^{-x} \sin 2x\,dx$

練習問題 10.13 [面積 1] 解答は p.208

1. 次の曲線と x 軸とで囲まれた部分の面積を求めてください。

A (1) $y=-x(x-2)$ (2) $y=x(x+1)$ (3) $y=-x^2+3x-2$ (4) $y=x^2-4x+3$

B (1) $y=x^2(x-1)$ (2) $y=x(x-2)^2$ (3) $y=\sin x\ (0\leqq x\leqq \pi)$

2. 次の曲線と x 軸，y 軸とで囲まれた部分の面積を求めてください。

C (1) $y=e^x-2$ (2) $y=\log(x+2)$ (3) $y=\sqrt{x+1}$

練習問題 10.14 [面積 2] 解答は p.208

次の 2 つの曲線で囲まれた部分の面積を求めてください。

A (1) $y=x^2,\ y=x+2$ (2) $y=-x(x+2),\ y=x$ (3) $y=(x-2)^2,\ y=-x^2+10$

B (1) $y=\sin x,\ y=\cos x\ \left(\frac{\pi}{4}\leqq x\leqq \frac{5}{4}\pi\right)$ (2) $y=\sin x,\ y=\frac{2}{\pi}x\ (x\geqq 0)$

C (1) $y=-x+3,\ y=\frac{2}{x}$ (2) $y=-\frac{4}{x},\ y=x-5$

練習問題 10.15 [回転体の体積] 解答は p.208

次の曲線を，x 軸のまわりに一回転させてできる立体の体積を求めてください。

A (1) $y=x\ (0\leqq x\leqq 1)$ (2) $y=x^2\ (0\leqq x\leqq 1)$ (3) $y=e^x\ (0\leqq x\leqq 1)$

B (1) $y=\sqrt{4-x^2}\ (-2\leqq x\leqq 2)$ (2) $y=\sqrt{x^2-1}\ (1\leqq x\leqq 2)$

C (1) $y=\sin x\ (0\leqq x\leqq \pi)$ (2) $y=\cos 2x\ \left(-\frac{\pi}{4}\leqq x\leqq \frac{\pi}{4}\right)$

とくとく情報 [微分と積分]

　現在の高校と大学では，まず"微分"を勉強し，それから"積分"を勉強します。しかし，歴史的には両者はまったく別々に発達してきたのです。
　微分の考え方につながる

曲線に接線を引く問題＝**接線問題**

はB.C. 2〜3世紀のギリシア時代に考えられ始めました。
　一方，積分の考え方につながる

図形の面積を求める問題＝**求積問題**（きゅうせき）

は，はるか3500年も前にエジプトで考えられ始めていたのです。
　この2つの問題は，いろいろな変遷を経て17世紀後半，ようやくヨーロッパにおいて結ばれることになりました。
　微分と積分の重要な関係である**微分積分学の基本定理**は

イギリス生まれのニュートン（1642〜1727）
ライプツィヒ生まれのライプニッツ（1646〜1716）

の2人によって別々に発見されたのです。どちらが先に発見したかという"先取権争い"は，イギリスの学会と大陸の学会を巻き込んで大変な騒動になっていたようです。

　ニュートンは微分積分を天体力学の問題として取り扱い，物理学に大きく貢献しました。ライプニッツは幾何学の問題として微分積分を取り扱い，今日使われている

$$dx, \quad dy, \quad \frac{dy}{dx}, \quad \int y\,dx$$

などの記号を考案しました。この記号のおかげで数学の解析力が強まったのです。

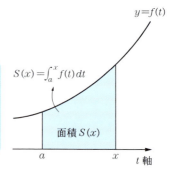

私達は，3500年以上も前から考えられ続けてきた人類の英知をいま勉強しているのよ。

微分積分学の基本定理
- $S(x) = \int_a^x f(t)\,dt$　について　$S'(x) = f(x)$
- $F(x)$ が $f(x)$ の1つの原始関数のとき
$$\int_a^b f(x)\,dx = F(b) - F(a)$$

$y = f(t)$
$S(x) = \int_a^x f(t)\,dt$
面積 $S(x)$
a　　x　　t軸

⓬ 問題と練習問題の解答

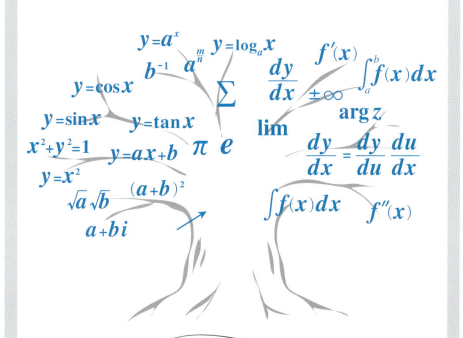

まず,自分で解いてみることが大切よ。

問題の解答

1 数と式の計算

問題 1.1 (p. 2)

優先順位に気をつけながら計算しましょう。

（1） 与式 $= (-6) \div (-6) - 5 \times 7$
$= 1 - 35 = -34$

（2） 与式 $= \dfrac{1}{12} - \dfrac{5}{12} \times \left(-\dfrac{6}{5}\right) \times \dfrac{3}{8}$
$= \dfrac{1}{12} - \left(-\dfrac{3}{16}\right) = \dfrac{13}{48}$

（3） 与式 $= \{3 \times (8.41 + 1.96 + 12.25) - 7.8^2\} \div 6$
$= \{3 \times 22.62 - 60.84\} \div 6$
$= 7.02 \div 6 = 1.17$

入力の練習に関数電卓で計算してみるのもいいわね。答が違ったら，どこかで入力ミスをしているのよ。

問題 1.2 (p. 3)

（1） $9x^2 - 6xy + y^2$
（2） $a^2 - 4b^2$
（3） $t^2 - 4t - 32$
（4） $x^3 - x^2 y + \dfrac{1}{3} xy^2 - \dfrac{1}{27} y^3$
（5） $20x^2 - 3xy - 2y^2$
（6） $a^2 + b^2 + c^2 - 2ab - 2bc + 2ac$

問題 1.3 (p. 4)

（1） 与式 $= (4x)^2 - (3y)^2 = (4x + 3y)(4x - 3y)$
（2） 与式 $= 1 \cdot t^2 - 6 \cdot t - 16 = (t - 8)(t + 2)$
（3） 与式 $= 15x^2 - 1 \cdot x - 2 = (3x + 1)(5x - 2)$
（4） 与式 $= x^2 - 2 \cdot x \cdot 5 + 5^2 = (x - 5)^2$
（5） 与式 $= (3x)^3 - y^3$
$= (3x - y)(9x^2 + 3xy + y^2)$
（6） 与式 $= a^3 + 3 \cdot a^2 \cdot 2 + 3 \cdot a \cdot 2^2 + 2^3 = (a + 2)^3$

問題 1.4 (p. 5)

式を $P(x)$ とおきます。

（1） $P(1) = 0$ より
$P(x) = (x - 1)(x^2 - x - 2)$
$= (x - 1)(x - 2)(x + 1)$
（$P(2) = 0$，$P(-1) = 0$ も利用できます。）

（2） $P(-1) = 0$ より
$P(x) = (x + 1)(x^3 - 2x^2 - 3x + 6)$
$= (x + 1)Q(x)$
とおくと，$Q(2) = 0$ より
$P(x) = (x + 1)(x - 2)(x^2 - 3)$
（$P(2) = 0$ も利用できます。）

問題 1.5 (p. 6)

（1） 与式 $= (3 - 2\sqrt{6} + 2) + 2\sqrt{6} = 5$
（2） 与式 $= (\sqrt{5})^2 - (2\sqrt{2})^2 = 5 - 8 = -3$
（3） 与式 $= \dfrac{(2 - \sqrt{5})(5 - \sqrt{5})}{(5 + \sqrt{5})(5 - \sqrt{5})}$
$= \dfrac{10 - 7\sqrt{5} + 5}{25 - 5} = \dfrac{15 - 7\sqrt{5}}{20}$

1 数と式の計算   171

🦋 🦋 🦋 **問題 1.6** (p.7) 🦋 🦋 🦋

（1） 与式 $= 6 + 5i - 6i^2 = 12 + 5i$

（2） 与式 $= \dfrac{(5+2i)^2}{(5-2i)(5+2i)} = \dfrac{25+20i+4\cdot i^2}{25-4\cdot i^2}$

$= \dfrac{25+20i-4}{25+4} = \dfrac{21+20i}{29}$

（3） 与式 $= \dfrac{4\cdot(2-i)-1\cdot(2+i)}{(2+i)(2-i)}$

$= \dfrac{6-5i}{4-(-1)} = \dfrac{6-5i}{5}$

4つの数
$1,\ i,\ -1,\ -i$
は，どの2つの積をつくっても，また4つの中のどれかになるのよ。ためしてみて。

🦋 🦋 🦋 **問題 1.7** (p.8) 🦋 🦋 🦋

（1） 与式 $= \dfrac{x(x-2)}{(x-6)(x+1)} \times \dfrac{x-6}{x-2} = \dfrac{x}{x+1}$

（2） 与式 $= \dfrac{3(x+1) + 1\cdot(x-3)}{(x-3)(x+1)}$

$= \dfrac{3x+3+x-3}{(x-3)(x+1)} = \dfrac{4x}{(x-3)(x+1)}$

（3） 与式 $= \dfrac{(3x-1)(x-2) - x\cdot x}{x(x+1)(x-2)}$

$= \dfrac{2x^2-7x+2}{x(x+1)(x-2)}$

警告！
$$\dfrac{1}{1+x} \neq \dfrac{1}{1} + \dfrac{1}{x}$$

警告！
$$\dfrac{6-5i}{5} \neq 6-i$$

🦋 🦋 🦋 **問題 1.8** (p.9) 🦋 🦋 🦋

（1） 与式 $= \dfrac{6}{(x-1)(x+5)} = \dfrac{a}{x-1} + \dfrac{b}{x+5}$

とおいて右辺を通分すると

右辺 $= \dfrac{(a+b)x + (5a-b)}{(x-1)(x+5)}$

右辺と左辺の分子を比較して

$\left.\begin{array}{l} a+b=0 \\ 5a-b=6 \end{array}\right\}$ これを解くと $\left\{\begin{array}{l} a= 1 \\ b=-1 \end{array}\right.$

$\therefore\ \dfrac{6}{x^2+4x-5} = \dfrac{1}{x-1} - \dfrac{1}{x+5}$

（2） $\dfrac{1}{x(x+1)^2} = \dfrac{a}{x} + \dfrac{b}{x+1} + \dfrac{c}{(x+1)^2}$

とおくと右辺を通分して

右辺 $= \dfrac{a(x+1)^2 + bx(x+1) + cx}{x(x+1)^2}$

左辺の分子と比較して

$1 = a(x+1)^2 + bx(x+1) + cx$

x に3つの値を代入して a,b,c の値を求めると

$\begin{array}{ll} x=\ \ 0\text{を代入} & 1=a+0+0 \\ x=-1\text{を代入} & 1=0+0-c \\ x=\ \ 1\text{を代入} & 1=4a+2b+c \end{array} \to \left\{\begin{array}{l} a=\ \ 1 \\ b=-1 \\ c=-1 \end{array}\right.$

$\therefore\ \dfrac{1}{x(x+1)^2} = \dfrac{1}{x} - \dfrac{1}{x+1} - \dfrac{1}{(x+1)^2}$

（3） $\dfrac{1}{x(x^2+1)} = \dfrac{a}{x} + \dfrac{bx+c}{x^2+1}$

とおき，右辺を通分すると

右辺 $= \dfrac{a(x^2+1) + x(bx+c)}{x(x^2+1)}$

左辺の分子と比較すると

$1 = a(x^2+1) + x(bx+c)$

x に3つの値を代入して a,b,c の値を求めると

$\begin{array}{ll} x=\ \ 0\text{を代入} & 1=a+0 \\ x=\ \ 1\text{を代入} & 1=2a+b+c \\ x=-1\text{を代入} & 1=2a-(-b+c) \end{array}$

これらより a,b,c を求めると

$a=1,\ b=-1,\ c=0$

$\therefore\ \dfrac{1}{x(x^2+1)} = \dfrac{1}{x} - \dfrac{x}{x^2+1}$

問題 1.9 (p.10)

(1) $x = 0.25$　　(2) $x = \dfrac{2}{5}$

(3) $x = 2 - \sqrt{3}$

問題 1.10 (p.11)

(1) $x = 4, -3$

(2) $x = -\dfrac{2}{3}$ （重解）

(3) $x = -\dfrac{2}{3}, 3$

(4) $x = \dfrac{3 \pm 2\sqrt{3}}{3}$

(5) $x = \dfrac{3 \pm \sqrt{3}i}{6}$

問題 1.11 (p.12)

(1) $a = \dfrac{2}{3},\ b = -2$

(2) $x = 0,\ y = 4,\ z = -3$

> n 次方程式
> $$x^n = 1$$
> は複素数まで考えると必ず n 個の解をもちます。これらは 1 の n 乗根とよばれているのよ。『複素解析』で勉強してね。

2 関数とグラフ

問題 2.1 (p.15)

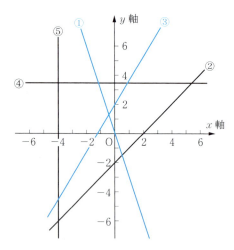

問題 2.2 (p.17)

① 標準形に直すと　$y = -(x-0)^2 + 2$

② 標準形に直すと　$y = -(x-1)^2 + 1$

③ 標準形に直すと　$y = \dfrac{1}{2}(x+1)^2$

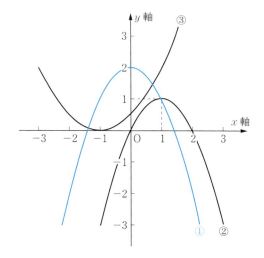

問題 2.3 (p.18)

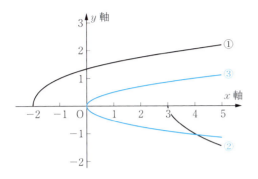

問題 2.4 (p.19)

(1) $y = x^2 + 4x = x(x+4)$

より，$y \leqq 0$ となる x は
$$-4 \leqq x \leqq 0$$

(2) 両辺に $-$ をかけて
$$x^2 + x - 6 > 0$$
となる x を求めます。
$$y = x^2 + x - 6 = (x+3)(x-2)$$
とおくと $y > 0$ となる x は $x < -3$, $2 < x$

問題 2.5 (p.20)

1辺の長さを x cm とすると，もう1辺の長さは $(10-x)$ cm となり，対角線 l の長さの2乗 l^2 は三平方の定理より
$$l^2 = x^2 + (10-x)^2 = 2(x-5)^2 + 50 \quad (0 < x < 10)$$
となります。この式より $x = 5$ のとき l^2 は最小値 50 をとることがわかるので，このとき l も最小値 $\sqrt{50} = 5\sqrt{2}$ をとります。

これより1辺の長さを 5 cm の正方形にするとき，対角線の長さは最小になり，最小値は $5\sqrt{2}$ cm です。

問題 2.6 (p.21)

③ x と y とを別々に平方完成させると
$$(x-3)^2 + (y+2)^2 = 16$$

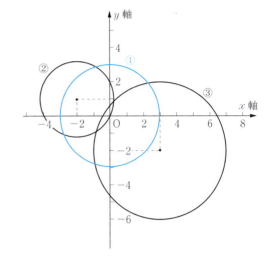

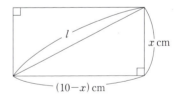

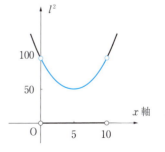

問題 2.7 (p.23)

① 楕円です。方程式を変形すると
$$y = \pm\frac{1}{2}\sqrt{4-x^2}$$
$4-x^2 \geqq 0$ より $-2 \leqq x \leqq 2$ の範囲で数表をつくります。

② 双曲線です。方程式を変形すると
$$y = \pm\sqrt{x^2+1}$$
漸近線は $y = \pm x$ です。

x	① $y=\pm\frac{1}{2}\sqrt{4-x^2}$	② $y=\pm\sqrt{x^2+1}$
0	±1	±1
±0.5	±0.9682	±1.1180
±1	±0.8660	±1.4142
±1.5	±0.6614	±1.8027
±1.8	±0.4358	±2.0591
±2	0	±2.2360
±2.5	—	±2.6925
⋮	—	⋮

（小数第 5 位以下切り捨て）

③ 双曲線です。方程式を変形すると
$$y = -\frac{2}{x}$$
（右数表は複号同順）

x	$y=-\dfrac{2}{x}$
0	±∞
⋮	⋮
±0.3	∓6.6666
±0.5	∓4
±1	∓2
±1.5	∓1.3333
±2	∓1
±3	∓0.6666
⋮	⋮
±∞	0

（小数第 5 位以下切り捨て）

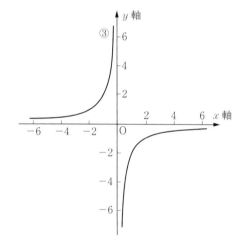

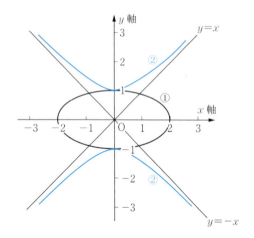

数表をつくらずに，もとの方程式の特徴からグラフの概形を描く練習もしてね。ただし，曲線の特徴をうまく出す必要があるわよ。

🕊🕊🕊 **問題 2.8** (p. 24) 🕊🕊🕊

（1） $(2, 9)$

（2） $\left(\dfrac{1}{5}, -\dfrac{1}{5}\right)$

（3） 共有点なし　（①と②は平行です。）

🕊🕊🕊 **問題 2.9** (p. 25) 🕊🕊🕊

（1） $(-2, 0)$　（①と②は接しています。）

（2） 共有点なし

（3） $(4, 12), (-2, 6)$

🕊🕊🕊 **問題 2.10** (p. 26) 🕊🕊🕊

（1） $(0, 2), (1, 1)$

（2） $(1, 0)$

③ 指 数 関 数

🕊🕊🕊 **問題 3.1** (p. 29) 🕊🕊🕊

（1） $(x^2+1)^{\frac{1}{2}}$　（2） $x^{-\frac{1}{3}}$　（3） $(1+x)^{-\frac{2}{3}}$

（4） 2.2360　（5） 0.8408　（6） 1.6206

（7） 4.7111

🕊🕊🕊 **問題 3.2** (p. 30) 🕊🕊🕊

（1） $\dfrac{1}{8}$

（2） $\dfrac{1}{4}$

（3） 与式 $= 3^{\frac{2}{3}-\frac{1}{6}-\frac{1}{2}} = 3^0 = 1$

（4） 与式 $= \dfrac{x^{12}y^{15}}{x^8 y^{12} xy} = x^{12-8-1}y^{15-12-1} = x^3 y^2$

（5） 与式 $= \dfrac{x^{\frac{3}{2}} \cdot y^{\frac{3}{2}}}{y^{\frac{5}{3}} \cdot x^{\frac{2}{4}} \cdot y^{\frac{1}{4}}} = x^{\frac{3}{2}-\frac{1}{2}} y^{\frac{3}{2}-\frac{5}{3}-\frac{1}{4}} = xy^{-\frac{5}{12}}$

🕊🕊🕊 **問題 3.3** (p. 32) 🕊🕊🕊

x	$y=3^x$	$y=\left(\dfrac{1}{2}\right)^x = 2^{-x}$
⋮	⋮	⋮
-3	0.0370	8
-2.5	0.0641	5.6568
-2	0.1111	4
-1.5	0.1924	2.8284
-1	0.3333	2
-0.5	0.5773	1.4142
0	1	1
0.5	1.7320	0.7071
1	3	0.5
1.5	5.1961	0.3535
2	9	0.25
2.5	15.5884	0.1767
3	27	0.125
⋮	⋮	⋮

（小数第 5 位以下切り捨て）

上の数表を使って点をとると左のグラフが描けます。

④ 対数関数

🕊🕊🕊 **問題 4.1** (p. 36) 🕊🕊🕊

（1） $4 = \log_3 81$　　（2） $\dfrac{1}{3} = \log_8 2$

（3） $5 = \log_{10} 100000$

（4） $-5 = \log_{10} 0.00001$

（5） $1 = \log_5 5$

🕊🕊🕊 **問題 4.2** (p. 37) 🕊🕊🕊

（1） $\log_3 81 = \log_3 3^4 = 4\log_3 3 = 4$

（2） $\log_{10} 0.01 = \log_{10} 10^{-2} = -2$

（3） $\log_{10}\dfrac{1}{\sqrt[3]{100}} = \log_{10} 10^{-\frac{2}{3}} = -\dfrac{2}{3}$

（4） $\log_e \dfrac{1}{e} = \log_e e^{-1} = -1$

（5） 与式 $= \log_2 3 + \log_2 \dfrac{8}{3} = \log_2 8 = 3$

（6） 与式 $= \log_{10} \dfrac{3}{100} - \log_{10} 30$

$\qquad = \log_{10} \dfrac{1}{1000} = \log_{10} 10^{-3} = -3$

（7） 与式 $= \log_2 \dfrac{1}{2e} + \log_2 \sqrt{2}\, e$

$\qquad = \log_2 \dfrac{1}{\sqrt{2}} = -\dfrac{1}{2}$

🕊🕊🕊 **問題 4.3** (p. 38) 🕊🕊🕊

底を 10 に変換すると

（1） $\log_5 100 = \dfrac{\log_{10} 100}{\log_{10} 5} = \dfrac{2\log_{10} 10}{\log_{10} 5} = \dfrac{2}{\log_{10} 5}$

（2） $\log_3 10e = \dfrac{\log_{10} 10e}{\log_{10} 3} = \dfrac{1 + \log_{10} e}{\log_{10} 3}$

底を e に変換すると

（1） $\log_5 100 = \dfrac{\log_e 100}{\log_e 5} = \dfrac{2\log_e 10}{\log_e 5}$

（2） $\log_3 10e = \dfrac{\log_e 10e}{\log_e 3} = \dfrac{\log_e 10 + 1}{\log_e 3}$

🕊🕊🕊 **問題 4.4** (p. 39) 🕊🕊🕊

常用対数のキーを使って

（1） $\log_{10} 5 = 0.6989$

（2） $\log_{10} \dfrac{2}{3} = \log_{10}(2 \div 3) = -0.1760$

（3） $\log_3 5 = \dfrac{\log_{10} 5}{\log_{10} 3}\left(= \dfrac{\log_e 5}{\log_e 3}\right) = 1.4649$

自然対数のキーを使って

（4） $\log_e 5 = 1.6094$

（5） $\log_e \dfrac{3}{2} = \log_e(3 \div 2) = 0.4054$

🕊🕊🕊 **問題 4.5** (p. 41) 🕊🕊🕊

関数の式を変形すると

① $y = \log_3 x = \dfrac{\log_{10} x}{\log_{10} 3}$　　② $y = \log_{\frac{1}{3}} x = -\log_3 x$

これより①と②のグラフは＋と－の違いだけです。

x	$y = \log_3 x$	$y = \log_{\frac{1}{3}} x$
0	$-\infty$	$+\infty$
0.1	-2.0959	2.0959
0.2	-1.4649	1.4649
0.4	-0.8340	0.8340
0.6	-0.4649	0.4649
0.8	-0.2031	0.2031
1	0	0
2	0.6309	-0.6309
3	1	-1
4	1.2618	-1.2618
⋮	⋮	⋮

（小数第 5 位以下切り捨て）

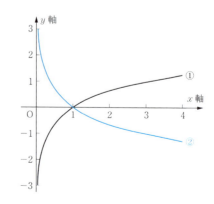

5 三角関数

問題 5.1 (p.44)

(1) $\sin\theta = \dfrac{2}{\sqrt{7}}$, $\sin\varphi = \dfrac{\sqrt{3}}{\sqrt{7}}$

$\cos\theta = \dfrac{\sqrt{3}}{\sqrt{7}}$, $\cos\varphi = \dfrac{2}{\sqrt{7}}$

$\tan\theta = \dfrac{2}{\sqrt{3}}$, $\tan\varphi = \dfrac{\sqrt{3}}{2}$

(2) $\sin 45° = \dfrac{1}{\sqrt{2}}$, $\cos 30° = \dfrac{\sqrt{3}}{2}$

$\tan 60° = \sqrt{3}$

θ は「シータ」,
φ は「ファイ」
と読みま〜す。
どっちも
ギリシア文字で〜す。

問題 5.2 (p.46)

(順に sin, cos, tan の値です。)

(1) $\dfrac{1}{2}, \dfrac{\sqrt{3}}{2}, \dfrac{1}{\sqrt{3}}$　　(2) $\dfrac{1}{\sqrt{2}}, -\dfrac{1}{\sqrt{2}}, -1$

(3) $\dfrac{1}{2}, -\dfrac{\sqrt{3}}{2}, -\dfrac{1}{\sqrt{3}}$　　(4) $0, -1, 0$

問題 5.3 (p.47)

$\cos\theta = \dfrac{4}{5}$, $\tan\theta = \dfrac{3}{4}$

問題 5.4 (p.48)

(1) $\sin\theta = \dfrac{2}{\sqrt{5}}$, $\cos\theta = \dfrac{1}{\sqrt{5}}$

(2) $\sin\theta = \dfrac{2}{\sqrt{5}}$, $\cos\theta = -\dfrac{1}{\sqrt{5}}$

問題 5.5 (p.49)

(1) $A = 30°$, $R = \sqrt{3}$ 　($0° < A < 90°$ に注意。)

(2) $b = 6$, $R = 3\sqrt{2}$

問題 5.6 (p.50)

(1) $A = 45°$　(2) $c = 13$

問題 5.7 (p.51)

(1) $\dfrac{\pi}{3}$　　(2) $\dfrac{3}{2}\pi$

(3) $135°$　(4) $210°$

問題 5.8 (p.53)

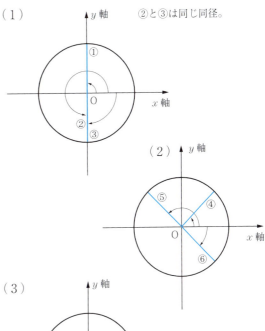

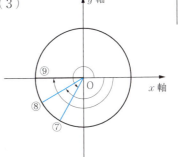

問題 5.9 (p. 55)

（順に sin, cos, tan の値です。）

(1) $\dfrac{1}{2}, \dfrac{\sqrt{3}}{2}, \dfrac{1}{\sqrt{3}}$ (2) $\dfrac{\sqrt{3}}{2}, -\dfrac{1}{2}, -\sqrt{3}$

(3) $-\dfrac{1}{\sqrt{2}}, \dfrac{1}{\sqrt{2}}, -1$ (4) $-\dfrac{1}{2}, -\dfrac{\sqrt{3}}{2}, \dfrac{1}{\sqrt{3}}$

問題 5.10 (p. 56)

（順に sin, cos, tan の値です。）

(1) 1, 0, なし (2) 0, −1, 0

(3) 0, −1, 0

問題 5.11 (p. 57)

はじめは ° の単位で入力すると

(1) $\sin 10° = 0.1736$

(2) $\cos 130° = -0.6427$

(3) $\tan 200° = 0.3639$

ラジアン単位に切りかえて

(4) $\sin \dfrac{8}{7}\pi = \sin(8 \times \pi \div 7) = -0.4338$

(5) $\cos \pi = -1$

(6) $\tan \dfrac{7}{10}\pi = \tan(7 \times \pi \div 10) = -1.3763$

問題 5.12 (p. 58)

$\sin\theta = -\dfrac{1}{\sqrt{10}},\ \tan\theta = -\dfrac{1}{3}$

『フーリエ解析』では
周期関数を，三角関数を使って
近似することを学びます。
三角関数の微分積分を
しっかり勉強しておいてね。

問題 5.13 (p. 61)

x	$y = -2\sin x$	$y = \cos\dfrac{x}{2}$
$-\dfrac{\pi}{2} = -90°$	2	0.7071
$-\dfrac{5}{12}\pi = -75°$	1.9318	0.7933
$-\dfrac{\pi}{3} = -60°$	1.7320	0.8660
$-\dfrac{\pi}{4} = -45°$	1.4142	0.9238
$-\dfrac{\pi}{6} = -30°$	1	0.9659
$-\dfrac{\pi}{12} = -15°$	0.5176	0.9914
0	0	1
$\dfrac{\pi}{12} = 15°$	−0.5176	0.9914
$\dfrac{\pi}{6} = 30°$	−1	0.9659
$\dfrac{\pi}{4} = 45°$	−1.4142	0.9238
$\dfrac{\pi}{3} = 60°$	−1.7320	0.8660
$\dfrac{5}{12}\pi = 75°$	−1.9318	0.7933
$\dfrac{\pi}{2} = 90°$	−2	0.7071

（小数第 5 位以下切り捨て）

数表を使ってグラフを描くと下のようになります。

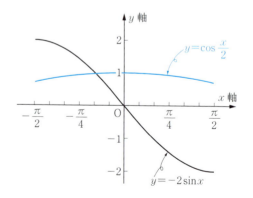

6 ベクトル

問題 6.1 (p.68)

(1) $\overrightarrow{FA}, \overrightarrow{CF}$
(2) $\overrightarrow{BF}, \overrightarrow{CG}, \overrightarrow{DH}$

問題 6.2 (p.69)

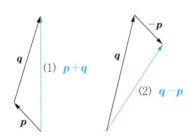

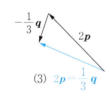

問題 6.3 (p.70)

$\overrightarrow{PQ} = (-4, 3, 3), \overrightarrow{PR} = (-3, 2, -3),$
$\overrightarrow{QR} = (1, -1, -6)$ より

(1) $\sqrt{74}$　　(2) $(11, -8, -3)$

問題 6.4 (p.71)

(1) -6

(2) $|\boldsymbol{a}| = \sqrt{6}, |\boldsymbol{b}| = 2\sqrt{6}, \cos\theta = -\dfrac{1}{2}$
より $\theta = 120° = \dfrac{2}{3}\pi$

問題 6.5 (p.73)

$\overrightarrow{BG} = (0, 2, 6)$ より $\overrightarrow{BG} = 2\sqrt{10}$
$\overrightarrow{DF} = (5, 4, 1)$ より $\overrightarrow{DF} = \sqrt{42}$

問題 6.6 (p.75)

(1) $M\left(-\dfrac{1}{2}, -\dfrac{3}{2}, \dfrac{7}{2}\right)$

(2) $G\left(0, 0, \dfrac{5}{3}\right)$

問題 6.7 (p.77)

(1) $D(2, -4, -7)$
(2) $E(3, -7, -16)$

7 複素平面と極形式

問題 7.1 (p.80)

(1)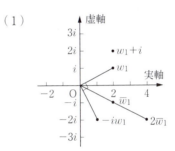

(2)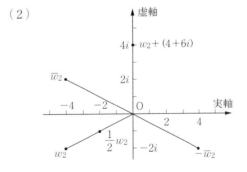

問題 7.2 (p.81)

$w_1 = 2\left\{\cos\left(-\dfrac{\pi}{6}\right) + i\sin\left(-\dfrac{\pi}{6}\right)\right\}$

$w_2 = 1 \cdot (\cos\pi + i\sin\pi)$
$= \cos\pi + i\sin\pi$

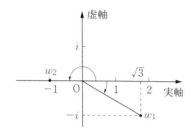

問題 7.3 (p.82)

$w_1 = 2\left\{\cos\left(-\dfrac{\pi}{6}\right) + i\sin\left(-\dfrac{\pi}{6}\right)\right\}$

$w_2 = 2\left(\cos\dfrac{\pi}{2} + i\sin\dfrac{\pi}{2}\right)$

より

$w_1 w_2 = 2 + 2\sqrt{3}\,i,\ \dfrac{w_2}{w_1} = -\dfrac{1}{2} + \dfrac{\sqrt{3}}{2}i$

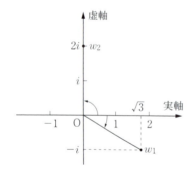

問題 7.4 (p.83)

(1) $z^8 = \left[2\sqrt{3}\left\{\cos\left(-\dfrac{\pi}{3}\right) + i\sin\left(-\dfrac{\pi}{3}\right)\right\}\right]^8$
$= -2^7 \cdot 3^4(1 + \sqrt{3}\,i)$
$= -10368(1 + \sqrt{3}\,i)$

(2) 与式 $= (1+i)^{-5} = \left\{\sqrt{2}\left(\cos\dfrac{\pi}{4} + i\sin\dfrac{\pi}{4}\right)\right\}^{-5}$
$= -\dfrac{1}{8}(1 - i)$

8 極 限

問題 8.1 (p.87)

(1) $\lim\limits_{x \to -1} x^2 = (-1)^2 = 1$

(2)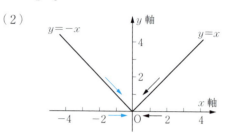

$\lim\limits_{x \to 0-0} f(x) = 0,\ \lim\limits_{x \to 0+0} f(x) = 0$ より

$\lim\limits_{x \to 0} f(x) = 0$

(3)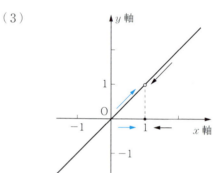

$\lim\limits_{x \to 1-0} g(x) = 1,\ \lim\limits_{x \to 1+0} g(x) = 1$ より

$\lim\limits_{x \to 1} g(x) = 1$

($g(1) = 0$ なので $\lim\limits_{x \to 1} g(x) \neq g(1)$ です。)

問題 8.2 (p.89)

(1) 0 （または $+0$）
(2) 0 （または -0）
(3) $-\infty$

問題 8.3 (p.90)

(1) 2

(2) $\lim_{x \to +\infty} g(x) = \lim_{x \to +\infty} x^3 \left(\frac{2}{x^3} - \frac{1}{x^2} + \frac{3}{x} - 1 \right)$
$= -\infty$

(3) $\lim_{x \to -\infty} g(x) = \lim_{x \to -\infty} x^3 \left(\frac{2}{x^3} - \frac{1}{x^2} + \frac{3}{x} - 1 \right)$
$= +\infty$

問題 8.4 (p.97)

$\lim_{n \to \infty} S_n = \lim_{n \to \infty} \frac{2}{3} \left\{ 1 - (-1)^n \frac{1}{2^n} \right\}$
$= \frac{2}{3}$ （収束）

問題 8.5 (p.98)

(1) $\lim_{n \to \infty} S_n = \lim_{n \to \infty} (-2) \left\{ 1 - \left(\frac{3}{2} \right)^n \right\}$
収束しません。

(2) $\lim_{n \to \infty} S_n = \lim_{n \to \infty} \frac{2}{5} \left\{ 1 - (-1)^n \left(\frac{3}{2} \right)^n \right\}$
収束しません。

"無限" の概念はなかなか
むずかしいわね。
自然数全体の集合の要素の数は "無限"，
実数全体の集合の要素の数も "無限"。
でもこの 2 つの "無限" は
異なる "無限" なのよ。

9 微 分

問題 9.1 (p.100)

(1) $f(x) = (x-1)^2$ とおくと

平均変化率 $= \frac{f(3) - f(1)}{3 - 1} = 2$

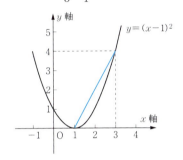

(2) $f(x) = e^x$ とおくと

平均変化率 $= \frac{f(1) - f(0)}{1 - 0} = e - 1$

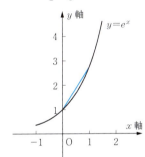

問題 9.2 (p.102)

(1) $f(x) = x^2$ とおくと

$f'(-2) = \lim_{h \to 0} \frac{f(-2+h) - f(-2)}{h}$
$= \lim_{h \to 0} (-4 + h) = -4$

(2) $f(x) = \log x$ とおくと

$f'(1) = \lim_{h \to 0} \frac{f(1+h) - f(1)}{h}$
$= \lim_{h \to 0} \frac{1}{h} \log(1+h) = \lim_{h \to 0} \log(1+h)^{\frac{1}{h}}$
$= \log e = 1$

(3) $f(x) = \sin x$ とおくと

$f'(0) = \lim_{h \to 0} \frac{f(0+h) - f(0)}{h} = \lim_{h \to 0} \frac{\sin h}{h} = 1$

問題 9.3 (p. 103)

(1) $f'(x) = \lim_{h \to 0} \dfrac{(x+h)-x}{h} = \lim_{h \to 0} 1 = 1$

(2) $f'(x) = \lim_{h \to 0} \dfrac{(x+h)^3 - x^3}{h}$
$= \lim_{h \to 0} (3x^2 + 3xh + h^2) = 3x^2$

問題 9.4 (p. 104)

(1) $f'(x) = \lim_{h \to 0} \dfrac{\cos(x+h) - \cos x}{h}$

三角関数の公式 (p. 65) を用いて

$= \lim_{h \to 0} \dfrac{-2 \sin \dfrac{2x+h}{2} \sin \dfrac{h}{2}}{h}$

$= \lim_{h \to 0} \left(-\sin \dfrac{2x+h}{2} \cdot \dfrac{\sin \dfrac{h}{2}}{\dfrac{h}{2}} \right) = -\sin x$

(2) $f'(x) = \lim_{h \to 0} \dfrac{e^{x+h} - e^x}{h} = \lim_{h \to 0} e^x \cdot \dfrac{e^h - 1}{h}$
$= e^x \cdot 1 = e^x$

問題 9.5 (p. 105)

(1) $y' = 8x + 2$ (2) $y' = 8x - 3x^2$

(3) $y' = 10x^9 - 10x^4$

問題 9.6 (p. 106)

(1) $y' = 5\cos x - 3\sin x$

(2) $y' = -4\sin x + 3e^x$

(3) $y' = 9x^2 - 2\cos x$ (4) $y' = 1 + \dfrac{3}{x}$

(5) $y' = 5e^x - \dfrac{2}{x}$

問題 9.7 (p. 107)

(1) $y' = \cos x - x \sin x$
(2) $y' = 2xe^x + x^2 e^x = x(x+2)e^x$
(3) $y' = 3x^2 \log x + x^2 = x^2(3\log x + 1)$
(4) $y' = e^x \sin x + e^x \cos x = (\sin x + \cos x)e^x$

問題 9.8 (p. 108)

(1) $y' = -\dfrac{2}{x^3}$ (2) $y' = \dfrac{\sin x}{\cos^2 x}$

(3) $y' = \dfrac{\log x - 1}{(\log x)^2}$ (4) $y' = \dfrac{(x-1)^2}{(x^2+1)^2} e^x$

問題 9.9 (p. 109)

(1) $y' = -e^{-x}$ (2) $y' = -2\sin 2x$

(3) $y' = \dfrac{5}{\cos^2 5x}$ (4) $y' = 20(2x-3)^9$

(5) $y' = \dfrac{1}{4} \cos \dfrac{x}{4}$

問題 9.10 (p. 110)

(1) $u = x^3 - 2x + 1$ とおくと $y = u^3$
$y' = 3(x^3 - 2x + 1)^2 (3x^2 - 2)$

(2) $u = x^2 + 1$ とおくと $y = u^{-2}$
$y' = -\dfrac{4x}{(x^2+1)^3}$

(3) $u = \cos x$ とおくと $y = u^4$
$y' = -4\cos^3 x \cdot \sin x$

(4) $u = x^2$ とおくと $y = e^u$, $y' = 2xe^{x^2}$

(5) $u = x^2 + x + 1$ とおくと $y = \log u$
$y' = \dfrac{2x+1}{x^2+x+1}$

(6) $u = -x$ とおくと $y = \log u$, $y' = \dfrac{1}{x}$

問題 9.11 (p. 111)

(1) $y' = \dfrac{1}{3} x^{-\frac{2}{3}} = \dfrac{1}{3\sqrt[3]{x^2}}$

(2) $y' = -\dfrac{1}{2} x^{-\frac{3}{2}} = -\dfrac{1}{2\sqrt{x^3}}$

(3) $u = 5x - 1$ とおくと $y = u^{\frac{1}{2}}$
$y' = \dfrac{5}{2\sqrt{5x-1}}$

(4) $u = 1 - x^2$ とおくと $y = u^{-\frac{1}{2}}$
$y' = \dfrac{x}{\sqrt{(1-x^2)^3}}$

問題 9.12 (p.112)

(1) $f(x)=1-x^2$ とおくと $f'(2)=-4$
接点は $(2,-3)$ より，接線は $y=-4x+5$

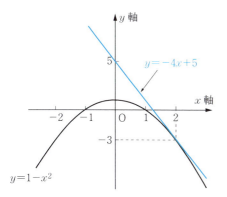

(2) $f(x)=\sin x$ とおくと $f'(0)=1$
接点は原点 $(0,0)$ より，接線は $y=x$

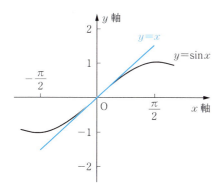

(3) $f(x)=e^x$ とおくと $f'(0)=1$
接点は $(0,1)$ より，接線は $y=x+1$

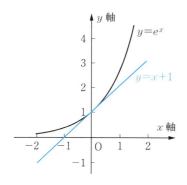

(4) $f(x)=\log x$ とおくと $f'(1)=1$
接点は $(1,0)$ より，接線は $y=x-1$

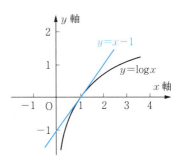

曲線 $y=f(x)$ の $x=p$ における
接線の方程式は
関数 $y=f(x)$ の $x=p$ における
1次近似式とよばれています。
$x=p$ の付近では関数の値は
この1次式の値で
近似できるからなのよ。

問題 9.13 (p.113)

(1) $y'=6x^2+6x$
    $y''=12x+6=6(2x+1)$
(2) $y'=\cos x$
    $y''=-\sin x$
(3) $y'=-\dfrac{1}{x^2}$
    $y''=\dfrac{2}{x^3}$
(4) $y'=(1+x)e^x$
    $y''=(2+x)e^x$

問題 9.14 (p.117)

（1）　増減表

x	$-\infty$	$\cdots$	-1	$\cdots$	$-\dfrac{1}{2}$	$\cdots$	0	$\cdots$	$+\infty$
y'		$-$	0	$+$	$+$	$+$	0	$-$	
y''		$+$	$+$	$+$	0	$-$	$-$	$-$	
y	$+\infty$	↘∪	0	↗∪	$\dfrac{1}{2}$	↗∩	1	↘∩	$-\infty$
			極小点		変曲点		極大点		

極大点 $(0,1)$, 極小点 $(-1,0)$, 変曲点 $\left(-\dfrac{1}{2},\dfrac{1}{2}\right)$

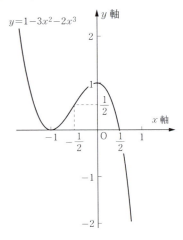

（2）　増減表

x	$-\infty$	$\cdots$	1	$\cdots$	$+\infty$
y'		$+$	0	$+$	
y''		$-$	0	$+$	
y		↗∩		↗∪	
	$-\infty$	↗	1	↗	$+\infty$
			変曲点		

極大点, 極小点はなし, 変曲点 $(1,1)$

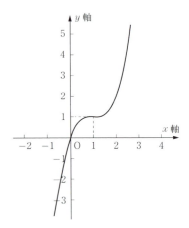

問題 9.15 (p.119)

（1）　増減表

x	0	$\cdots$	$\dfrac{\pi}{2}$	$\cdots$	$\dfrac{3}{2}\pi$	$\cdots$	2π
y'	1	$+$	0	$+$	$+$	$+$	1
y''		$-$	0	$+$	0	$-$	
y		↗∩		↗∪	↗	↗∩	
	1	↗	$\dfrac{\pi}{2}$	↗	$\dfrac{3}{2}\pi$	↗	$2\pi+1$
			変曲点		変曲点		

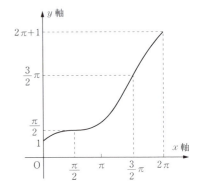

（2） 増 減 表

x	$-\pi$	$\cdots$	$-\dfrac{\pi}{3}$	$\cdots$	0	$\cdots$	$\dfrac{\pi}{3}$	$\cdots$	π
y'	3	+	0	−		−	0	+	3
y''	0	−	−	−	0	+	+	+	0
y	↗ ∩	∩	∩	↘ ∩	↘	↘ ∪	∪	↗ ∪	
y	$-\pi$	↗	$\sqrt{3}-\dfrac{\pi}{3}$	↘	0	↘	$\dfrac{\pi}{3}-\sqrt{3}$	↗	π

　　　　　　　　極大点　　　　変曲点　　　　極小点

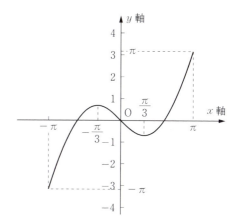

⑩ 積　分

問題 10.1（p.123）

(1) $\dfrac{1}{6}x^6 + C$

(2) $\dfrac{1}{5}x^5 - \dfrac{1}{2}x^2 + C$

(3) $\dfrac{1}{2}x^4 - \dfrac{1}{3}x^3 + \dfrac{5}{2}x^2 - 2x + C$

問題 10.2（p.124）

(1) $-\dfrac{1}{x} + C$

(2) $2\sqrt{x} + C$

(3) $\dfrac{3}{5}x^{\frac{5}{3}} + C \ \left(=\dfrac{3}{5}\sqrt[3]{x^5} + C = \dfrac{3}{5}x\sqrt[3]{x^2} + C\right)$

問題 10.3（p.125）

(1) $-4\cos x - x + C$

(2) $\dfrac{1}{2}\log|x| - 3\tan x + C$

(3) $3\sin x + \dfrac{1}{2}e^x + C$

問題 10.4（p.126）

(1) $\dfrac{1}{4}\sin 4x + C$

(2) $-2\cos\dfrac{1}{2}x + C$

(3) $\dfrac{1}{3}e^{3x} + C$

(4) $-\dfrac{1}{3}\cos 2x + \dfrac{1}{4}\sin 3x + C$

(5) $\dfrac{1}{2}e^{2x} + \dfrac{1}{2}e^{-2x} + C$

問題 10.5（p.127）

(1) $\dfrac{1}{20}(5x+2)^4 + C$

(2) $\dfrac{1}{3}\sqrt{(2x+1)^3} + C$

(3) $-\dfrac{1}{3}\cos^3 x + C$

問題 10.6（p.128）

(1) $\dfrac{1}{2}\log(1+x^2) + C$

(2) $\dfrac{1}{4}(1+e^x)^4 + C$

(3) $\dfrac{1}{3}(\log x)^3 + C$

(4) $\dfrac{1}{2}e^{x^2} + C$

問題 10.7 (p. 129)

（1）与式 $= -xe^{-x} + \int e^{-x}dx$
$= -xe^{-x} - e^{-x} + C$

（2）与式 $= x\sin x - \int \sin x\, dx$
$= x\sin x + \cos x + C$

（3）与式 $= \dfrac{1}{3}x^3 \log x - \dfrac{1}{3}\int x^2 dx$
$= \dfrac{1}{3}x^3 \log x - \dfrac{1}{9}x^3 + C$

問題 10.8 (p. 132)

（1）与式 $= \dfrac{1}{4}\left[x^4\right]_0^4 = 64$

（2）与式 $= \left[x^3 - x^2 + 4x\right]_1^3 = 26$

（3）与式 $= \left[\dfrac{1}{5}x^5 - \dfrac{1}{4}x^4\right]_{-1}^1 = \dfrac{2}{5}$

問題 10.9 (p. 133)

（1）与式 $= -\dfrac{1}{2}\left[\dfrac{1}{x^2}\right]_1^2 = \dfrac{1}{4}$

（2）与式 $= \left[2\sqrt{x}\right]_1^9 = 4$

（3）与式 $= \dfrac{4}{7}\left[x^{\frac{7}{4}}\right]_0^1 = \dfrac{4}{7}$

問題 10.10 (p. 134)

（1）与式 $= \left[\sin x\right]_0^{\frac{\pi}{6}} = \dfrac{1}{2}$

（2）与式 $= \left[-\dfrac{1}{3}\cos 3x\right]_0^{\frac{\pi}{2}} = \dfrac{1}{3}$

（3）与式 $= \left[-e^{-x}\right]_0^1 = 1 - \dfrac{1}{e}$

（4）与式 $= \left[x - \log x\right]_1^e = e - 2$

問題 10.11 (p. 135)

（1）与式 $= \dfrac{1}{2}\int_{-3}^1 u^2 du = \dfrac{1}{6}\left[u^3\right]_{-3}^1 = \dfrac{14}{3}$

（2）与式 $= -\int_1^{\frac{1}{\sqrt{2}}} u^3 du = -\left[\dfrac{1}{4}u^4\right]_1^{\frac{1}{\sqrt{2}}} = \dfrac{3}{16}$

（3）与式 $= \int_0^1 u\, du = \left[\dfrac{1}{2}u^2\right]_0^1 = \dfrac{1}{2}$

問題 10.12 (p. 136)

（1）与式 $= \dfrac{1}{2}\left[xe^{2x}\right]_0^1 - \dfrac{1}{2}\int_0^1 e^{2x}dx$
$= \dfrac{1}{2}\left[xe^{2x}\right]_0^1 - \dfrac{1}{4}\left[e^{2x}\right]_0^1$
$= \dfrac{1}{4}e^2 + \dfrac{1}{4}$

（2）与式 $= \dfrac{1}{2}\left[x\sin 2x\right]_0^{\frac{\pi}{3}} - \dfrac{1}{2}\int_0^{\frac{\pi}{3}}\sin 2x\, dx$
$= \dfrac{1}{2}\left[x\sin 2x\right]_0^{\frac{\pi}{3}} + \dfrac{1}{4}\left[\cos 2x\right]_0^{\frac{\pi}{3}}$
$= \dfrac{\sqrt{3}}{12}\pi - \dfrac{3}{8}$

（3）与式 $= \dfrac{1}{3}\left[x^3 \log x\right]_1^e - \dfrac{1}{3}\int_1^e x^2 dx$
$= \dfrac{1}{3}\left[x^3 \log x\right]_1^e - \dfrac{1}{9}\left[x^3\right]_1^e$
$= \dfrac{2}{9}e^3 + \dfrac{1}{9}$

あと少しだから頑張ってね。

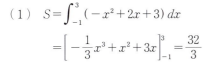問題 10.13 (p.137)

（1） $S = \int_{-1}^{3} (-x^2 + 2x + 3)\, dx$

$= \left[-\dfrac{1}{3}x^3 + x^2 + 3x \right]_{-1}^{3} = \dfrac{32}{3}$

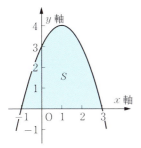

（2） $S = -\int_{-2}^{1} (x^2 + x - 2)\, dx$

$= -\left[\dfrac{1}{3}x^3 + \dfrac{1}{2}x^2 - 2x \right]_{-2}^{1} = \dfrac{9}{2}$

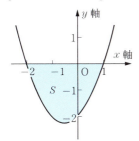

問題 10.14 (p.138)

（1） 2つの放物線の交点の x 座標は
$x^2 = 2x^2 - 1$ より $x = \pm 1$

$S_1 = \int_{-1}^{1} \{x^2 - (2x^2 - 1)\}\, dx = \dfrac{4}{3}$

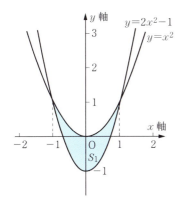

（2） 直線と放物線の交点の x 座標は
$2x + 1 = 1 - x^2$ より $x = 0, -2$

$S_2 = \int_{-2}^{0} \{(1 - x^2) - (2x + 1)\}\, dx = \dfrac{4}{3}$

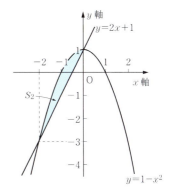

問題 10.15 (p.139)

（1） $V_1 = \pi \int_{0}^{2} \left(\dfrac{1}{2}x \right)^2 dx = \dfrac{2}{3}\pi$

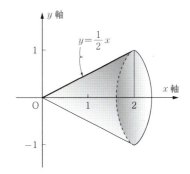

（2） $V_2 = \pi \int_{-1}^{1} \left(\sqrt{1 - x^2} \right)^2 dx = \dfrac{4}{3}\pi$

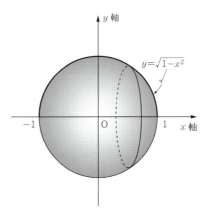

練習問題の解答

1 数と式の計算

練習問題 1.1 (p. 144)

A (1) 98　(2) -4　(3) 26　(4) 4
　(5) $\dfrac{4}{45}$　(6) $\dfrac{1}{3}$
　(7) 2.8　(8) 1.62　(9) 190

B (1) 4　(2) -9　(3) $-\dfrac{4}{5}$
　(4) $-\dfrac{24}{5}$　(5) 27.46

C (1) 100　(2) -18　(3) $-\dfrac{1}{16}$
　(4) -0.25

練習問題 1.2 (p. 144)

A (1) x^2-6x+9　(2) x^2-9
　(3) $y^2+3y-10$　(4) x^3+3x^2+3x+1

B (1) $x^2+6xy+9y^2$　(2) x^2-4y^2
　(3) $u^2+2uv-8v^2$　(4) $x^3-6x^2+12x-8$

C (1) $25x^2-30xy+9y^2$　(2) $\dfrac{1}{4}a^2-\dfrac{1}{9}b^2$
　(3) $x^2+y^2+1+2xy-2y-2x$
　(4) $4a^2+b^2+9-4ab-6b+12a$

練習問題 1.3 (p. 144)

A (1) $(x+2)^2$　(2) $(x+3)(x-3)$
　(3) $(x+1)(x+5)$　(4) $(t-6)(t+1)$
　(5) $(a+1)(a^2-a+1)$

B (1) $(3x-1)^2$　(2) $(2x+y)(2x-y)$
　(3) $(2x-3)(2x+1)$　(4) $(3t-1)(t+2)$
　(5) $(a-2)(a^2+2a+4)$

C (1) $(3x+2y)^2$　(2) $(4a-3b)(2a-b)$
　(3) $(2u+3v)(4u^2-6uv+9v^2)$
　(4) $(x-2)^3$

練習問題 1.4 (p. 144)

A (1) $(x-1)(x^2+1)$　(2) $(x+1)(x^2-2)$
　(3) $(x-2)(x^2-x+1)$

B (1) $(x+1)(x-2)^2$
　(2) $(x+2)(x-2)(x-3)$
　(3) $(x+1)(x-1)(x^2-x+1)$

C (1) $(x+1)(x-3)(2x+1)(2x-1)$
　(2) $(x-1)(x+3)(2x-1)(3x+1)$

練習問題 1.5 (p. 145)

A (1) $3+2\sqrt{2}$　(2) 2　(3) $1-\sqrt{3}$
　(4) $14+8\sqrt{3}$

B (1) $\dfrac{\sqrt{3}-1}{2}$　(2) $5+2\sqrt{6}$
　(3) $2+\sqrt{10}$　(4) $\dfrac{13+5\sqrt{7}}{2}$

C (1) $\dfrac{9\sqrt{2}+4\sqrt{3}}{19}$　(2) $\dfrac{7+2\sqrt{10}}{9}$
　(3) $\dfrac{21+11\sqrt{3}}{26}$
　(4) (分母 $=(\sqrt{2}+\sqrt{3})+\sqrt{5}$ として有理化)
　　$\dfrac{2\sqrt{3}+3\sqrt{2}-\sqrt{30}}{12}$

練習問題 1.6 (p. 145)

A (1) $2i$　(2) $3-4i$　(3) 2
　(4) $16-2i$

B (1) $-5+12i$　(2) $-32+24i$
　(3) $11+2i$　(4) $\dfrac{1}{2}-\dfrac{1}{2}i$
　(5) $\dfrac{3}{13}+\dfrac{2}{13}i$

C (1) i　(2) $\dfrac{5}{13}-\dfrac{12}{13}i$　(3) i
　(4) $-\dfrac{4}{5}i$　(5) $\dfrac{3}{10}-\dfrac{1}{10}i$

1 数と式の計算　189

練習問題 1.7 (p.145)

A (1) $\dfrac{x}{x-1}$　(2) $\dfrac{1}{(x-y)^2}$

(3) $\dfrac{2}{(x-1)(x+1)}$　(4) $\dfrac{1}{(x+1)(x+2)}$

B (1) $\dfrac{1}{(x+2)^2}$　(2) $\dfrac{-2}{x(x-3)}$

(3) $\dfrac{2}{x(x+1)(x+2)}$

C (1) $\dfrac{6x+3}{(x-1)(x+1)(x+2)}$　(2) $\dfrac{x-1}{x+1}$

(3) $\dfrac{x-1}{x^2}$

練習問題 1.8 (p.145)

A (1) $\dfrac{-1}{x+1}+\dfrac{1}{x-1}$　(2) $\dfrac{-1}{x+1}+\dfrac{1}{x-3}$

(3) $\dfrac{2}{x+2}-\dfrac{1}{x+1}$

B (1) $\left(\dfrac{a}{x}+\dfrac{b}{x^2}+\dfrac{c}{x-1}\text{ とおく}\right)$

$-\dfrac{1}{x}-\dfrac{1}{x^2}+\dfrac{1}{x-1}$

(2) $\left(\dfrac{a}{x}+\dfrac{b}{x-1}+\dfrac{c}{(x-1)^2}\text{ とおく}\right)$

$\dfrac{1}{x}-\dfrac{1}{x-1}+\dfrac{1}{(x-1)^2}$

(3) $\left(\dfrac{a}{x+1}+\dfrac{b}{x-2}+\dfrac{c}{(x-2)^2}\text{ とおく}\right)$

$-\dfrac{1}{9}\cdot\dfrac{1}{(x+1)}+\dfrac{1}{9}\cdot\dfrac{1}{x-2}+\dfrac{2}{3}\cdot\dfrac{1}{(x-2)^2}$

C (1) $\left(\dfrac{a}{x+1}+\dfrac{bx+c}{x^2+1}\text{ とおく}\right)$

$\dfrac{1}{x+1}-\dfrac{x-1}{x^2+1}$

(2) $\left(\dfrac{a}{x}+\dfrac{bx+c}{x^2+x+1}\text{ とおく}\right)$

$\dfrac{1}{x}-\dfrac{x+1}{x^2+x+1}$

(3) $\left(\dfrac{ax+b}{x^2+x+1}+\dfrac{cx+d}{x^2-x+1}\text{ とおく}\right)$

$\dfrac{1}{2}\cdot\dfrac{x+1}{x^2+x+1}-\dfrac{1}{2}\cdot\dfrac{x-1}{x^2-x+1}$

練習問題 1.9 (p.146)

A (1) $x=5.6$　(2) $x=\dfrac{5}{18}$　(3) $x=2\sqrt{3}$

B (1) $x=1.5$　(2) $x=\dfrac{4}{3}$　(3) $x=1-\dfrac{\sqrt{2}}{2}$

C (1) $x=0.5$　(2) $x=\dfrac{5}{8}$　(3) $x=5+2\sqrt{6}$

練習問題 1.10 (p.146)

A (1) $x=\pm\sqrt{3}$　(2) $x=1$（重解）

(3) $x=-1,-3$　(4) $x=\pm i$

(5) $x=\pm 2i$　(6) $x=0,2$

(7) $x=-2,\dfrac{1}{2}$　(8) $x=-\dfrac{1}{3}$（重解）

(9) $x=2,-\dfrac{3}{2}$

B (1) $x=\dfrac{-3\pm\sqrt{17}}{2}$　(2) $x=\dfrac{-1\pm\sqrt{3}\,i}{2}$

(3) $x=\dfrac{-1\pm\sqrt{7}\,i}{4}$　(4) $x=\pm\sqrt{2}\,i$

(5) $x=\pm\dfrac{2}{3}\sqrt{3}\,i$　(6) $x=\dfrac{5\pm\sqrt{13}}{6}$

C (1) $x=1\pm\sqrt{3}$　(2) $x=1\pm i$

(3) $x=\dfrac{-1\pm\sqrt{2}\,i}{3}$　(4) $x=\dfrac{\sqrt{2}\pm\sqrt{6}}{2}$

(5) $x=\sqrt{3}\pm\sqrt{2}$　(6) $x=\dfrac{\sqrt{6}\pm\sqrt{10}\,i}{4}$

練習問題 1.11 (p.146)

A (1) $x=4,\ y=-2$　(2) $a=-3,\ b=1$

(3) $u=-10,\ v=20$

B (1) $x=\dfrac{3}{2},\ y=-\dfrac{1}{2}$　(2) $a=\dfrac{1}{2},\ b=\dfrac{1}{3}$

(3) $u=\dfrac{4}{17},\ v=-\dfrac{1}{17}$

C (1) $a=1,\ b=2,\ c=3$

(2) $x=\dfrac{3}{2},\ y=-\dfrac{3}{2},\ z=-\dfrac{1}{2}$

(3) $x=-\dfrac{1}{2},\ y=\dfrac{1}{3},\ z=-\dfrac{1}{6}$

2 関数とグラフ

練習問題 2.1 (p. 147)

A

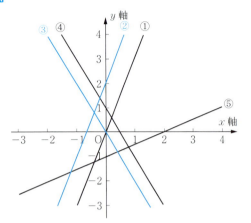

B

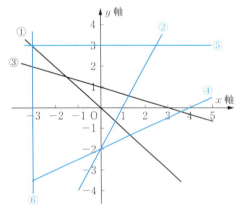

C

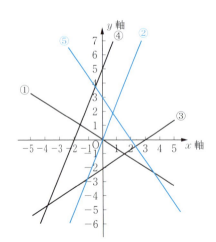

練習問題 2.2 (p. 147)

A

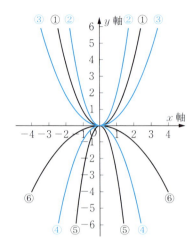

B

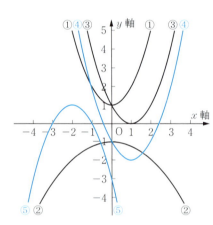

C

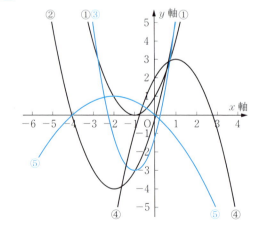

練習問題 2.3 (p.147)

A
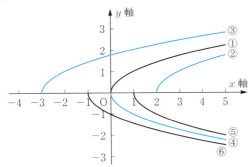

B
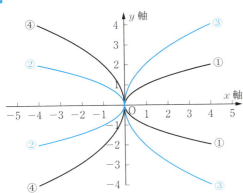

C
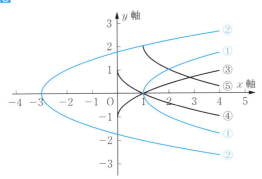

練習問題 2.4 (p.147)

A (1) $x<0,\ 1<x$ (2) $x\leq -2,\ 1\leq x$
 (3) $-2<x<0$ (4) $-3\leq x\leq 2$

B (1) $x\leq 0,\ 4\leq x$ (2) $x<-1,\ 2<x$
 (3) $1\leq x\leq 5$ (4) $-1<x<6$

C (1) $-2\leq x\leq \dfrac{1}{2}$ (2) $x<-\dfrac{1}{6},\ \dfrac{1}{2}<x$

 (3) $x<-\dfrac{2}{3},\ \dfrac{3}{2}<x$ (4) $\dfrac{1}{3}\leq x\leq \dfrac{3}{4}$

練習問題 2.5 (p.148)

A (1) $x=2$ のとき最小値 -4,
   最大値なし
 (2) $x=2$ のとき最大値 1,
   最小値なし
 (3) $x=-1$ のとき最小値 $-\dfrac{1}{2}$,
   最大値なし

B (1) $x=2$ のとき最小値 -4,
   $x=5$ のとき最大値 5
 (2) $x=0$ のとき最小値 -3,
   $x=1$ のとき最大値 0

C (1) 3 秒後に最も高くなり,
   そのときの高さは 45 m
 (2) (x 軸上にある頂点の 1 つの x 座標を
   $a\,(0<a<2)$ とすると
   長方形の周の長さ $l=-2a^2+4a+8$)
   $(1,0),(-1,0),(1,3),(-1,3)$
   周の長さの最大値は 10

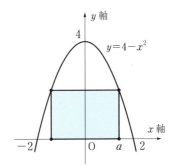

練習問題 2.6 (p.148)

A
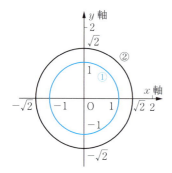

B
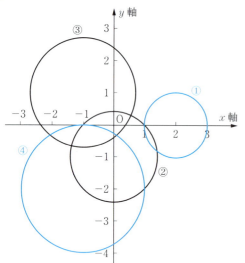

C
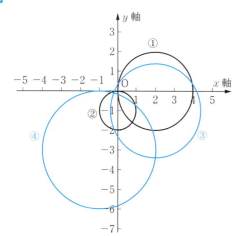

練習問題 2.7 (p.148)

A
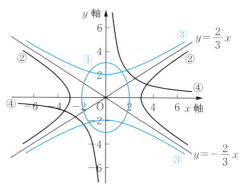

B
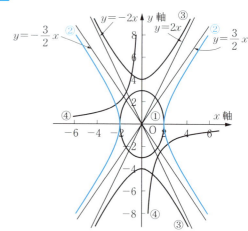

C
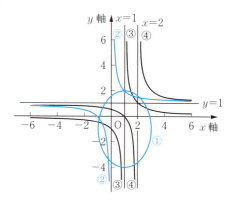

3 指数関数

練習問題 2.8 (p.149)

A (1) $\left(\dfrac{5}{2}, -\dfrac{1}{2}\right)$　(2) $(18, 10)$

(3) $\left(\dfrac{3}{5}, -\dfrac{1}{5}\right)$

B (1) なし

(2) $(a, 1-a)$ (a:実数)
(直線上のすべての点)

C (1) $(-4, 6)$　(2) なし

(3) $(a, 2-a)$ (a:実数)
(直線上のすべての点)

B(2), C(3)の2つの直線は重なっています。

練習問題 2.9 (p.149)

A (1) $(-2, 4), (3, 9)$　(2) なし

(3) $(3, 12)$

B (1) $(0, 0)$　(2) $(1, 0), (5, 8)$

(3) なし

C (1) なし　(2) $\left(\dfrac{3}{2}, -\dfrac{7}{2}\right)$

(3) $\left(\dfrac{1}{2}, 3\right), \left(-\dfrac{1}{2}, 7\right)$

練習問題 2.10 (p.149)

A (1) $\left(\pm\dfrac{\sqrt{2}}{2}, \mp\dfrac{\sqrt{2}}{2}\right)$（複号同順）（2つ）

(2) $(0, 1), (1, 0)$　(3) $(0, 0)$

B (1) なし　(2) $(2, 0)$

(3) $\left(\dfrac{\sqrt{10}}{2}, \pm\dfrac{\sqrt{6}}{2}\right), \left(-\dfrac{\sqrt{10}}{2}, \pm\dfrac{\sqrt{6}}{2}\right)$　(4つ)

C (1) なし

(2) $(0, -1), \left(\pm\sqrt{3}, \dfrac{1}{2}\right)$　(3つ)

(3) $(\pm\sqrt{3}, -2), (\pm 2\sqrt{2}, 3)$　(4つ)

練習問題 3.1 (p.150)

A (1) $x^{\frac{3}{2}}$　(2) $(x+1)^{\frac{1}{2}}$　(3) $x^{-\frac{1}{2}}$

(4) $x^{-\frac{3}{2}}$　(5) $(2x+1)^{\frac{1}{3}}$

(6) $(x+1)^{\frac{2}{3}}$　(7) $(x^2+1)^{-\frac{1}{3}}$

(8) 1.4142　(9) 1.7320　(10) 1.9129

(11) 0.7937　(12) 1.0717　(13) 6.7049

(14) 0.1449

練習問題 3.2 (p.150)

1. A (1) 10　(2) 3　(3) 4

(4) $\dfrac{1}{10}$　(5) $\dfrac{1}{9}$　(6) $\dfrac{1}{16}$

B (1) $\dfrac{3}{10}$　(2) $\dfrac{10}{3}$　(3) $\dfrac{4}{9}$

(4) $\dfrac{5}{2}$　(5) 8

C (1) $2\sqrt[4]{2}$　(2) $\sqrt[6]{5}$　(3) $\sqrt[4]{3}$

(4) $\sqrt[12]{2}$

2. A (1) $p^6 q^9$　(2) $p^3 q^2$　(3) $p^{-6} q^9$

(4) $p^{-3} q^2$　(5) $pq^{\frac{3}{2}}$

B (1) $p^9 q^8$　(2) $p^{-3} q^4$　(3) $p^{-5} q^{-5}$

C (1) $p^{\frac{11}{6}} q^{\frac{7}{6}}$　(2) $p^{\frac{2}{3}} q^{-\frac{1}{6}}$　(3) $p^{\frac{5}{12}} q^{\frac{5}{12}}$

練習問題 3.3 (p.150)

B

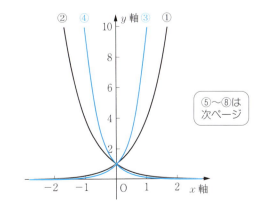

⑤〜⑧は次ページ

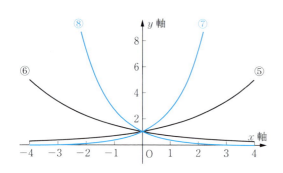

4 対 数 関 数

練習問題 4.1 (p.151)

A (1) $2 = \log_3 9$ (2) $4 = \log_3 81$

(3) $-1 = \log_3 \dfrac{1}{3}$ (4) $-3 = \log_3 \dfrac{1}{27}$

(5) $1 = \log_3 3$ (6) $0 = \log_3 1$

練習問題 4.2 (p.151)

1. **A** (1) 2 (2) 4 (3) -1
 (4) -3 (5) 1 (6) 0

 B (1) $\dfrac{1}{2}$ (2) $\dfrac{2}{3}$ (3) $-\dfrac{3}{4}$

 (4) $-\dfrac{3}{2}$ (5) $-\dfrac{1}{2}$

2. **A** (1) 3 (2) 3 (3) $\dfrac{3}{2}$

 B (1) 2 (2) 3 (3) 3

 C (1) $-\dfrac{3}{2}$ (2) -1

練習問題 4.3 (p.151)

1. **A** (1) $\dfrac{1}{\log_2 3}$ (2) $\dfrac{\log_5 2}{\log_5 3}$

 (3) $\dfrac{\log_{10} 2}{\log_{10} 3}$ (4) $\dfrac{\log_e 2}{\log_e 3}$

2. **B** (1) 1 (2) 1 (3) $\dfrac{4}{3}$

 C (1) $-\dfrac{15}{4}$ (2) $\dfrac{5}{4}$

練習問題 4.4 (p.151)

A (1) -0.3979 (2) -1.1363

B (1) 1.1609 (2) 1.4499

練習問題 4.5 (p.151)

B

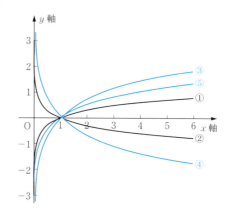

5 三角関数

練習問題 5.1 (p.152)

A (1) $\dfrac{2}{3}, \dfrac{\sqrt{5}}{3}, \dfrac{2}{\sqrt{5}}$ (2) $\dfrac{1}{\sqrt{3}}, \dfrac{2}{\sqrt{6}}, \dfrac{\sqrt{2}}{2}$

(3) $\dfrac{\sqrt{2}}{\sqrt{3}}, \dfrac{1}{\sqrt{3}}, \sqrt{2}$ (4) $\dfrac{4}{5}, \dfrac{3}{5}, \dfrac{4}{3}$

(5) $\dfrac{1}{2}, \dfrac{\sqrt{3}}{2}, \dfrac{1}{\sqrt{3}}$ (6) $\dfrac{1}{\sqrt{2}}, \dfrac{1}{\sqrt{2}}, 1$

(7) $\dfrac{\sqrt{3}}{2}, \dfrac{1}{2}, \sqrt{3}$

練習問題 5.2 (p.152)

A (1) $\dfrac{\sqrt{3}}{2}$ (2) $-\dfrac{1}{\sqrt{2}}$ (3) $-\dfrac{1}{\sqrt{3}}$

(4) 1 (5) 1

練習問題 5.3〜5.4 (p.152)

A (1) $\cos\theta = \dfrac{3}{\sqrt{13}}, \tan\theta = \dfrac{2}{3}$

(2) $\cos\theta = -\dfrac{3}{\sqrt{13}}, \tan\theta = -\dfrac{2}{3}$

(3) $\sin\theta = \dfrac{3}{5}, \tan\theta = -\dfrac{3}{4}$

(4) $\sin\theta = \dfrac{\sqrt{2}}{\sqrt{3}}, \cos\theta = \dfrac{1}{\sqrt{3}}$

(5) $\sin\theta = \dfrac{\sqrt{2}}{\sqrt{3}}, \cos\theta = -\dfrac{1}{\sqrt{3}}$

練習問題 5.5 (p.152)

A (1) $b = 5\sqrt{6}, R = 5\sqrt{2}$
(2) $a = \sqrt{2}, R = \sqrt{2}$

B (1) $a = 2, R = \sqrt{2}$
(2) $b = \dfrac{\sqrt{6}}{2}, R = \dfrac{\sqrt{6}}{2}$

練習問題 5.6 (p.153)

A (1) $60°$ (2) $120°$
B (1) $c = \sqrt{6}, A = 45°, B = 75°$
(2) $b = 2, A = 15°, C = 120°$

練習問題 5.7 (p.153)

A (1) $\dfrac{\pi}{4}$ (2) $\dfrac{\pi}{2}$ (3) $\dfrac{2}{3}\pi$

(4) $\dfrac{3}{4}\pi$ (5) π (6) $\dfrac{7}{6}\pi$

(7) $\dfrac{4}{3}\pi$ (8) $\dfrac{7}{4}\pi$ (9) 2π

(10) $30°$ (11) $60°$ (12) $90°$
(13) $150°$ (14) $180°$ (15) $225°$
(16) $240°$ (17) $270°$ (18) $330°$

練習問題 5.8 (p.153)

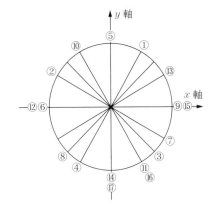

練習問題 5.9 (p.153)

A (1) $\sqrt{3}$ (2) $-\dfrac{\sqrt{3}}{2}$ (3) $-\dfrac{1}{\sqrt{2}}$

(4) $-\dfrac{\sqrt{3}}{2}$ (5) $\dfrac{\sqrt{3}}{2}$ (6) 1

(7) $\dfrac{\sqrt{3}}{2}$ (8) $-\sqrt{3}$ (9) $\dfrac{1}{\sqrt{3}}$

(10) $\dfrac{1}{\sqrt{2}}$ (11) 1 (12) $\dfrac{1}{2}$

練習問題 5.10 (p.154)

A (1) 0 (2) 0 (3) -1 (4) -1
(5) 0 (6) 1 (7) 1 (8) 0
(9) -1 (10) -1 (11) 0 (12) 0

練習問題 5.11 (p. 154)

A (1) 0.2588 (2) −0.1736
(3) −0.8390 (4) −0.4226
(5) 0.3420

B (1) 0.5877 (2) 0.5877
(3) −0.4142 (4) −0.6427
(5) 0.2225

練習問題 5.12 (p. 154)

A (1) $\sin\theta = \dfrac{\sqrt{2}}{\sqrt{5}}$, $\tan\theta = -\dfrac{\sqrt{2}}{\sqrt{3}}$

(2) $\cos\theta = -\dfrac{12}{13}$, $\tan\theta = -\dfrac{5}{12}$

(3) $\sin\theta = -\dfrac{1}{\sqrt{5}}$, $\cos\theta = \dfrac{2}{\sqrt{5}}$

(4) $\sin\theta = -\dfrac{3}{\sqrt{13}}$, $\cos\theta = -\dfrac{2}{\sqrt{13}}$

練習問題 5.13 (p. 154)

B (1)

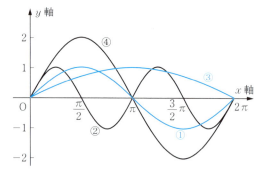

(2)

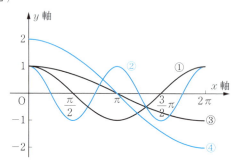

(3)

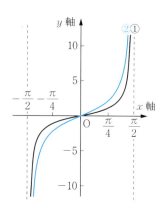

(4)

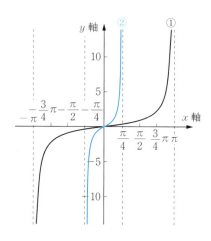

$-\infty < x < \infty$ で考えると
$y = \sin ax$ の周期は
$y = \sin x$ の周期の
$\dfrac{1}{a}$ 倍よ。

6 ベクトル

練習問題 6.1 (p.155)

A (1) $\overrightarrow{AF}, \overrightarrow{BO}, \overrightarrow{CD}$
(2) $\overrightarrow{DC}, \overrightarrow{EF}, \overrightarrow{HG}$

練習問題 6.2 (p.155)

A

(1)

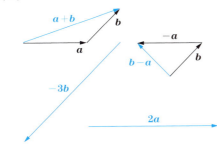

(2)

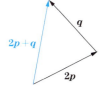

練習問題 6.3 (p.155)

A (1) $\overrightarrow{AB}=(3,-3,1)$
$\overrightarrow{BC}=(-5,3,1)$
$\overrightarrow{CA}=(2,0,-2)$
(2) $|\overrightarrow{AB}|=\sqrt{19}$
$|\overrightarrow{BC}|=\sqrt{35}$
$|\overrightarrow{CA}|=2\sqrt{2}$
(3) $4\overrightarrow{AB}+\overrightarrow{BC}=(7,-9,5)$
$\overrightarrow{CA}+2\overrightarrow{BC}=(-8,6,0)$
$3\overrightarrow{AB}-5\overrightarrow{CA}=(-1,-9,13)$
(4) $|2\overrightarrow{AB}+\overrightarrow{BC}-3\overrightarrow{CA}|=|(-5,-3,9)|$
$=\sqrt{115}$

練習問題 6.4 (p.155)

A (1) 6

B (2) $\theta=\dfrac{\pi}{4}$

(3) $\boldsymbol{c}=\left(\pm\dfrac{1}{\sqrt{6}},\mp\dfrac{1}{\sqrt{2}},\mp\dfrac{1}{\sqrt{3}}\right)$
（複号同順）

(4) $\boldsymbol{c}=\left(-\dfrac{5}{4},-\dfrac{\sqrt{3}}{4},-\dfrac{\sqrt{2}}{4}\right)$

練習問題 6.5 (p.156)

A (1) $4\sqrt{5}$ (2) 4
B (1) $(0,4,0)$ (2) $\sqrt{26}$
C (1) $\sqrt{6}$
(2) （C$(a,b,0)$ とおき, 条件 $\overline{AC}^2=\overline{BC}^2=6$ より a,b を定める。）
$(0,1,0)$ または $(3,-2,0)$

練習問題 6.6 (p.156)

A (1) $\left(\dfrac{1}{2},\dfrac{3}{2},-\dfrac{3}{2}\right)$ (2) $\left(-\dfrac{1}{7},\dfrac{9}{7},-\dfrac{2}{7}\right)$
(3) $\left(\dfrac{5}{4},-\dfrac{3}{4},\dfrac{5}{4}\right)$ (4) $\left(\dfrac{2}{3},\dfrac{2}{3},-\dfrac{1}{3}\right)$

B (1) $\dfrac{1}{3}(\boldsymbol{a}+\boldsymbol{b}+\boldsymbol{c})$ (2) $\dfrac{1}{4}(\boldsymbol{a}+\boldsymbol{b}+\boldsymbol{c}+\boldsymbol{d})$

C (1) $\boldsymbol{a}+\boldsymbol{b}+t\boldsymbol{c}$ (2) $\dfrac{1}{3}(\boldsymbol{a}+\boldsymbol{b}+\boldsymbol{c})$
(3) $t=1, k=3$
△ABC の重心 G は平行六面体の対角線 OF を $1:2$ に内分する点

練習問題 6.7 (p.156)

A (1) $(5,-3,0)$ (2) $\left(-2,4,-\dfrac{1}{2}\right)$

B (1) $\overrightarrow{OP}=\boldsymbol{a}+\boldsymbol{b}+\dfrac{5}{3}\boldsymbol{c}$
(2) $\overrightarrow{OQ}=\dfrac{3}{5}\boldsymbol{a}+\dfrac{3}{5}\boldsymbol{b}+\boldsymbol{c}$

7 複素平面と極形式

練習問題 7.1 (p. 157)

A (1)

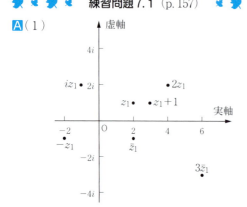

(2)

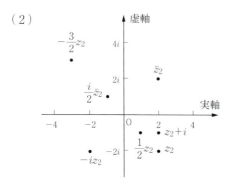

練習問題 7.2 (p. 157)

B (1) $\alpha_1 = \sqrt{2}\left(\cos\dfrac{\pi}{4} + i\sin\dfrac{\pi}{4}\right)$

(2) $\alpha_2 = \sqrt{2}\left\{\cos\left(-\dfrac{\pi}{4}\right) + i\sin\left(-\dfrac{\pi}{4}\right)\right\}$

(3) $\beta_1 = 2\left\{\cos\left(-\dfrac{2}{3}\pi\right) + i\sin\left(-\dfrac{2}{3}\pi\right)\right\}$

(4) $\beta_2 = 2\left(\cos\dfrac{5}{6}\pi + i\sin\dfrac{5}{6}\pi\right)$

(5) $\gamma_1 = 2(\cos\pi + i\sin\pi)$

(6) $\gamma_2 = 1 \cdot \left(\cos\dfrac{\pi}{2} + i\sin\dfrac{\pi}{2}\right)$

(7) $w_1 = 1 \cdot \left(\cos\dfrac{\pi}{3} + i\sin\dfrac{\pi}{3}\right)$

(8) $w_2 = \dfrac{4}{3}\left\{\cos\left(-\dfrac{\pi}{6}\right) + i\sin\left(-\dfrac{\pi}{6}\right)\right\}$

練習問題 7.3 (p. 157)

B (1) $\alpha_1\alpha_2 = \sqrt{2}\left(\cos\dfrac{\pi}{4} + i\sin\dfrac{\pi}{4}\right) = 1 + i$

$\dfrac{\alpha_2}{\alpha_1} = \sqrt{2}\left\{\cos\left(-\dfrac{3}{4}\pi\right) + i\sin\left(-\dfrac{3}{4}\pi\right)\right\}$
$= -1 - i$

(2) $\beta_1\beta_2 = 4\left(\cos\dfrac{\pi}{6} + i\sin\dfrac{\pi}{6}\right) = 2\sqrt{3} + 2i$

$\dfrac{\beta_1}{\beta_2} = 1 \cdot \left\{\cos\left(-\dfrac{7}{6}\pi\right) + i\sin\left(-\dfrac{7}{6}\pi\right)\right\}$
$= -\dfrac{\sqrt{3}}{2} + \dfrac{1}{2}i$

(3) $\gamma_1\gamma_2 = 2\left(\cos\dfrac{7}{6}\pi + i\sin\dfrac{7}{6}\pi\right) = -\sqrt{3} - i$

$\dfrac{\gamma_1}{\gamma_2} = \dfrac{1}{2}\left\{\cos\left(-\dfrac{\pi}{2}\right) + i\sin\left(-\dfrac{\pi}{2}\right)\right\} = -\dfrac{1}{2}i$

練習問題 7.4 (p. 157)

B (1) 与式 $= (\sqrt{2})^5\left(\cos\dfrac{5}{4}\pi + i\sin\dfrac{5}{4}\pi\right)$
$= -4(1 + i)$

(2) 与式 $= 2^4\left(\cos\dfrac{4}{3}\pi + i\sin\dfrac{4}{3}\pi\right)$
$= -8(1 + \sqrt{3}i)$

(3) 与式 $= (\sqrt{2})^{-3}\left\{\cos\left(-\dfrac{3}{4}\pi\right)\right.$
$\left. - i\sin\left(-\dfrac{3}{4}\pi\right)\right\}$
$= -\dfrac{1}{4}(1 - i)$

C (1) 与式 $= 4^6\left(\cos\dfrac{25}{3}\pi + i\sin\dfrac{25}{3}\pi\right)$
$= 2048(1 + \sqrt{3}i)$

(2) 与式 $= \dfrac{1}{2^4}\{\cos(-2\pi) + i\sin(-2\pi)\}$
$= \dfrac{1}{16}$

(3) 与式 $= 2^{-1}\left\{\cos\left(-\dfrac{23}{6}\pi\right)\right.$
$\left. + i\sin\left(-\dfrac{23}{6}\pi\right)\right\}$
$= \dfrac{1}{4}(\sqrt{3} + i)$

8 極 限

練習問題 8.1 (p.158)

A (1) 1　(2) 2　(3) 2　(4) 5
B (1) 2　(2) 3　(3) 3
C (1) 0
　(2) $\lim_{x \to 0-0} g(x) = -1$, $\lim_{x \to 0+0} g(x) = +1$ より，存在しない

練習問題 8.2 (p.158)

B (1) 0 （正の値をとりながら 0 へ近づく）
　(2) 1 （1 より大きい値をとりながら 1 へ近づく）
　(3) 0 （負の値をとりながら 0 へ近づく）
　(4) 1 （1 より大きい値をとりながら 1 へ近づく）
C (1) 1　(2) $+\infty$　(3) $-\infty$

練習問題 8.3 (p.158)

A (1) 0　(2) 0　(3) $+\infty$　(4) $-\infty$
B (1) 1　(2) $\dfrac{1}{2}$
　(3) 0 （正の値をとりながら 0 に近づく）
　(4) 0 （負の値をとりながら 0 に近づく）
C (1) -1　(2) $+\infty$　(3) $-\infty$
　(4) $-\infty$

練習問題 8.4〜8.5 (p.158)

B Σ を使った表現は一通りではありません。

(1) 与式 $= \sum_{n=1}^{\infty}\left(\dfrac{2}{3}\right)^{n-1}$,

　$S_n = 3\left\{1-\left(\dfrac{2}{3}\right)^n\right\}$, 3 に収束

(2) 与式 $= \sum_{n=1}^{\infty}\left(-\dfrac{5}{4}\right)^{n-1}$,

　$S_n = \dfrac{4}{9}\left\{1-\left(-\dfrac{5}{4}\right)^n\right\}$, 収束しない

(3) 与式 $= \sum_{n=1}^{\infty}\left(\dfrac{3}{2}\right)^n$,

　$S_n = 3\left\{\left(\dfrac{3}{2}\right)^n - 1\right\}$, 収束しない

(4) 与式 $= \dfrac{1}{2}\sum_{n=1}^{\infty}\left(-\dfrac{1}{2}\right)^{n-1}$,

　$S_n = \dfrac{1}{3}\left\{1-\left(-\dfrac{1}{2}\right)^n\right\}$, $\dfrac{1}{3}$ に収束

C (1) $0.\dot{1} = \dfrac{1}{10}\sum_{n=1}^{\infty}\left(\dfrac{1}{10}\right)^{n-1} = \dfrac{1}{9}$

(2) $0.\dot{1}\dot{2} = \dfrac{12}{100}\sum_{n=1}^{\infty}\left(\dfrac{1}{100}\right)^{n-1} = \dfrac{12}{99}$

(3) $1.\dot{2}3\dot{4} = 1 + \dfrac{234}{1000}\sum_{n=1}^{\infty}\left(\dfrac{1}{1000}\right)^{n-1} = \dfrac{1233}{999}$

9 微 分

練習問題 9.1 (p.159)

A (1) -1　(2) 2　(3) -3
B (1) $\dfrac{2}{\pi}\sqrt{2}(1-\sqrt{2})$　(2) $-\dfrac{2}{\pi}\sqrt{2}$

(3) $\dfrac{3}{\pi}(\sqrt{3}-1)$

C (1) $\dfrac{1}{e-1}$　(2) $\dfrac{1}{e(e-1)}$

(3) $\dfrac{e}{e-1}$

練習問題 9.2 (p.159)

A $f'(0) = 1$, $f'(1) = 3$
B $f'(1) = e$, $f'(-1) = \dfrac{1}{e}$
C $f'(e) = \dfrac{1}{e}$, $f'\left(\dfrac{1}{e}\right) = e$

練習問題 9.3 (p.159)

A (1) 2　(2) -1　(3) 3
B (1) $4x$　(2) $-2x$　(3) $6x-1$
C (1) $-3x^2$　(2) $3x^2 - 2x$
　(3) $6x^2 - 3$

練習問題 9.4 (p.159)

A (1) $2\cos x$ (2) $3e^x$ (3) $-\dfrac{1}{x}$

B (1) $\sin x$ (2) $-e^{-x}$ (3) $\dfrac{1}{x+1}$

C (1) $2\cos 2x$ (2) $2e^{2x}$ (3) $\dfrac{3}{3x-1}$

練習問題 9.5 (p.159)

A (1) 0 (2) $2x+1$

(3) $-3x^2+4x-\dfrac{1}{5}$ (4) $\dfrac{1}{2}x-\dfrac{1}{2}$

(5) $2x^2-\dfrac{1}{3}$

練習問題 9.6 (p.160)

A (1) $-\sin x+\cos x$

(2) $2\cos x+5\sin x$ (3) $\dfrac{3}{4}-\dfrac{1}{2}\cos x$

(4) $\dfrac{1}{x}+e^x$ (5) $\dfrac{e^x}{3}-\dfrac{2}{x}$

(6) $\dfrac{1}{2x}-\dfrac{e^x}{4}$

練習問題 9.7 (p.160)

A (1) $x^3(x+4)e^x$

(2) $x(2\cos x-x\sin x)$

(3) $\sin x+x\cos x$

(4) $\log x+1$

(5) $\left(\log x+\dfrac{1}{x}\right)e^x$

(6) $\cos^2 x-\sin^2 x\ (=\cos 2x)$

B (1) $x^2 e^x$ (2) $x\cos x$

(3) $x\sin x$ (4) $2e^x\sin x$

(5) $2e^x\cos x$ (6) $9x^2\log x$

練習問題 9.8 (p.160)

A (1) $-\dfrac{1}{x^2}$ (2) $-\dfrac{2x}{(x^2+1)^2}$

(3) $-\dfrac{e^x}{(e^x+1)^2}$ (4) $-\dfrac{1}{x(\log x)^2}$

(5) $\dfrac{-5}{(x-3)^2}$ (6) $\dfrac{1-x^2}{(x^2+1)^2}$

(7) $\dfrac{x\cos x-\sin x}{x^2}$ (8) $\dfrac{xe^x}{(x+1)^2}$

B (1) $-\dfrac{1}{\sin^2 x}$ (2) $\dfrac{1}{1+\cos x}$

(3) $\dfrac{1}{1-\sin x}$ (4) $\dfrac{e^x}{(e^x+1)^2}$

(5) $\dfrac{2e^x}{(1-e^x)^2}$ (6) $\dfrac{1-\log x}{x^2}$

(7) $\dfrac{\log x-1}{(\log x)^2}$ (8) $\dfrac{2}{x(\log x+1)^2}$

練習問題 9.9 (p.160)

A (1) $2\cos 2x-3\sin 3x$ (2) $\dfrac{2}{\cos^2 6x}$

(3) $20(4x+3)^4$

(4) $\dfrac{1}{3}\cos\dfrac{x}{3}+\dfrac{1}{2}\sin\dfrac{x}{2}$ (5) $2e^{2x}-e^{-x}$

(6) $\dfrac{1}{2}e^{\frac{x}{2}}$ (7) $-7(1-x)^6$

B (1) $\sin 3x+3x\cos 3x$

(2) $2x(\cos 2x-x\sin 2x)$

(3) $x(2-x)e^{-x}$ (4) $x^2(2x+3)e^{2x}$

(5) $e^{3x}(3\sin 2x+2\cos 2x)$

(6) $e^{-x}\left(\dfrac{3}{\cos^2 3x}-\tan 3x\right)$

(7) $\dfrac{5\sin 5x}{\cos^2 5x}$ (8) $-\dfrac{4\cos 4x}{\sin^2 4x}$

"積の微分公式", "商の微分公式" も一緒に使えたかしら？

9 微分

C (1) $-xe^{-x}$ (2) $4x^2e^{2x}$
(3) $-x^2e^{-x}$ (4) $9x\sin 3x$
(5) $13e^{3x}\cos 2x$ (6) $\dfrac{-3}{\sin^2 3x}$
(7) $-\dfrac{2}{\sin^2 2x}$ (8) $-\dfrac{(2x+1)(2x-1)}{(x+1)^4}$

練習問題 9.10 (p.161)

1. B (1) $2\cos\left(2x+\dfrac{\pi}{3}\right)$
(2) $-\dfrac{1}{2}\sin\left(\dfrac{1}{2}x+\dfrac{\pi}{5}\right)$ (3) $10x(x^2-1)^4$
(4) $8(3x^2-2x+1)^3(3x-1)$
(5) $3\sin^2 x\cos x$
(6) $-2\cos x\sin x\ (=-\sin 2x)$
(7) $4(\sin x+1)^3\cos x$
(8) $5(1-\cos x)^4\sin x$ (9) $2xe^{x^2}$
(10) $\dfrac{3}{3x-1}$ (11) $\dfrac{2x}{x^2+1}$
(12) $\dfrac{e^x}{e^x+1}$ (13) $\dfrac{2\log x}{x}$
(14) $\dfrac{2(\log x+1)}{x}$ (15) $-\dfrac{2\cos x}{\sin^3 x}$
(16) $\dfrac{3\sin x}{\cos^4 x}$ (17) $-\dfrac{2e^x}{(e^x-1)^3}$

2. B (1) $7(x^2+x+1)^6(2x+1)$
(2) $4\sin^3 x\cos x$ (3) $\dfrac{3\tan^2 x}{\cos^2 x}$
(4) $-15\cos^4 3x\sin 3x$ (5) $3e^x(e^x+1)^2$
(6) $\dfrac{3}{3x+4}$

C (1) $\dfrac{4x}{2x+1}$ (2) $\dfrac{9x}{(3x+2)^2}$
(3) $-\dfrac{6e^{3x}}{(e^{3x}+1)^3}$ (4) $\dfrac{2\sin x}{\cos^3 x}$
(5) $-\dfrac{18\cos 3x}{\sin^7 3x}$ (6) $-\dfrac{2}{x^2-1}$
(7) $\dfrac{38}{(3x-7)(5x+1)}$
(8) $\dfrac{1+\sin 5x}{(\sin 2x+\cos 3x)^2}$

練習問題 9.11 (p.161)

A (1) $\dfrac{3}{2}\sqrt{x}$ (2) $\dfrac{5}{3}\sqrt[3]{x^2}$
(3) $\dfrac{-3}{2x^2\sqrt{x}}$ (4) $\dfrac{-4}{3x^2\sqrt[3]{x}}$
(5) $\dfrac{2}{\sqrt{4x+1}}$ (6) $\dfrac{2x-1}{2\sqrt{x^2-x+1}}$
(7) $\dfrac{1}{3\sqrt[3]{(x-1)^2}}$ (8) $\dfrac{2x}{3\sqrt[3]{(x^2-1)^2}}$

B (1) $\dfrac{3}{2}\sqrt{x}+1$
(2) $\dfrac{4}{3}\sqrt[3]{x}-\dfrac{1}{3\sqrt[3]{x^2}}\ \left(=\dfrac{4x-1}{3x}\sqrt[3]{x}\right)$
(3) $\dfrac{x-1}{2x\sqrt{x}}$ (4) $\dfrac{e^{\sqrt{x}}}{2\sqrt{x}}$
(5) $\dfrac{x}{\sqrt{x^2+1}}$ (6) $\dfrac{x}{\sqrt{(1-x^2)^3}}$
(7) $\dfrac{1}{2(1+\sqrt{x})\sqrt{x}}$

C (1) $\dfrac{-1}{2\sqrt{x}(\sqrt{x}+1)^2}$ (2) $\dfrac{1}{2\sqrt{x}(1-\sqrt{x})^2}$
(3) $\dfrac{1}{\sqrt{x}(\sqrt{x}+1)^2}$ (4) $\dfrac{2x^2+1}{\sqrt{x^2+1}}$
(5) $\dfrac{1}{\sqrt{(1-x^2)^3}}$ (6) $\dfrac{1}{\sqrt{1+x^2}}$
(7) $\dfrac{1}{(x-1)\sqrt{x}}$

練習問題 9.12 (p.162)

A (1) $y=x-1$ (2) $y=4x-1$
B (1) $y=-x+\pi$ (2) $y=-2x+\dfrac{\pi}{2}$
(3) $y=ex$ (4) $y=-x+1$
(5) $y=\dfrac{1}{e}x$ (6) $y=x-1$
(7) $y=\dfrac{1}{4}x+1$ (8) $y=-\dfrac{1}{4}x+1$

練習問題 9.13 (p.162)

A
(1) 0
(2) 2
(3) $-6x$
(4) e^{-x}
(5) $4e^{2x}$
(6) $-4\sin 2x$
(7) $-9\cos 3x$

B
(1) $-\dfrac{1}{4x\sqrt{x}}$
(2) $\dfrac{3}{4x^2\sqrt{x}}$
(3) $-\dfrac{1}{x^2}$
(4) $2\cos x - x\sin x$
(5) $-10\sin 5x - 25x\cos 5x$
(6) $(x^2+4x+2)e^x$
(7) $(x-2)e^{-x}$
(8) $\dfrac{1}{x}$
(9) $e^{2x}(12\cos 3x - 5\sin 3x)$

練習問題 9.14 (p.162)

A (1)

x	$-\infty$	$\cdots$	-2	$\cdots$	-1	$\cdots$	0	$\cdots$	$+\infty$
y'		+	0	−	−	−	0	+	
y''		−	−	−	0	+	+	+	
y	$-\infty$	↗	4	↘	2	↘	0	↗	$+\infty$

極大　変曲　極小

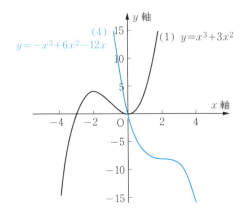

(2)

x	$-\infty$	$\cdots$	-1	$\cdots$	0	$\cdots$	1	$\cdots$	$+\infty$
y'		+	0	−	−	−	0	+	
y''		−	−	−	0	+	+	+	
y	$-\infty$	↗	2	↘	0	↘	-2	↗	$+\infty$

極大　変曲　極小

(3)

x	$-\infty$	$\cdots$	$-\sqrt{2}$	$\cdots$	0	$\cdots$	$\sqrt{2}$	$\cdots$	$+\infty$
y'		−	0	+	+	+	0	−	
y''		+	+	+	0	−	−	−	
y	$+\infty$	↘	$-4\sqrt{2}$	↗	0	↗	$4\sqrt{2}$	↘	$-\infty$

極小　変曲　極大

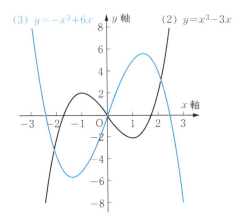

(4)

x	$-\infty$	$\cdots$	2	$\cdots$	$+\infty$
y'		−	0	−	
y''		+	0	−	
y	$+\infty$	↘	-8	↘	$-\infty$

変曲

B (1)

x	$-\infty$	$\cdots$	-1	$\cdots$	$-1/\sqrt{3}$	$\cdots$	0	$\cdots$	$1/\sqrt{3}$	$\cdots$	1	$\cdots$	$+\infty$
y'		$-$	0	$+$	$+$	$+$	0	$-$	$-$	$-$	0	$+$	
y''		$+$	$+$	$+$	0	$-$	$-$	$-$	0	$+$	$+$	$+$	
y	$+\infty$	↘	-1	↗	$-5/9$	↗	0	↘	$-5/9$	↘	-1	↗	$+\infty$
			極小		変曲		極大		変曲		極小		

(2)

x	$-\infty$	$\cdots$	0	$\cdots$	2	$\cdots$	3	$\cdots$	$+\infty$
y'		$-$	0	$-$	$-$	$-$	0	$+$	
y''		$+$	0	$-$	0	$+$	$+$	$+$	
y	$+\infty$	↘	0	↘	-16	↘	-27	↗	$+\infty$
			変曲		変曲		極小		

(3)

x	$-\infty$	$\cdots$	0	$\cdots$	1	$\cdots$	$3/2$	$\cdots$	$+\infty$
y'		$+$	0	$+$	$+$	$+$	0	$-$	
y''		$-$	0	$+$	0	$-$	$-$	$-$	
y	$-\infty$	↗	0	↗	1	↗	$27/16$	↘	$-\infty$
			変曲		変曲		極大		

(4)

x	$-\infty$	$\cdots$	1	$\cdots$	$+\infty$
y'		$-$	0	$+$	
y''		$+$	0	$+$	
y	$+\infty$	↘	-1	↗	$+\infty$
			極小		

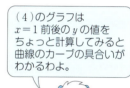

(4)のグラフは $x=1$ 前後の y の値をちょっと計算してみると曲線のカーブの具合がわかるわよ。

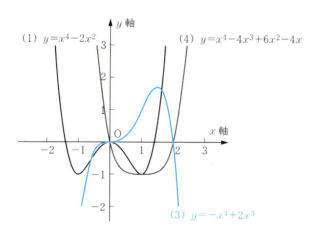

(1) $y=x^4-2x^2$　(4) $y=x^4-4x^3+6x^2-4x$　(3) $y=-x^4+2x^3$

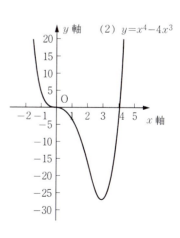

(2) $y=x^4-4x^3$

C (1)

x	$-\infty$	$\cdots$	-1	$\cdots$	0	$\cdots$	1	$\cdots$	$+\infty$
y'		$+$	0	$-$	$-$	$-$	0	$+$	
y''		$-$	$-$	$-$	0	$+$	$+$	$+$	
y	$-\infty$	↗	4	↘	0	↘	-4	↗	$+\infty$
			極大		変曲		極小		

(2)

x	$-\infty$	$\cdots$	-1	$\cdots$	$-1/\sqrt{2}$	$\cdots$	0	$\cdots$	$1/\sqrt{2}$	$\cdots$	1	$\cdots$	$+\infty$
y'		$+$	0	$-$	$-$	$-$	0	$-$	$-$	$-$	0	$+$	
y''		$-$	$-$	$-$	0	$+$	0	$-$	0	$+$	$+$	$+$	
y	$-\infty$	↗	$2/15$	↘	$7\sqrt{2}/120$	↘	0	↘	$-7\sqrt{2}/120$	↘	$-2/15$	↗	$+\infty$
			極大		変曲		変曲		変曲		極小		

(3)

x	$-\infty$	$\cdots$	0	$\cdots$	$+\infty$
y'		$+$	0	$+$	
y''		$-$	0	$+$	
y	$-\infty$	↗	0	↗	$+\infty$
			変曲		

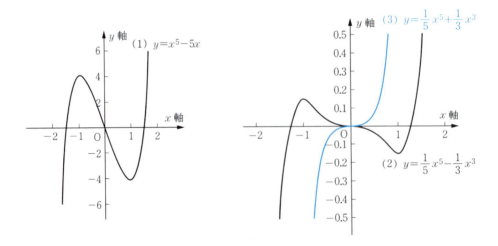

練習問題 9.15 (p.162)

B (1)

x	$-\pi$	$\cdots$	$-3\pi/4$	$\cdots$	$-\pi/4$	$\cdots$	$\pi/4$	$\cdots$	$3\pi/4$	$\cdots$	π
y'	-1	$-$	$-$	$-$	0	$+$	$+$	$+$	0	$-$	-1
y''		$-$	0	$+$	$+$	$+$	0	$-$	$-$	$-$	
y	1	↘	0	↘	$-\sqrt{2}$	↗	0	↗	$\sqrt{2}$	↘	1
			変曲		極小		変曲		極大		

(2)

x	$-\pi$	$\cdots$	$-3\pi/4$	$\cdots$	$-\pi/2$	$\cdots$	$-\pi/4$	$\cdots$	0	$\cdots$	$\pi/4$	$\cdots$	$\pi/2$	$\cdots$	$3\pi/4$	$\cdots$	π
y'	0	$+$	$+$	$+$	0	$-$	$-$	$-$	0	$+$	$+$	$+$	0	$-$	$-$	$-$	0
y''	$+$	$+$	0	$-$	$-$	$-$	0	$+$	$+$	$+$	0	$-$	$-$	$-$	0	$+$	$+$
y	0	↗	$1/2$	↗	1	↘	$1/2$	↘	0	↗	$1/2$	↗	1	↘	$1/2$	↘	0
	(極小)		変曲		極大		変曲		極小		変曲		極大		変曲		(極小)

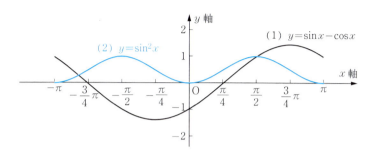

C (1)

x	0	$\cdots$	$2\pi/3$	$\cdots$	π	$\cdots$	$4\pi/3$	$\cdots$	2π
y'	3	$+$	0	$-$	$-$	$-$	0	$+$	3
y''	0	$-$	$-$	$-$	0	$+$	$+$	$+$	0
y	0	↗	$2\pi/3+\sqrt{3}$	↘	π	↘	$4\pi/3-\sqrt{3}$	↗	2π
	(変曲)		極大		変曲		極小		(変曲)

(2)

x	0	$\cdots$	$\pi/2$	$\cdots$	$7\pi/6$	$\cdots$	$3\pi/2$	$\cdots$	$11\pi/6$	$\cdots$	2π
y'	1	$+$	$+$	$+$	0	$-$	$-$	$-$	0	$+$	1
y''	$+$	$+$	0	$-$	$-$	$-$	0	$+$	$+$	$+$	$+$
y	-2	↗	$\pi/2$	↗	$7\pi/6+\sqrt{3}$	↘	$3\pi/2$	↘	$11\pi/6-\sqrt{3}$	↗	$2\pi-2$
			変曲		極大		変曲		極小		

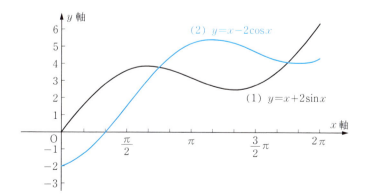

10 積 分

練習問題 10.1 (p. 163)

A (1) $x^4 - x^3 + x^2 - x + C$

(2) $\dfrac{1}{8}x^4 - \dfrac{1}{9}x^3 + C$

(3) $\dfrac{1}{9}x^3 + \dfrac{1}{10}x^2 - \dfrac{1}{2}x + C$

練習問題 10.2 (p. 163)

A (1) $-\dfrac{1}{2x^2} + C$ (2) $-\dfrac{2}{x} + C$

(3) $\dfrac{4}{3}x\sqrt{x} + C$ (4) $\dfrac{2}{5}x^2\sqrt{x} + C$

B (1) $\dfrac{3}{5}x\sqrt[3]{x^2} + C$ (2) $4\sqrt{x} + C$

(3) $-\dfrac{2}{\sqrt{x}} + C$ (4) $\dfrac{3}{2}\sqrt[3]{x^2} + C$

練習問題 10.3 (p. 163)

A (1) $-3\cos x + 4\sin x + C$

(2) $\dfrac{1}{3}\tan x + C$

(3) $\dfrac{1}{2}x^2 + 3e^x + C$

(4) $2e^x - \log|x| + C$

(5) $2\log|x| + \dfrac{1}{4}x^2 + C$

(6) $\dfrac{1}{3}\log|x| - \dfrac{3}{2}x^2 + C$

練習問題 10.4 (p. 163)

1. **A** (1) $-\dfrac{1}{3}\cos 3x - \dfrac{1}{5}\sin 5x + C$

(2) $2\sin\dfrac{x}{2} + 3\cos\dfrac{x}{3} + C$ (3) $\dfrac{1}{2}e^{2x} + C$

B (1) $2e^{\frac{1}{2}x} + C$ (2) $-\dfrac{2}{e^x} + C$

(3) $-\dfrac{1}{\pi}\cos \pi x + C$ (4) $\dfrac{4}{\pi}\sin\dfrac{\pi}{4}x + C$

2. **B** (1) $\dfrac{1}{4}(2x - \sin 2x) + C$

(2) $\dfrac{1}{4}(2x + \sin 2x) + C$

(3) $\dfrac{1}{8}(4x - \sin 4x) + C$

(4) $\dfrac{1}{4}\left(2x + 3\sin\dfrac{2}{3}x\right) + C$

C (1) $\dfrac{1}{6}(3\cos x - \cos 3x) + C$

(2) $\dfrac{1}{30}(3\sin 5x + 5\sin 3x) + C$

(3) $\dfrac{1}{10}(5\sin x - \sin 5x) + C$

練習問題 10.5 (p. 164)

1. **A** (1) $\dfrac{1}{8}(2x+1)^4 + C$

(2) $\dfrac{1}{2}\left(\dfrac{1}{3}x - 2\right)^6 + C$

(3) $\dfrac{1}{3}\sqrt{(2x+1)^3} + C$

(4) $\dfrac{2}{3}\sqrt{3x-1} + C$

(5) $-\cos\left(x - \dfrac{\pi}{3}\right) + C$

(6) $\dfrac{2}{\pi}\sin\left(\dfrac{\pi}{2}x + \dfrac{\pi}{6}\right) + C$

(7) $\log|x-2| + C$

(8) $\dfrac{1}{2}\log|2x-1| + C$

B (1) $-\dfrac{1}{4}\cos^4 x + C$ (2) $\dfrac{1}{6}\sin^6 x + C$

(3) $\log|\sin x| + C$ (4) $-\log|\cos x| + C$

C (1) $\dfrac{2}{15}(3x-2)\sqrt{(x+1)^3} + C$

(2) $\dfrac{2}{135}(9x+2)\sqrt{(3x-1)^3} + C$

(3) $\dfrac{1}{6}\sin^6 x - \dfrac{1}{8}\sin^8 x + C$

(4) $2\sqrt{2 + \sin x} + C$

2. C (1)　$\dfrac{1}{3}\log\left|\dfrac{x-1}{x+2}\right|+C$

(2)　$\dfrac{1}{4}\log\left|\dfrac{x-2}{x+2}\right|+C$

(3)　$\dfrac{1}{5}\log\left|\dfrac{x-3}{x+2}\right|+C$

(4)　$\dfrac{3}{5}\log|x-3|+\dfrac{2}{5}\log|x+2|+C$

練習問題 10.6 (p. 164)

B (1)　$\dfrac{1}{8}(x^2+1)^4+C$　(2)　$\dfrac{1}{3}\sqrt{(x^2-1)^3}+C$

(3)　$\dfrac{-1}{2(x^2+1)}+C$　(4)　$\dfrac{1}{3}\log|x^3-1|+C$

(5)　$\dfrac{-1}{6(x^3-1)^2}+C$

(6)　$\log(x^2+x+1)+C$

(7)　$\dfrac{1}{3}(e^x-1)^3+C$

(8)　$\dfrac{1}{2}\log(1+e^{2x})+C$

(9)　$\dfrac{1}{2}(\log x-1)^2+C$

(10)　$\log|\log x|+C$

(11)　$\dfrac{-1}{\log x}+C$　(12)　$e^{\frac{1}{2}x^2}+C$

C (1)　$x-\log(e^x+1)+C$

(2)　$-\cos x+\dfrac{2}{3}\cos^3 x-\dfrac{1}{5}\cos^5 x+C$

練習問題 10.7 (p. 165)

1. B (1)　$\dfrac{1}{2}xe^{2x}-\dfrac{1}{4}e^{2x}+C$

(2)　$-\dfrac{1}{2}x\cos 2x+\dfrac{1}{4}\sin 2x+C$

(3)　$\dfrac{1}{3}x\sin 3x+\dfrac{1}{9}\cos 3x+C$

(4)　$\dfrac{1}{4}x^4\log x-\dfrac{1}{16}x^4+C$

C (1)　$x\log x-x+C$

(2)　$\dfrac{1}{2}(\log x)^2+C$

2. B (1)　$(x^2-2x+2)e^x+C$

(2)　$(2-x^2)\cos x+2x\sin x+C$

(3)　$(x^2-2)\sin x+2x\cos x+C$

C (1)　$\dfrac{1}{4}(2x^2-2x+1)e^{2x}+C$

(2)　$3(x^2-6x+18)e^{\frac{x}{3}}+C$

(3)　$-\dfrac{1}{27}(9x^2-2)\cos 3x+\dfrac{2}{9}x\sin 3x+C$

(4)　$2(x^2-8)\sin\dfrac{x}{2}+8x\cos\dfrac{x}{2}+C$

(5)　$\dfrac{1}{2}e^x(\sin x+\cos x)+C$

(6)　$\dfrac{1}{13}e^{2x}(2\sin 3x-3\cos 3x)+C$

練習問題 10.8 (p. 165)

A (1)　$\dfrac{5}{6}$　(2)　3　(3)　$\dfrac{29}{4}$

練習問題 10.9 (p. 165)

A (1)　$\dfrac{1}{4}$　(2)　18　(3)　$\dfrac{62}{5}$

B (1)　2　(2)　$\dfrac{3}{5}$　(3)　$\dfrac{9}{2}$

練習問題 10.10 (p. 165)

B (1)　$\dfrac{3}{2}$　　(2)　$\dfrac{1}{\sqrt{2}}$　(3)　$\dfrac{1}{4}$

(4)　$\dfrac{1}{3\sqrt{2}}$　(5)　$\dfrac{3}{2}$　(6)　$\dfrac{2}{\pi}$

(7)　$\dfrac{1}{2}\left(e^2-\dfrac{1}{e^2}\right)$　(8)　$3(e-1)$

(9)　2　　　　(10)　$\dfrac{1}{2}$

三角関数の値はちゃんと求められた？

練習問題 10.11 (p.166)

1. **A** (1) 10 (2) -32 (3) $\dfrac{26}{3}$

  (4) $\dfrac{2}{3}$ (5) $-\dfrac{1}{2}$ (6) $\dfrac{2}{\pi}\sqrt{3}$

  (7) $\log 2$ (8) $\dfrac{1}{3}\log\dfrac{5}{2}$

  (9) $\dfrac{1}{3}e(e^3-1)$ (10) $\dfrac{1}{6}$

  B (1) $\dfrac{3}{16}$ (2) $\dfrac{9}{128}$ (3) $\dfrac{1}{2}\log\dfrac{3}{2}$

  (4) $\dfrac{1}{2}\log 2$ (5) $\dfrac{15}{8}$ (6) $\sqrt{3}$

  (7) $\dfrac{1}{3}\log 2$ (8) $\dfrac{1}{3}(e-1)^3$

  (9) $\dfrac{1}{2}\log\dfrac{1+e^2}{2}$ (10) $\dfrac{1}{2}$

  (11) $e-\sqrt{e}$ (12) $\dfrac{26}{3}$

  C (1) $\dfrac{2}{3\log 3}$ (2) $\dfrac{4}{5}(3\sqrt{3}-4)$

  (3) $\dfrac{\pi}{4}$ (4) $\dfrac{\pi}{4}$ (5) $2(1-\log 2)$

  (6) $\dfrac{8}{15}$ (7) $\dfrac{\pi}{6}$ (8) $\dfrac{7}{24}\pi$

2. **C** (1) $\dfrac{1}{2}\log\dfrac{3}{2}$ (2) $\dfrac{1}{2}\log\dfrac{3}{2}$

  (3) $\dfrac{1}{4}\log\dfrac{5}{3}$ (4) $\log\dfrac{4}{3}$

  (5) $1+\log\dfrac{2}{e+1}$

練習問題 10.12 (p.167)

1. **B** (1) 1 (2) $\dfrac{\pi}{2}-1$ (3) $\dfrac{\pi}{2}$

  (4) $\dfrac{1}{4}\left(e^2+\dfrac{3}{e^2}\right)$ (5) $\dfrac{\pi}{9}$

  (6) $\dfrac{\pi}{8}-\dfrac{1}{4}$ (7) $\dfrac{1}{16}(3e^4+1)$

  C (1) $2e^3+1$ (2) $\dfrac{1}{2}$

2. **B** (1) $e-2$ (2) π^2-4

  (3) $\dfrac{\pi^2}{4}-2$

  C (1) $\dfrac{1}{4}\left(e^2-\dfrac{5}{e^2}\right)$ (2) $27(e-2)$

  (3) $\dfrac{1}{27}(\pi-2)$

  (4) $\dfrac{\sqrt{2}}{4}\pi^2+2\sqrt{2}\pi-8\sqrt{2}$

  (5) $\dfrac{1}{2}(e^{\frac{\pi}{2}}-1)$ (6) $\dfrac{2}{5}(e^{-\frac{\pi}{2}}+1)$

練習問題 10.13 (p.167)

A (1) $\dfrac{4}{3}$ (2) $\dfrac{1}{6}$ (3) $\dfrac{1}{6}$ (4) $\dfrac{4}{3}$

B (1) $\dfrac{1}{12}$ (2) $\dfrac{4}{3}$ (3) 2

C (1) $S=-\displaystyle\int_0^{\log 2}(e^x-2)\,dx=2\log 2-1$

  (2) $S=\displaystyle\int_{-1}^{0}\log(x+2)\,dx=\int_1^2\log u\,du$
  $=2\log 2-1$

  (3) $S=\displaystyle\int_{-1}^{0}\sqrt{x+1}\,dx=\int_0^1\sqrt{u}\,du=\dfrac{2}{3}$

練習問題 10.14 (p.167)

A (1) $\dfrac{9}{2}$ (2) $\dfrac{9}{2}$ (3) $\dfrac{64}{3}$

B (1) $2\sqrt{2}$ (2) $1-\dfrac{\pi}{4}$

C (1) $S=\displaystyle\int_1^2\left\{(-x+3)-\dfrac{2}{x}\right\}dx=\dfrac{3}{2}-2\log 2$

  (2) $S=\displaystyle\int_1^4\left\{\dfrac{4}{x}-(x-5)\right\}dx=\dfrac{15}{2}-8\log 2$

練習問題 10.15 (p.167)

A (1) $\dfrac{\pi}{3}$ (2) $\dfrac{\pi}{5}$ (3) $\dfrac{\pi}{2}(e^2-1)$

B (1) $\dfrac{32}{3}\pi$ (2) $\dfrac{4}{3}\pi$

C (1) $\dfrac{\pi^2}{2}$ (2) $\dfrac{\pi^2}{4}$

さくいん

【あ行】

アークコサイン　66
アークサイン　66
アークタンジェント　66

1次関数　15
1次近似式　183
1次結合　78
1次方程式　10
　連立1次方程式　12, 146
1のn乗根　172
位置ベクトル　70
一般角　52
因数定理　5
因数分解　4
上に凸　16
n階導関数　120
n次方程式　172
円　21

オイラー　84
オイラーの公式　84
大きさ　70

【か行】

外積　72
外接円　49
回転体　139
解の公式　11
外分点　76

ガウス平面　80
角速度　62
傾き　15
関数　14
　1次関数　15
　逆関数　66
　2次関数　16
基本ベクトル　78
逆関数　66
逆三角関数　66
逆正弦関数　66
逆正接関数　66
逆ベクトル　69
逆余弦関数　66
級数
　無限級数　94
　無限等比級数　96
求積問題　168
共役複素数　7, 80
共有点　24
行列　146
極形式　81
極限公式　92
極限値　86
　——は存在しない　87
極座標表示　157
極小　114
極小値　114
極小点　114
曲線の長さ　142

極大　114
極大値　114
極大点　114
極値　114
虚軸　80
虚数単位　7, 80
虚部　80

グラフ　14

原始関数　122
減少の状態　114

広義積分　140
広義積分可能　140
広義積分不可能　140
合成関数の微分公式　109
コサイン　44
弧度法　51

【さ行】

差　69
サイン　44
サインカーブ　62
三角関数　54
　　――の相互関係　58
　　逆三角関数　66
　　複素三角関数　84
三角比　44
　　――の相互関係　47
指数　28
指数関数　31
指数法則　30
自然対数　39
自然対数の底　39
下に凸　16
実関数　84
実軸　80
実部　80
始点　68
周期　59, 63
周期関数　59

重心　74, 156
収束　86
収束しない　87
従属変数　14
終点　68
主値　66
商の微分公式　107
常用対数　39
剰余の定理　5
真数　36
振動　91
振幅　63

垂直条件　71
スカラー積　72
スカラー倍　69

正弦関数　54
　　逆正弦関数　66
正弦定理　49
整式　3
正接関数　54
　　逆正接関数　66
成分表示　70
積の微分公式　107
積分
　　広義積分　140
　　置換積分　127
　　定積分　131
　　不定積分　122
　　部分積分　129
　　無限積分　141
積分する　122
積分定数　122
接線　101
接線問題　168
絶対値　81
切片　15
ゼロベクトル　69
漸近線　22
線形結合　78

素因数　5
増加の状態　114
双曲線　22
増減表　115

【た行】

対数　36
　自然対数　39
　常用対数　39
対数関数　40
対数法則　37
楕円　22
多項式　3
たすきがけ　4
縦ベクトル　146
単位円　51
単位ベクトル　69
単項式　3
タンジェント　44
単振動　62
値域　14
置換積分　127
中点　74
頂点　16
底　31, 36, 40
　——の変換　38
定義域　14
定積分　131
　——の値　131
定積分可能　131
展開公式　3
導関数　103
　n 階導関数　120
　2階導関数　113
　2次導関数　113
動径　52
独立変数　14
ド・モアブルの定理　83

【な行】

内積　71
内分点　74
長さ　68, 70
2階導関数　113
2次関数　16
2次曲線　148
2次導関数　113
2次方程式　11
ニュートン　168
ネピアの数　33

【は行】

発散　95
　負の無限大に発散　88
　無限大に発散　88
判別式　11
微分　103
微分可能　101
微分係数　101
微分公式
　合成関数の——　109
　商の——　107
　積の——　107
微分する　103
微分積分学の基本定理　131, 168
標準ベクトル　78
複素関数　84
複素三角関数　84
複素数　7, 80
複素数平面　80
複素平面　80
不定積分　122
負の無限大に発散　88
部分積分　129
部分分数展開　9
部分和　95
分数式　8

平均変化率　　100
平行移動　　18
平方完成　　17
ベキ級数展開　　120
ベキ根　　28
ベキ乗　　28
ベクトル　　68
　位置ベクトル　　70
　基本ベクトル　　78
　逆ベクトル　　69
　ゼロベクトル　　69
　縦ベクトル　　146
　単位ベクトル　　78
　標準ベクトル　　78
ベクトル積　　72
偏角　　81
変曲点　　115
変数　　14
放物線　　16

【ま行】

マクローリン展開　　120
右ねじの進む方向　　72
未知数　　12

向き　　68
無限級数　　94

無限積分　　141
無限積分可能　　141
無限積分不可能　　141
無限大に発散　　88
無限等比級数　　96

【や行】

有向線分　　68
有理化　　6
有理式　　8

余弦関数　　54
　逆余弦関数　　66
余弦定理　　50
与式　　2

【ら行】

ライプニッツ　　168
ラジアン単位　　51

リーマン和　　130

累乗　　28
累乗根　　28

連立1次方程式　　12, 146

【わ行】

和　　69, 95

著者略歴

石村 園子（いしむら そのこ）

元 千葉工業大学教授

著　書　『やさしく学べる微分積分』（共立出版）
　　　　『やさしく学べる線形代数』（共立出版）
　　　　『やさしく学べる基礎数学―線形代数・微分積分―』（共立出版）
　　　　『やさしく学べる微分方程式』（共立出版）
　　　　『やさしく学べる統計学』（共立出版）
　　　　『やさしく学べる離散数学』（共立出版）
　　　　『やさしく学べるラプラス変換・フーリエ解析（増補版）』（共立出版）
　　　　『大学新入生のための数学入門 ―増補版―』（共立出版）
　　　　『大学新入生のための微分積分入門』（共立出版）
　　　　『大学新入生のための線形代数入門』（共立出版）
　　　　ほか

工学系学生のための数学入門　　著　者　石村園子 © 2017
　　　　　　　　　　　　　　　発行者　南條光章
　　　　　　　　　　　　　　　発　行　共立出版株式会社

2017 年 11 月 25 日　初版 1 刷発行　　　東京都文京区小日向 4 丁目 6 番 19 号
2021 年 2 月 10 日　初版 4 刷発行　　　電話 東京（03）3947-2511 番（代表）
　　　　　　　　　　　　　　　　　　　〒112-0006／振替口座 00110-2-57035 番
　　　　　　　　　　　　　　　　　　　URL　www.kyoritsu-pub.co.jp

印　刷　株式会社 精興社
製　本　協栄製本

一般社団法人
自然科学書協会
会員

検印廃止

NDC 411.2, 413.3

ISBN 978-4-320-11323-7　　Printed in Japan

JCOPY　〈出版者著作権管理機構委託出版物〉

本書の無断複製は著作権法上での例外を除き禁じられています．複製される場合は，そのつど事前に，出版者著作権管理機構（TEL：03-5244-5088，FAX：03-5244-5089，e-mail：info@jcopy.or.jp）の許諾を得てください．

◆ 色彩効果の図解と本文の簡潔な解説により数学の諸概念を一目瞭然化！

ドイツ Deutscher Taschenbuch Verlag 社の『dtv-Atlas事典シリーズ』は，見開き２ページで１つのテーマが完結するように構成されている。右ページに本文の簡潔で分り易い解説を記載し，かつ左ページにそのテーマの中心的な話題を図像化して表現し，本文と図解の相乗効果で理解をより深められるように工夫されている。これは，他の類書には見られない『dtv-Atlas事典シリーズ』に共通する最大の特徴と言える。本書は，このシリーズの『dtv-Atlas Mathematik』と『dtv-Atlas Schulmathematik』の日本語翻訳版。

カラー図解 数学事典

Fritz Reinhardt・Heinrich Soeder [著]
Gerd Falk [図作]
浪川幸彦・成木勇夫・長岡昇勇・林　芳樹 [訳]

数学の最も重要な分野の諸概念を網羅的に収録し，その概観を分り易く提供。数学を理解するためには，繰り返し熟考し，計算し，図を書く必要があるが，本書のカラー図解ページはその助けとなる。

【主要目次】　まえがき／記号の索引／序章／数理論理学／集合論／関係と構造／数系の構成／代数学／数論／幾何学／解析幾何学／位相空間論／代数的位相幾何学／グラフ理論／実解析学の基礎／微分法／積分法／関数解析学／微分方程式論／微分幾何学／複素関数論／組合せ論／確率論と統計学／線形計画法／参考文献／索引／著者紹介／訳者あとがき／訳者紹介

■菊判・ソフト上製本・508頁・定価（本体5,500円＋税）■

カラー図解 学校数学事典

Fritz Reinhardt [著]
Carsten Reinhardt・Ingo Reinhardt [図作]
長岡昇勇・長岡由美子 [訳]

『カラー図解 数学事典』の姉妹編として，日本の中学・高校・大学初年級に相当するドイツ・ギムナジウム第５学年から13学年で学ぶ学校数学の基礎概念を１冊に編纂。定義は青で印刷し，定理や重要な結果は緑色で網掛けし，幾何学では彩色がより効果を上げている。

【主要目次】　まえがき／記号一覧／図表頁凡例／短縮形一覧／学校数学の単元分野／集合論の表現／数集合／方程式と不等式／対応と関数／極限値概念／微分計算と積分計算／平面幾何学／空間幾何学／解析幾何学とベクトル計算／推測統計学／論理学／公式集／参考文献／索引／著者紹介／訳者あとがき／訳者紹介

■菊判・ソフト上製本・296頁・定価（本体4,000円＋税）■

http://www.kyoritsu-pub.co.jp/　共立出版　（価格は変更される場合がございます）

https://www.facebook.com/kyoritsu.pub

❼ 複素平面と極形式

極形式　$z = r(\cos\theta + i\sin\theta)$
　絶対値：$r = |z| = \sqrt{a^2 + b^2}$
　偏角：$\theta = \arg z$

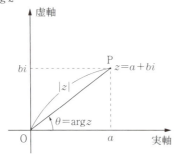

― 極形式による積と商 ―
- $z_1 z_2 = r_1 r_2 \{\cos(\theta_1 + \theta_2) + i\sin(\theta_1 + \theta_2)\}$
- $\dfrac{z_2}{z_1} = \dfrac{r_2}{r_1}\{\cos(\theta_2 - \theta_1) + i\sin(\theta_2 - \theta_1)\}$

― ド・モアブルの定理 ―
- $(\cos\theta + i\sin\theta)^n = \cos n\theta + i\sin n\theta$
- $(\cos\theta + i\sin\theta)^{-n} = \cos n\theta - i\sin n\theta$

❾ 微　分

― 微分係数 ―
- $f'(p) = \displaystyle\lim_{h\to 0} \dfrac{f(p+h) - f(p)}{h}$

― 導関数 ―
- $f'(x) = \displaystyle\lim_{h\to 0} \dfrac{f(x+h) - f(x)}{h}$

― 接線の方程式 ―
$y = f(x)$ の $x = a$ における
接線の方程式は
$y - f(a) = f'(a)(x - a)$

― 導関数の性質 ―
- $\{f(x) \pm g(x)\}' = f'(x) \pm g'(x)$　（複号同順）
- $\{kf(x)\}' = kf'(x)$　　　（k は定数）
- $\{f(x) \cdot g(x)\}' = f'(x) \cdot g(x) + f(x) \cdot g'(x)$
- $\left\{\dfrac{f(x)}{g(x)}\right\}' = \dfrac{f'(x) \cdot g(x) - f(x) \cdot g'(x)}{\{g(x)\}^2}$
- $\left\{\dfrac{1}{g(x)}\right\}' = -\dfrac{g'(x)}{\{g(x)\}^2}$

― 関数の極値 ―
- $f'(a) = 0 \Rightarrow x = a$ で極値を とる可能性あり

― 関数の増減 ―
- $f'(a) > 0 \Rightarrow x = a$ で増加
- $f'(a) < 0 \Rightarrow x = a$ で減少

― 合成関数の微分公式 ―
$y = f(g(x))$, $u = g(x)$　のとき
$\dfrac{dy}{dx} = \dfrac{dy}{du}\dfrac{du}{dx}$

― 関数の変曲点 ―
- $f''(a) = 0 \Rightarrow (a, f(a))$ は変曲点 の可能性あり

― 関数の凸凹 ―
- $f''(a) > 0 \Rightarrow x = a$ で下に凸
- $f''(a) < 0 \Rightarrow x = a$ で上に凸

- $k' = 0$　（k は定数）
- $(x^n)' = nx^{n-1}$
　（n は整数または分数）

- $(\sin x)' = \cos x$
- $(\cos x)' = -\sin x$
- $(\tan x)' = \dfrac{1}{\cos^2 x}$

- $(e^x)' = e^x$
- $(e^{ax})' = ae^{ax}$

- $(\sin ax)' = a\cos ax$
- $(\cos ax)' = -a\sin ax$
- $(\tan ax)' = \dfrac{a}{\cos^2 ax}$

- $(\log x)' = \dfrac{1}{x}$

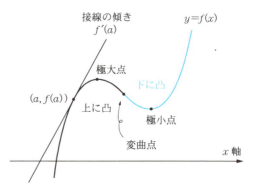